边做边学——Photoshop CS4图像制作案例教程

6.1-制作戒指广告

6.4-综合演练-制作牙膏广告

7.1-制作果汁饮料包装展示效果

7.2-制作化妆美容书籍封面

8.1.5-制作写真摄影网页

8.1-制作科技网页

8.2.5-制作流行音乐网页

8.2-制作电子产品网页

8.3.5-制作婚纱摄影网页

8.4-综合演练 制作美容网页

8.5-综合演练 制作写真模板网页

中等职业教育数字艺术类规划教材

边做边学 Photoshop CS4 图像制作案例教程

■ 黄燕玲 李变花 主 编
■ 官辛华 玉莹莹 韦年贞 副主编
■ 何宇 黎梅海 黄惠玲 孙志丽 参 编

人民邮电出版社
北京

图书在版编目（CIP）数据

Photoshop CS4图像制作案例教程 / 黄燕玲，李变花主编. -- 北京 : 人民邮电出版社，2013.5（2021.8重印）
（边做边学）
中等职业教育数字艺术类规划教材
ISBN 978-7-115-31434-5

Ⅰ. ①P… Ⅱ. ①黄… ②李… Ⅲ. ①图象处理软件—中等专业学校—教材 Ⅳ. ①TP391.41

中国版本图书馆CIP数据核字(2013)第071904号

内容提要

本书全面系统地介绍 Photoshop CS4 的基本操作方法和图形图像处理技巧，并对其在平面设计领域的应用进行深入的介绍，包括初识 Photoshop CS4、插画设计、卡片设计、照片模板设计、宣传单设计、广告设计、包装设计、网页设计等内容。

本书内容的介绍均以课堂实训案例为主线，通过案例的操作，学生可以快速熟悉案例设计理念。书中的软件相关功能解析部分使学生能够深入学习软件功能；课堂实战演练和课后综合演练，可以拓展学生的实际应用能力。本书配套光盘中包含了书中所有案例的素材及效果文件，以利于教材授课，学生练习。

本书可作为职业学校数字艺术类专业课程的教材，也可供相关人员学习参考。

中等职业教育数字艺术类规划教材

边做边学——Photoshop CS4 图像制作案例教程

◆ 主　　编　黄燕玲　李变花
副 主 编　官辛华　王莹莹　韦年贞
责任编辑　王　平

◆ 人民邮电出版社出版发行　　北京市丰台区成寿寺路 11 号
邮编　100164　　电子邮件　315@ptpress.com.cn
网址　http://www.ptpress.com.cn
大厂回族自治县聚鑫印刷有限责任公司印刷

◆ 开本：787×1092　1/16　　彩插：1
印张：14　　2013 年 5 月第 1 版
字数：334 千字　　2021 年 8 月河北第 12 次印刷

ISBN 978-7-115-31434-5

定价：38.00 元（附光盘）

读者服务热线：(010) 81055256　印装质量热线：(010) 81055316
反盗版热线：(010) 81055315
广告经营许可证：京东市监广登字 20170147 号

前　言

Photoshop 是由 Adobe 公司开发的图形图像处理和编辑软件。它功能强大、易学易用，已经成为平面设计领域最流行的软件之一。目前，我国很多中等职业学校的数字艺术类专业，都将 Photoshop 列为一门重要的专业课程。为了帮助中等职业学校的教师全面、系统地讲授这门课程，使学生能够熟练地使用 Photoshop 来进行设计创意，我们几位长期在中等职业学校从事 Photoshop 教学的教师与专业平面设计公司经验丰富的设计师合作，共同编写了本书。

根据现代中等职业学校的教学方向和教学特色，我们对本书的编写体系做了精心的设计。全书根据 Photoshop 在设计领域的应用方向来布置分章，每章按照“课堂实训案例－软件相关功能－课堂实战演练－课后综合演练”这一思路进行编排，力求通过课堂实训案例，使学生快速熟悉艺术设计理念和软件功能。通过软件相关功能解析，使学生深入学习软件功能和制作特色；通过课堂实战演练和课后综合演练，提高学生的实际应用能力。

在内容编写方面，我们力求细致全面、重点突出；在文字叙述方面，我们注意言简意赅、通俗易懂；在案例选取方面，我们强调案例的针对性和实用性。

本书配套光盘中包含了书中所有案例的素材及效果文件。另外，为方便教师教学，本书还配备了详尽的课堂实战演练和课后综合演练的操作步骤文稿、PPT 课件、教学大纲、商业实训案例文件等丰富的教学资源，任课教师可登录人民邮电出版社教学服务与资源网（www.ptpedu.com.cn）免费下载使用。本书的参考学时为 72 学时，各章的参考学时参见下面的学时分配表。

章　节	课 程 内 容	课 时 分 配
		讲授+实训
第 1 章	初识 Photoshop CS4	4
第 2 章	插画设计	8
第 3 章	卡片设计	10
第 4 章	照片模板设计	10
第 5 章	宣传单设计	10
第 6 章	广告设计	10
第 7 章	包装设计	10
第 8 章	网页设计	10
课 时 总 计		72

本书由黄燕玲、李变花主编，官辛华、玉莹莹、韦年贞任副主编，参加编写工作的还有何宇、黎梅海、黄惠玲、孙志丽、周建国。由于编者水平有限，书中难免存在疏漏和不妥之处，敬请广大读者批评指正。

编　者

2013 年 2 月

目　　录

第3章 卡片设计

第6章 广告设计

第1章 初识 Photoshop CS4

Photoshop 是由 Adobe 公司开发的图形/图像处理和编辑软件。本章通过对案例的讲解，使读者对 Photoshop CS4 有初步的认识和了解，并掌握软件的基础知识和基本操作方法，为以后的学习打下一个坚实的基础。

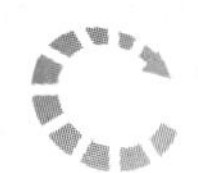

课堂学习目标

- 掌握工作界面的基本操作
- 掌握设置文件的基本方法
- 掌握图像的基本操作方法

1.1 界面操作

1.1.1 【操作目的】

通过打开文件命令熟悉菜单栏的操作，通过选择需要的图层了解面板的使用方法，通过新建文件和保存文件熟悉快捷键的应用技巧，通过移动图像掌握工具箱中工具的使用方法。

1.1.2 【操作步骤】

步骤 1 打开 Photoshop 软件，选择“文件 > 打开”命令，弹出“打开”对话框。选择光盘中的“Ch01 > 素材 > 色彩精灵插画”文件，单击“打开”按钮打开文件，如图 1-1 所示，显示 Photoshop 的软件界面。

步骤 2 在右侧的“图层”控制面板中单击“人物”图层，如图 1-2 所示。按 Ctrl+N 组合键弹出“新建”对话框，对话框中各选项的设置如图 1-3 所示。单击“确定”按钮新建文件，如图 1-4 所示。

步骤 3 单击“未标题－1”的标题栏，按住鼠标左键不放，将图像窗口拖曳到适当的位置，如图 1-5 所示。单击“色彩精灵插画”的标题栏，使其变为活动窗口，如图 1-6 所示。

步骤 4 选择左侧工具箱中的“移动”工具，将图层中的图像从“色彩精灵插画”图像窗口拖曳到新建的图像窗口中，如图 1-7 所示。释放鼠标，效果如图 1-8 所示。

图 1-1

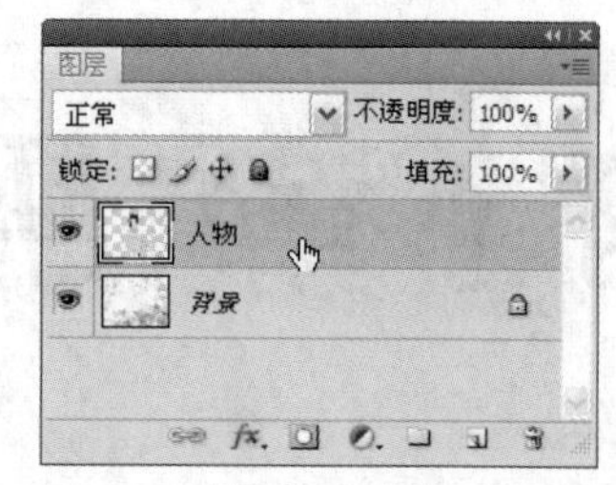

图 1-2

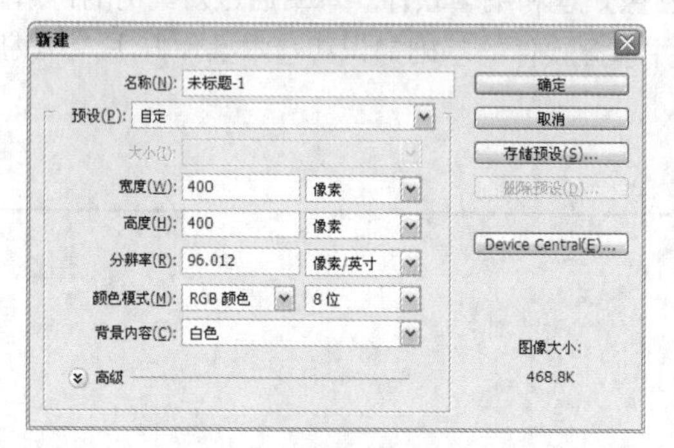

图 1-3

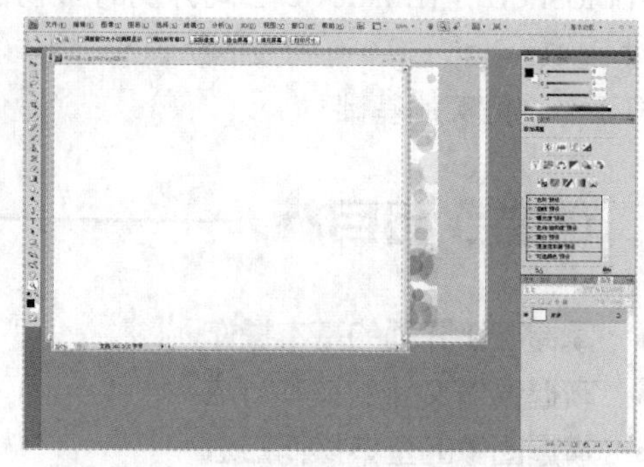

图 1-4

图 1-5

图 1-6

图 1-7

图 1-8

步骤 5 按 Ctrl+S 组合键弹出“存储为”对话框，在其中选择需要的文件位置并设置文件名，如图 1-9 所示。单击“保存”按钮，弹出提示对话框，单击“确定”按钮保存文件。此时标题栏显示保存后的名称，如图 1-10 所示。

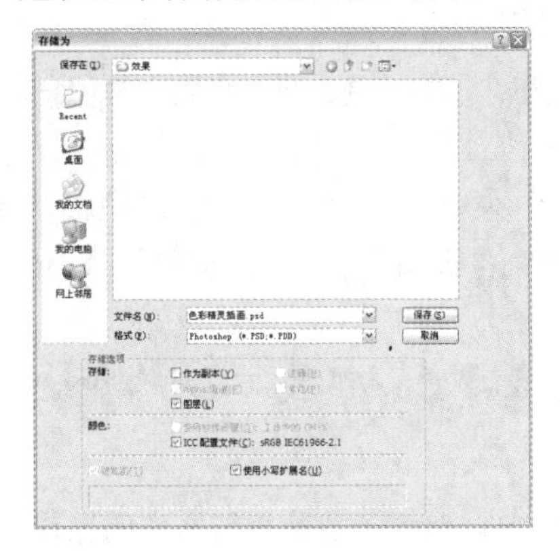

图 1–9

图 1–10

1.1.3 【相关工具】

1. 菜单栏及其快捷方式

熟悉工作界面是学习 Photoshop CS4 的基础。熟练掌握工作界面的内容，有助于初学者日后得心应手地使用 Photoshop CS4。Photoshop CS4 的工作界面主要由标题栏、菜单栏、属性栏、工具箱、控制面板和状态栏组成，如图 1-11 所示。

图 1–11

菜单栏：菜单栏中共包含 11 个菜单命令。利用菜单命令可以完成对图像的编辑、调整色彩、添加滤镜效果等操作。

工具箱：工具箱中包含了多个工具。利用不同的工具可以完成对图像的绘制、观察、测量等操作。

属性栏：属性栏是工具箱中各个工具的功能扩展。通过在属性栏中设置不同的选项，可以快速地完成多样化的操作。

控制面板：控制面板是 Photoshop CS4 的重要组成部分。通过不同的功能面板可以完成图像中的填充颜色、设置图层、添加样式等操作。

状态栏：状态栏可以提供当前文件的显示比例、文档大小、当前工具、暂存盘大小等信息。

◎ **菜单分类**

Photoshop CS4 的菜单栏中包括“文件”菜单、“编辑”菜单、“图像”菜单、“图层”菜单、“选择”菜单、“滤镜”菜单、“分析”菜单、“3D”菜单、“视图”菜单、“窗口”菜单及“帮助”菜单，如图 1-12 所示。

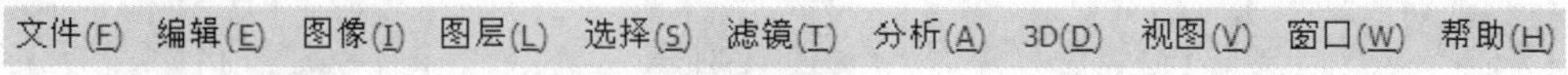

文件(F) 编辑(E) 图像(I) 图层(L) 选择(S) 滤镜(T) 分析(A) 3D(D) 视图(V) 窗口(W) 帮助(H)

图 1-12

“文件”菜单：包含了各种文件操作命令。“编辑”菜单：包含了各种编辑文件的操作命令。“图像”菜单：包含了各种改变图像大小、颜色等的操作命令。“图层”菜单：包含了各种调整图像中的图层的操作命令。“选择”菜单：包含了各种关于选区的操作命令。“滤镜”菜单：包含了各种添加滤镜效果的操作命令。“分析”菜单：包含了各种测量图像、数据分析的操作命令。“3D”菜单：包含了新的 3D 绘制与合成命令。“视图”菜单：包含了各种对视图进行设置的操作命令。“窗口”菜单：包含了各种显示或隐藏控制面板的命令。“帮助”菜单：包含了各种帮助信息。

◎ **菜单命令的不同状态**

子菜单命令：有些菜单命令中包含了更多相关的菜单命令，包含子菜单的菜单命令的右侧会显示黑色的三角形▸，单击这种菜单命令就会显示出其子菜单，如图 1-13 所示。

不可执行的菜单命令：当菜单命令不符合运行的条件时，就会显示为灰色，即不可执行状态。例如，在 CMYK 模式下，“滤镜”菜单中的部分菜单命令将变为灰色，不能使用。

可弹出对话框的菜单命令：当菜单命令后面显示有省略号“...”时，如图 1-14 所示，单击此菜单命令，就会弹出相应的对话框，在此对话框中可以进行相应的设置。

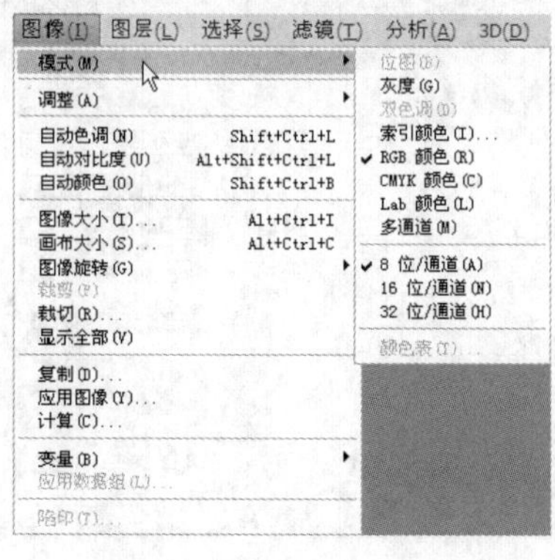

图 1-13

图 1-14

◎ **按操作习惯存储或显示菜单**

在 Photoshop CS4 中，用户可以根据操作习惯存储自定义的工作区。设置好工作区后，选择“窗口 > 工作区 > 存储工作区”命令，即可将工作区存储。

用户可以根据不同的工作类型，突出显示菜单中的命令。选择“窗口 > 工作区 > 绘画”命令，在打开的软件右侧会弹出绘画操作需要的相关面板。应用命令前后的菜单对比效果如图 1-15 和图 1-16 所示。

◎ 显示或隐藏菜单命令

用户可以根据操作需要隐藏或显示指定的菜单命令。不经常使用的菜单命令可以暂时隐藏。选择“编辑 > 菜单”命令，弹出“键盘快捷键和菜单”对话框，如图 1-17 所示。

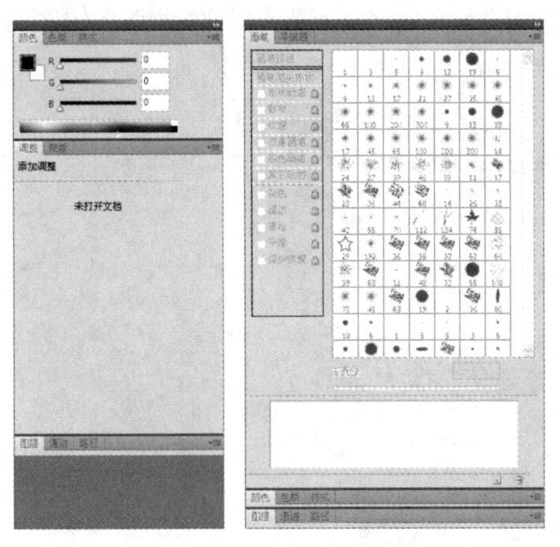

图 1–15　　图 1–16

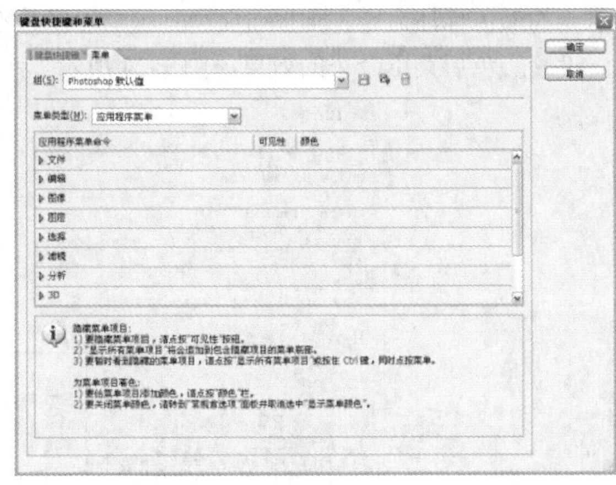

图 1–17

在“菜单”选项卡中，单击“应用程序菜单命令”栏中命令左侧的三角形按钮，将展开详细的菜单命令，如图 1-18 所示。单击“可见性”选项下方的眼睛图标，将其相对应的菜单命令进行隐藏，如图 1-19 所示。

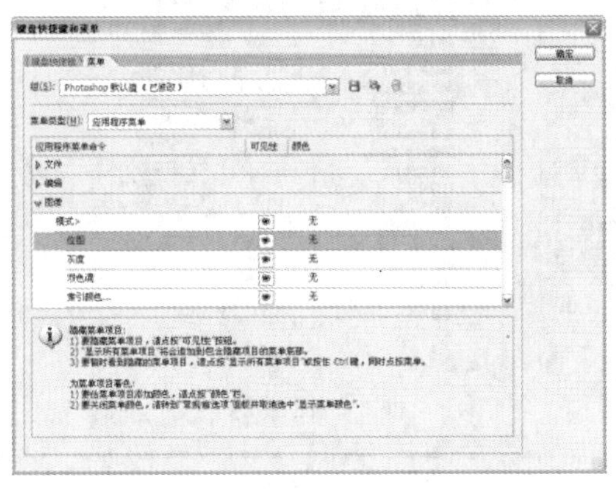

图 1–18

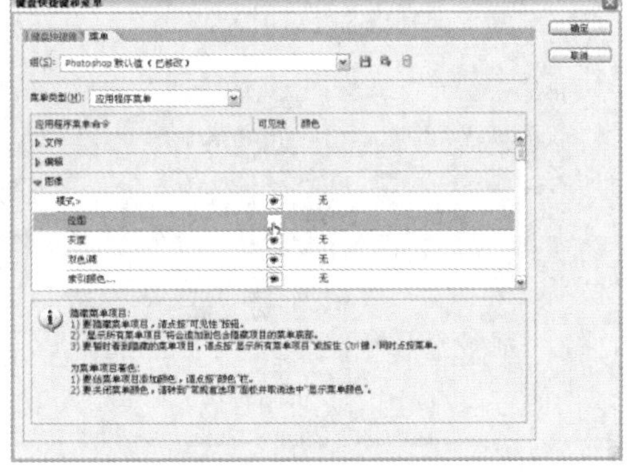

图 1–19

设置完成后，单击“存储对当前菜单组的所有更改”按钮，保存当前的设置。也可单击“根据当前菜单组创建一个新组”按钮，将当前的修改创建为一个新组。隐藏应用程序菜单命令前后的菜单效果如图 1-20 和图 1-21 所示。

图 1–20

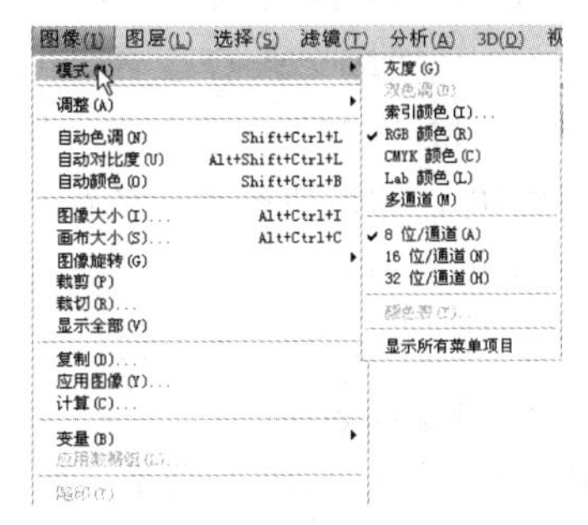

图 1–21

◎ 突出显示菜单命令

为了突出显示需要的菜单命令，可以为其设置颜色。选择“编辑 > 菜单”命令，弹出“键盘快捷键和菜单”对话框，在要突出显示的菜单命令后面单击“无”，在弹出的下拉列表中可以选择需要的颜色标注命令，如图 1-22 所示。可以为不同的菜单命令设置不同的颜色，如图 1-23 所示。设置颜色后菜单命令的效果如图 1-24 所示。

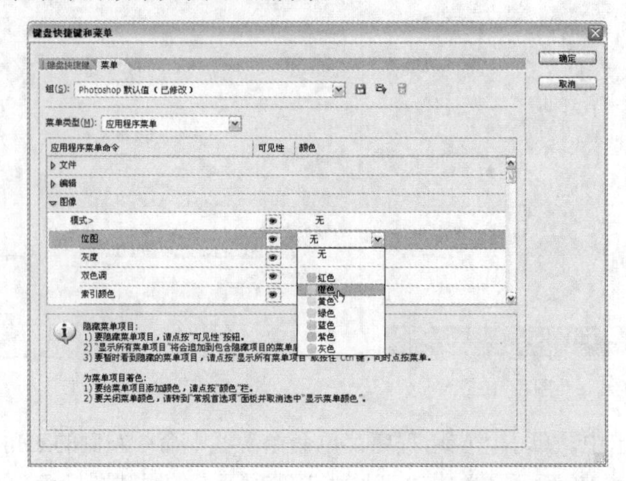

图 1–22

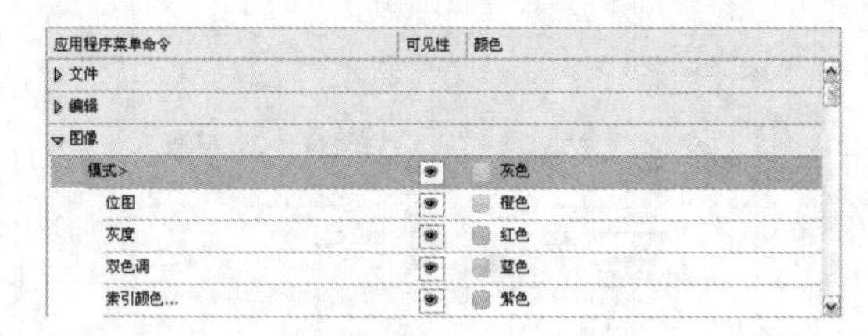

图 1–23

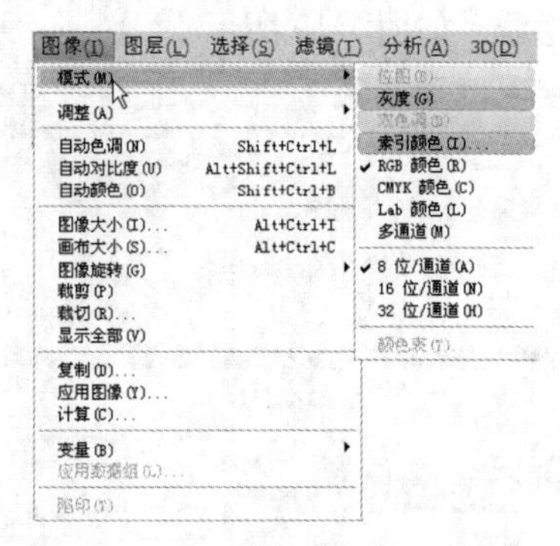

图 1–24

提　示　如果要暂时取消显示菜单命令的颜色，可以选择“编辑 > 首选项 > 常规”命令，在弹出的对话框中选择“界面”选项，然后取消勾选“显示菜单颜色”复选项即可。

◎ 键盘快捷方式

使用键盘快捷方式：当要选择命令时，可以使用菜单命令旁标注的快捷键。例如，要选择“文件 > 打开”命令，直接按 Ctrl+O 组合键即可。

按住 Alt 键的同时，按菜单栏中文字后面带括号的字母，可以打开相应的菜单，再按菜单命令中的带括号的字母，即可执行相应的命令。例如，要选择“选择”命令，按 Alt+S 组合键即可弹出菜单，要想选择其中的“色彩范围”命令，再按 C 键即可。

自定义键盘快捷方式：为了更方便地使用常用的命令，Photoshop CS4 提供了自定义键盘快捷方式和保存键盘快捷方式的功能。

选择“编辑 > 键盘快捷键”命令，弹出“键盘快捷键和菜单”对话框，如图 1-25 所示。在“键盘快捷键”选项卡中，在下面的信息栏中说明了快捷键的设置方法，在“组”选项中可以选择要设置快捷键的组合，在“快捷键用于”选项中可以选择需要设置快捷键的菜单或工具，在下面的选项窗口中选择需要设置的命令或工具进行设置，如图 1-26 所示。

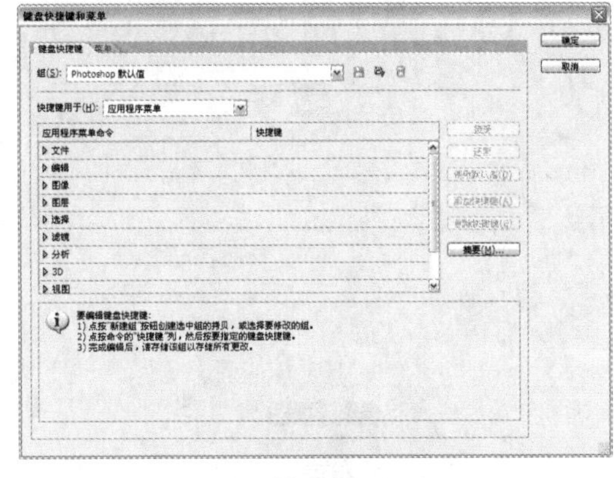

图 1–25

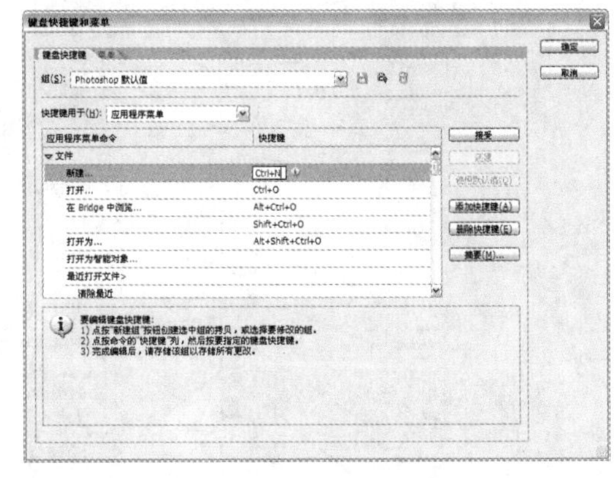

图 1–26

设置新的快捷键后，单击对话框右上方的“根据当前的快捷键组创建一组新的快捷键”按钮，弹出“存储”对话框，在“文件名”文本框中输入名称，如图 1-27 所示，单击“保存”按钮则存储新的快捷键设置。这时，在“组”选项中即可选择新的快捷键设置，如图 1-28 所示。

图 1–27

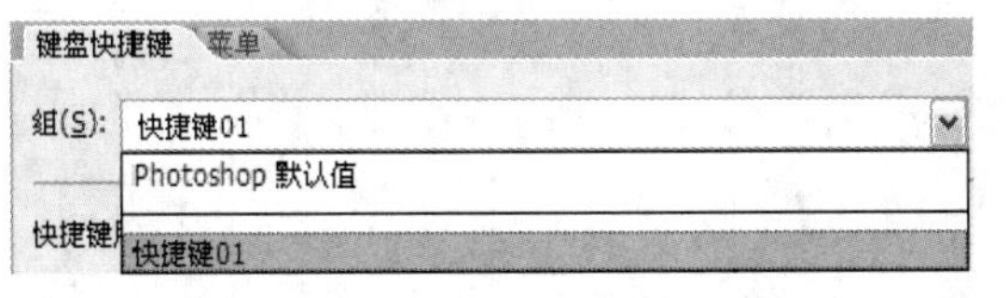

图 1–28

更改快捷键设置后，需要单击“存储对当前快捷键组的所有更改”按钮对设置进行存储，单击“确定”按钮，应用更改的快捷键设置。要将快捷键的设置删除，可以在对话框中单击“删除当前的快捷键组合”按钮将快捷键的设置删除，Photoshop CS4 会自动还原为默认设置。在为控制面板或应用程序菜单中的命令定义快捷键时，这些快捷键必须包括 Ctrl 键或一个功能键。在为工具箱中的工具定义快捷键时，必须使用 A 至 Z 之间的字母。

2. 工具箱

Photoshop CS4 的工具箱中包括选择工具、绘图工具、填充工具、编辑工具、颜色选择工具、屏幕视图工具、快速蒙版工具等，如图 1-29 所示。要了解每个工具的具体名称，可以将鼠标指针放置在具体工具的上方，此时会出现一个黄色的图标，上面会显示该工具的具体名称，如图 1-30 所示。工具名称后面括号中的字母代表选择此工具的快捷键，只要在键盘上按该字母，就可以快速切换到相应的工具上。

中等职业教育数字艺术类规划教材

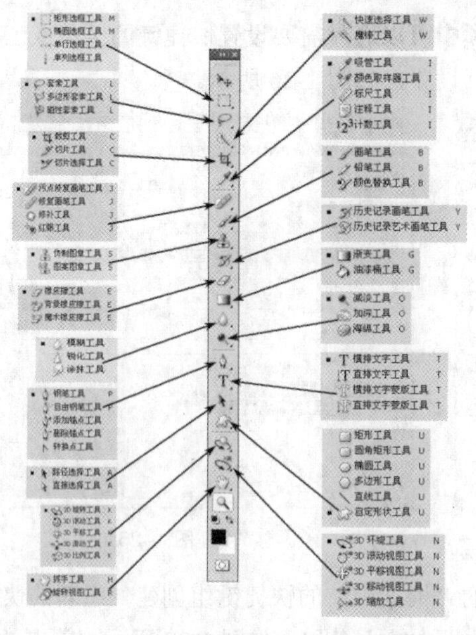

图 1–29

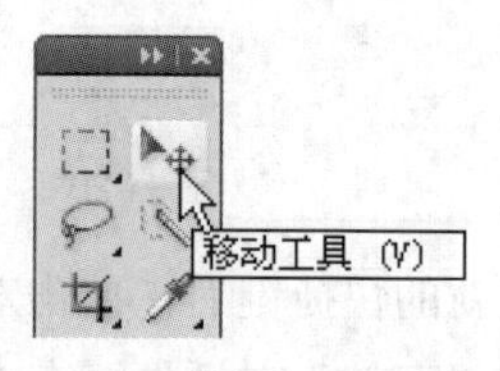

图 1–30

切换工具箱的显示状态：Photoshop CS4 的工具箱可以根据需要在单栏与双栏之间自由切换。当工具箱显示为双栏时，如图 1-31 所示，单击工具箱上方的双箭头图标，工具箱即可转换为单栏，节省工作空间，如图 1-32 所示。

图 1–31

图 1–32

显示隐藏工具箱：在工具箱中，部分工具图标的右下方有一个黑色的三角形按钮，表示在该工具下还有隐藏的工具。用鼠标在工具箱中的三角形按钮上单击并按住鼠标不放，弹出隐藏工具选项，如图 1-33 所示，将鼠标指针移动到需要的工具按钮上，即可选择该工具。

恢复工具箱的默认设置：要想恢复工具默认的设置，可以选择该工具，在相应的工具属性栏中，用鼠标右键单击工具图标，在弹出的快捷菜单中选择“复位工具”命令，如图 1-34 所示。

图 1–33

图 1–34

指针的显示状态：当选择工具箱中的工具后，图像中的指针就变为工具图标。例如，选择“裁剪”工具，图像窗口中的指针也随之显示为裁

剪工具的图标，如图 1-35 所示。选择“画笔”工具，指针显示为画笔工具的对应图标，如图 1-36 所示。按 Caps Lock 键，指针转换为精确的十字形图标，如图 1-37 所示。

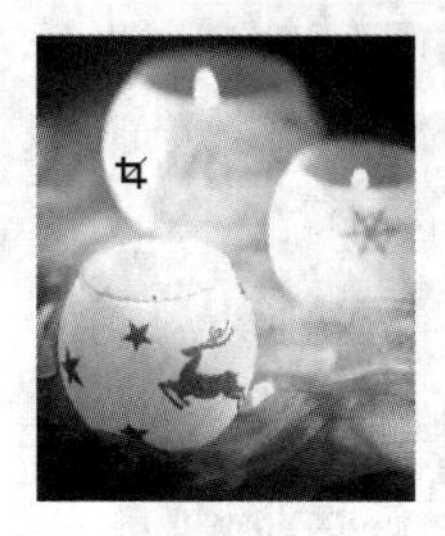
图 1-35

图 1-36

图 1-37

3. 属性栏

当选择某个工具后，会出现相应的工具属性栏，可以通过属性栏对工具进行进一步的设置。例如，当选择“魔棒”工具时，工作界面的上方会出现相应的“魔棒”工具属性栏，可以应用属性栏中的各个命令对工具做进一步的设置，如图 1-38 所示。

图 1-38

4. 状态栏

打开一幅图像时，图像的下方会出现该图像的状态栏，如图 1-39 所示。

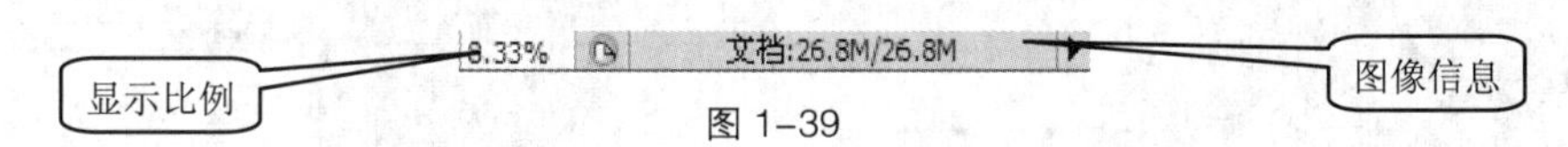

图 1-39

状态栏的左侧显示当前图像缩放显示的百分数。在显示区的文本框中输入数值可以改变图像窗口的显示比例。

在状态栏的中间部分显示当前图像的文件信息，单击三角形按钮，在弹出的菜单中单击“显示”菜单，在弹出的子菜单中可以选择当前图像的相关信息，如图 1-40 所示。

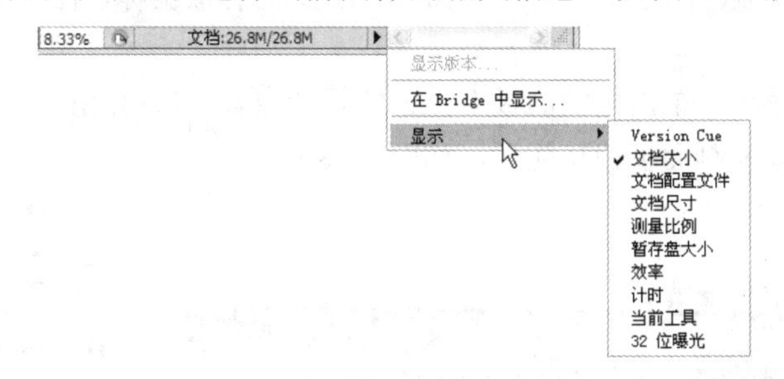

图 1-40

5. 控制面板

控制面板是处理图像时另一个不可或缺的部分。Photoshop CS4 为用户提供了多个控制面板组。

收缩与扩展控制面板：控制面板可以根据需要进行伸缩，面板的展开状态如图 1-41 所示。单击控制面板上方的双箭头图标，可以将控制面板收缩，如图 1-42 所示。如果要展开某个控制面板，可以直接单击其选项卡，相应的控制面板会自动弹出，如图 1-43 所示。

图 1-41

图 1-42

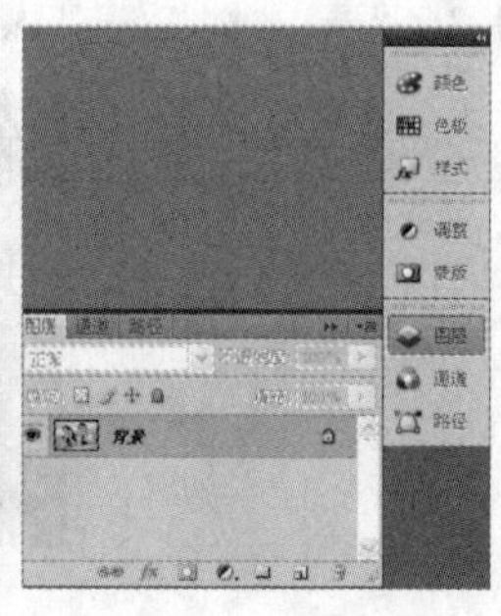
图 1-43

拆分控制面板：若需单独拆分出某个控制面板，可用鼠标选中该控制面板的选项卡并向工作区拖曳，如图 1-44 所示，选中的控制面板将被单独地拆分出来，如图 1-45 所示。

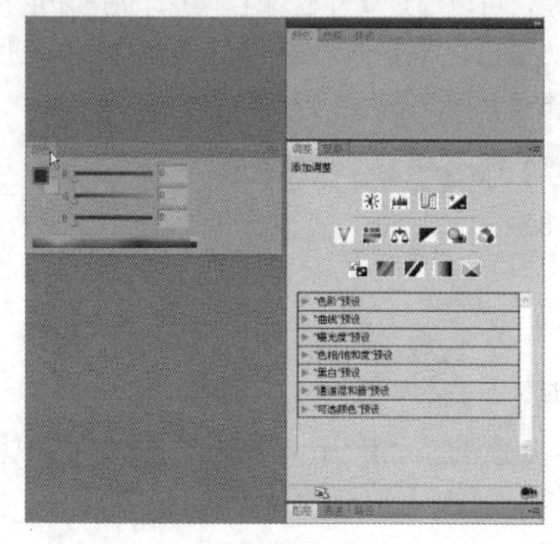
图 1-44

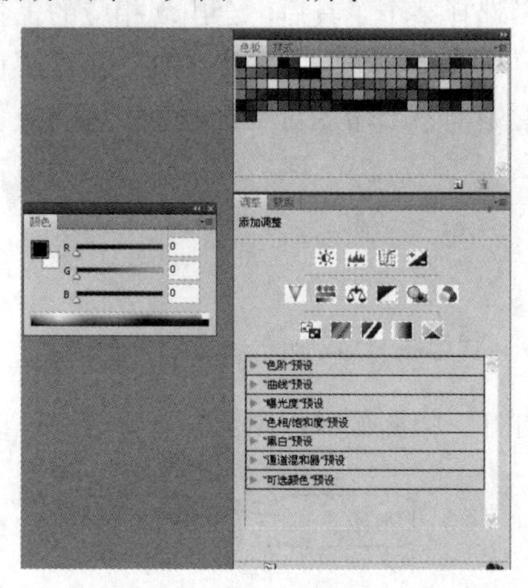
图 1-45

组合控制面板：可以根据需要将两个或多个控制面板组合到一个面板组中，这样可以节省操作的空间。要组合控制面板，可以选中外部控制面板的选项卡，用鼠标将其拖曳到要组合的面板组中，面板组周围出现蓝色的边框，如图 1-46 所示，此时释放鼠标，控制面板将被组合到面板组中，如图 1-47 所示。

控制面板弹出式菜单：单击控制面板右上方的图标▾☰，可以弹出控制面板的相关命令菜单，应用这些菜单可以提高控制面板的功能性，如图 1-48 所示。

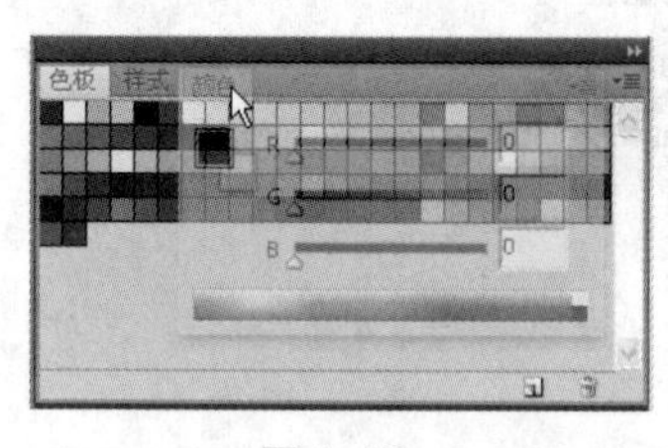

图 1-46

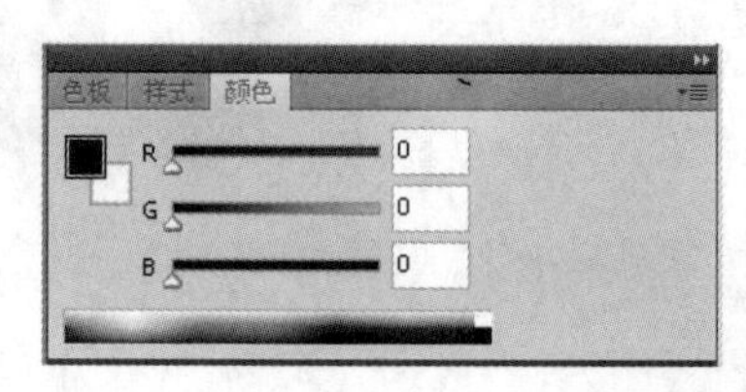

图 1-47

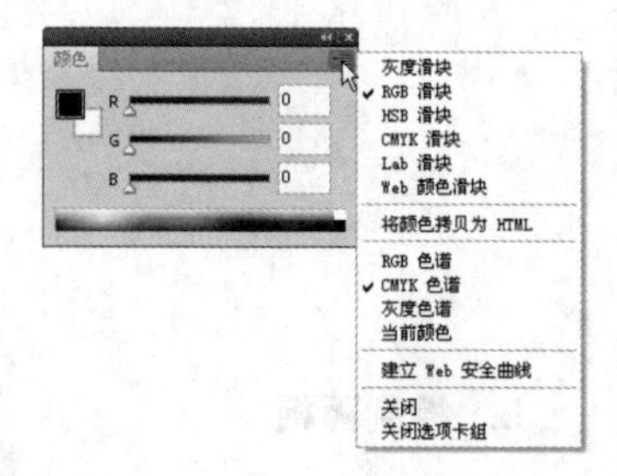

图 1-48

隐藏与显示控制面板：按 Tab 键，可以隐藏工具箱和控制面板；再次按 Tab 键，可显示出隐藏的部分。按 Shift+Tab 组合键，可以隐藏控制面板；再次按 Shift+Tab 组合键，可显示出隐藏的部分。

提 示 按 F6 键可以显示或隐藏“颜色”控制面板，按 F7 键显示或隐藏“图层”控制面板，按 F8 键显示或隐藏“信息”控制面板。按住 Alt 键的同时，单击控制面板上方的最小化按钮 ⊟，将只显示面板的标签。

自定义工作区：用户可以依据操作习惯自定义工作区、存储控制面板及设置工具的排列方式，从而设计出个性化的 Photoshop CS4 界面。

设置工作区后，选择“窗口 > 工作区 > 存储工作区”命令，弹出“存储工作区”对话框，输入工作区名称，如图 1-49 所示，单击“存储”按钮，即可将自定义的工作区进行存储。

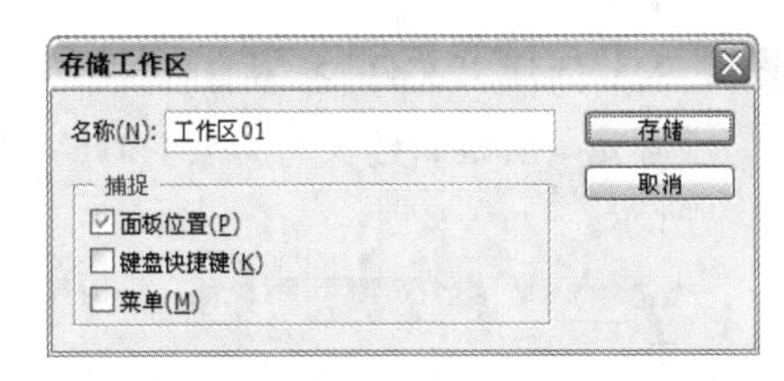

图 1-49

使用自定义工作区时，在“窗口 > 工作区”的子菜单中选择新保存的工作区名称。如果要再恢复使用 Photoshop CS4 默认的工作区状态，可以选择“窗口 > 工作区 > 默认工作区”命令进行恢复。选择“窗口 > 工作区 > 删除工作区”命令，可以删除自定义的工作区。

1.2 文件设置

1.2.1 【操作目的】

通过打开文件熟练掌握“打开”命令，通过复制图像到新建的文件中熟练掌握“新建”命令，通过关闭新建的文件熟练掌握“保存”和“关闭”命令。

1.2.2 【操作步骤】

步骤 1 打开 Photoshop 软件，选择“文件 > 打开”命令，弹出“打开”对话框，如图 1-50 所示。选择光盘中的“Ch01 > 素材 > 笔记本电脑广告”文件，单击“打开”按钮打开文件，如图 1-51 所示。

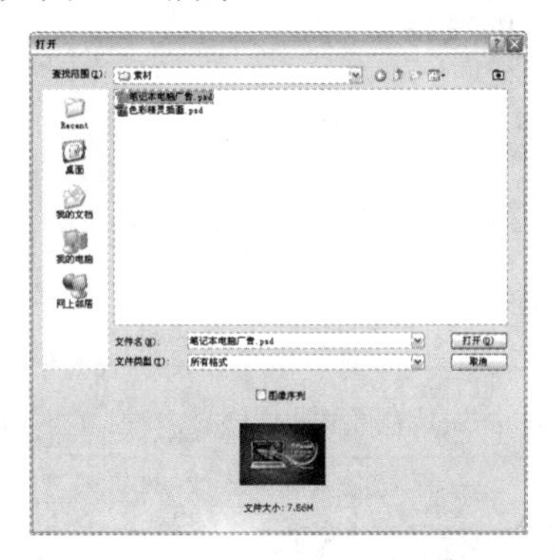

图 1-50

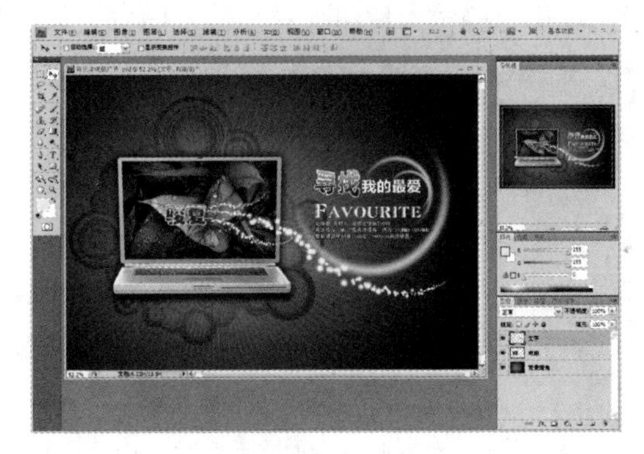

图 1-51

步骤 2 在右侧的“图层”控制面板中单击“电脑”图层，如图 1-52 所示。按 Ctrl+A 组合键全选图像，如图 1-53 所示。按 Ctrl+C 组合键复制图像。

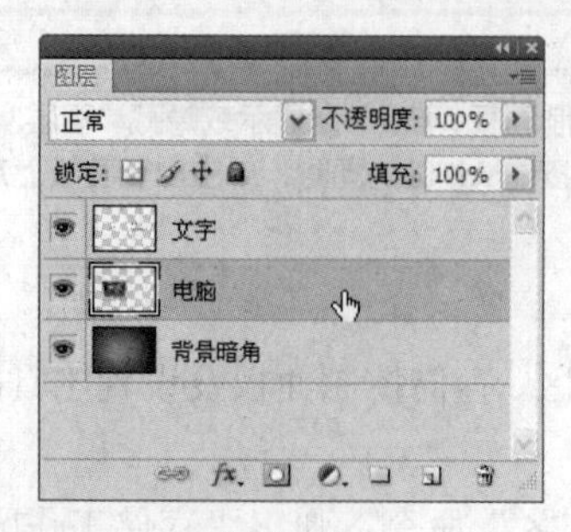

图 1-52

图 1-53

步骤 3 选择“文件 > 新建”命令，弹出“新建”对话框，选项的设置如图 1-54 所示，单击“确定”按钮新建文件。按 Ctrl+V 组合键将复制的图像粘贴到新建的图像窗口中，如图 1-55 所示。

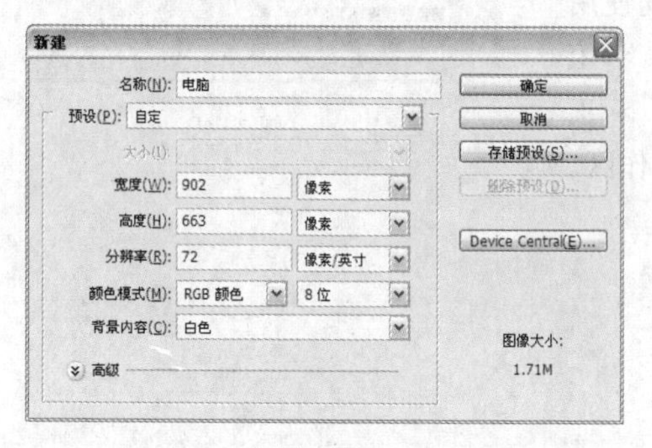

图 1-54

图 1-55

步骤 4 单击“电脑”图像窗口标题栏右上角的“关闭”按钮，弹出提示对话框，如图 1-56 所示。单击“是”按钮，弹出“存储为”对话框，在其中选择要保存的位置和格式，如图 1-57 所示。单击“保存”按钮，弹出“Photoshop 格式选项”对话框，如图 1-58 所示，单击“确定”按钮保存文件，同时关闭图像窗口中的文件。

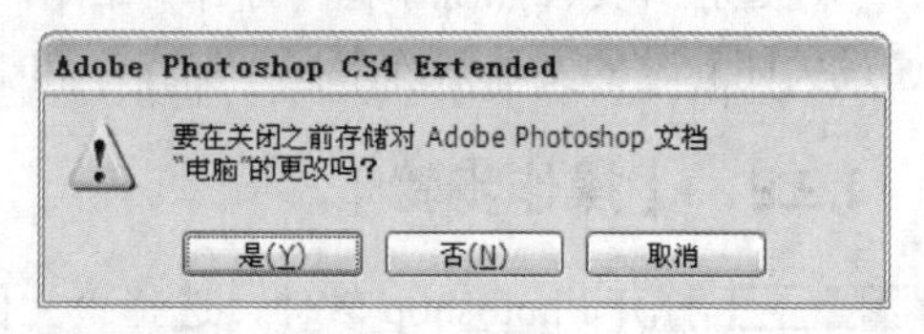

图 1-56

图 1-57

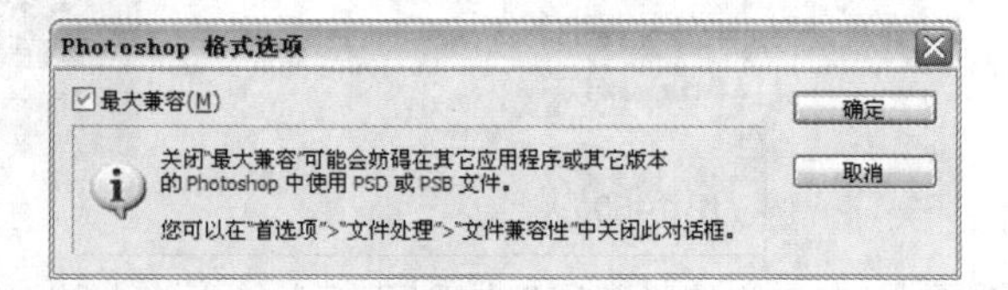

图 1-58

步骤 5 单击“笔记本电脑广告”图像窗口标题栏右上角的“关闭”按钮，关闭打开的“笔记本电脑广告”文件。单击软件窗口标题栏右侧的“关闭”按钮可关闭软件。

1.2.3 【相关工具】

1. 新建图像

选择“文件 > 新建”命令或按 Ctrl+N 组合键，弹出“新建”对话框，如图 1-59 所示。在对话框中可以设置新建图像的文件名、图像的宽度和高度、分辨率、颜色模式等选项，设置完成后单击“确定”按钮，即可完成新建图像，如图 1-60 所示。

图 1–59

图 1–60

2. 打开图像

如果要对图片进行修改和处理，要在 Photoshop CS4 中打开需要的图像。

选择“文件 > 打开”命令或按 Ctrl+O 组合键，弹出“打开”对话框，在其中选择查找范围和文件，确认文件类型和名称，通过 Photoshop CS4 提供的预览缩略图选择文件，如图 1-61 所示。然后单击“打开”按钮或直接双击文件，即可打开所指定的图像文件，如图 1-62 所示。

图 1–61

图 1–62

提 示 在“打开”对话框中也可以一次同时打开多个文件，只要在文件列表中将所需的几个文件选中，并单击“打开”按钮。在“打开”对话框中选择文件时，按住 Ctrl 键的同时，单击文件，可以选择不连续的多个文件。按住 Shift 键的同时，单击文件，可以选择连续的多个文件。

3. 保存图像

编辑和制作完图像后，就需要将图像进行保存，以便于下次打开继续进行操作。

选择“文件 > 存储”命令或按 Ctrl+S 组合键，可以存储文件。当设计好的作品第一次进行存储时，选择“文件 > 存储”命令，将弹出“存储为”对话框，如图 1-63 所示。在对话框中输入文件名、选择文件格式后，单击“保存”按钮即可。

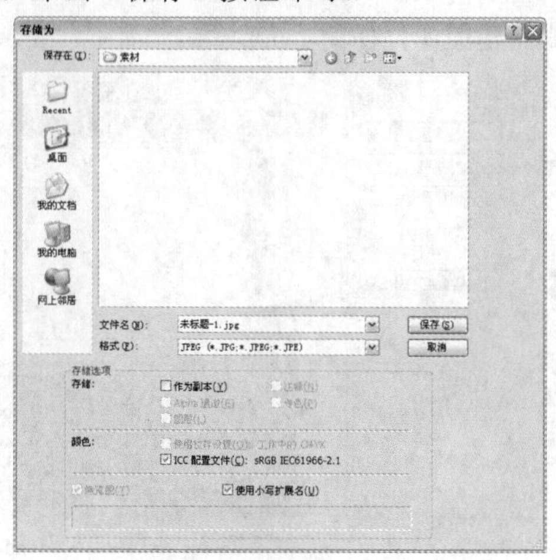

图 1-63

提　示　当对已存储过的图像文件进行各种编辑操作后，选择“存储”命令，将不弹出“存储为”对话框，系统直接保存最终确认的结果，并覆盖原始文件。

4. 图像格式

当用 Photoshop CS4 制作或处理好一幅图像后，就要进行存储。这时，选择一种合适的文件格式就显得十分重要。Photoshop CS4 中有 20 多种文件格式可供选择，在这些文件格式中既有 Photoshop CS4 的专用格式，也有用于应用程序交换的文件格式，还有一些比较特殊的格式。

◎ PSD 格式和 PDD 格式

PSD 格式和 PDD 格式是 Photoshop CS4 自身的专用文件格式，能够支持从线图到 CMYK 的所有图像类型，但由于在一些图形处理软件中没有得到很好的支持，因此其通用性不强。PSD 格式和 PDD 格式能够保存图像数据的细小部分，如图层、附加的通道等 Photoshop CS4 对图像进行特殊处理的信息。在最终决定图像的存储格式前，最好先以这两种格式存储。另外，Photoshop CS4 打开和存储这两种格式的文件比其他格式更快。但是这两种格式也有缺点，即它们所存储的图像文件所占用的存储空间较大。

◎ TIF 格式

TIF 是标签图像格式。TIF 格式对于色彩通道图像来说是最有用的格式，具有很强的可移植性，它可以用于 PC、Macintosh 以及 UNIX 工作站三大平台。用 TIF 格式存储图像时应考虑到文件的大小，因为 TIF 格式的结构要比其他格式更复杂。但 TIF 格式支持 24 个通道，能存储多于 4 个通道的文件格式。TIF 格式还允许使用 Photoshop 中的复杂工具和滤镜特效。TIF 格式非常适合于印刷和输出。

◎ **BMP 格式**

BMP 格式可以用于绝大多数 Windows 下的应用程序。BMP 格式使用索引色彩，它的图像具有极其丰富的色彩，并可以使用 16MB 色彩渲染图像。BMP 格式能够存储黑白图、灰度图和 16MB 色彩的 RGB 图像等。此格式一般在多媒体演示、视频输出等情况下使用，但不能在 Macintosh 程序中使用。在存储 BMP 格式的图像文件时，还可以进行无损失压缩，能节省磁盘空间。

◎ **GIF 格式**

GIF 是 Graphics Interchange Format 的缩写。GIF 格式的图像文件所占的存储空间较小，它形成一种压缩的 8 bit 图像文件。正因为这样，一般用这种格式的文件来缩短图形的加载时间。如果在网络中传送图像文件，GIF 格式的图像文件的传送速度要比其他格式的图像文件快得多。

◎ **JPEG 格式**

JPEG 是 Joint Photographic Experts Group 的缩写，中文意思为“联合图片专家组”。JPEG 格式既是 Photoshop CS4 支持的一种文件格式，也是一种压缩方案，它是 Macintosh 上常用的一种存储类型。JPEG 格式是压缩格式中的“佼佼者”，与 TIF 文件格式采用的无损压缩相比，它的压缩比例更大。但它使用的有损压缩会丢失部分数据，用户可以在存储前选择图像的最后质量，从而控制数据的损失程度。

◎ **EPS 格式**

EPS 是 Encapsulated Post Script 的缩写。EPS 格式是 Illustrator CS3 和 Photoshop CS4 之间可交换的文件格式。Illustrator 软件制作出来的流动曲线、简单图形和专业图像一般都存储为 EPS 格式，Photoshop 可以获取这种格式的文件。在 Photoshop CS4 中也可以把其他图形文件存储为 EPS 格式，以便在排版类的 PageMaker 和绘图类的 Illustrator 等其他软件中使用。

◎ **选择合适的图像文件存储格式**

用户可以根据工作任务的需要选择合适的图像文件存储格式，下面就根据图像的不同用途介绍应该选择的图像文件存储格式。

用于印刷：TIFF、EPS。

出版物：PDF。

Internet 中的图像：GIF、JPEG、PNG。

用于 Photoshop 工作：PSD、PDD、TIFF。

5. 关闭图像

将图像进行存储后，可以将其关闭。选择“文件 > 关闭”命令或按 Ctrl+W 组合键，可以关闭文件。关闭图像时，若当前文件被修改过或是新建文件，则会弹出提示框，如图 1-64 所示，单击“是”按钮即可存储并关闭图像。

图 1-64

1.3 图像操作

1.3.1 【操作目的】

通过将窗口水平平铺命令掌握窗口排列的方法，通过缩小文件和适合窗口大小显示命令掌握图像的显示方式。

中等职业教育数字艺术类规划教材

1.3.2 【操作步骤】

图 1–65

步骤 1 打开光盘中的“Ch01 > 素材 >CD 包装”文件，如图 1-65 所示。新建 2 个文件，并分别将 CD 盘面和 CD 包装盒复制到新建的文件中，如图 1-66 和图 1-67 所示。

步骤 2 选择“窗口 > 排列 > 水平平铺”命令，可将 3 个窗口在软件界面中水平排列显示，如图 1-68 所示。单击“CD 包装”图像窗口的标题栏，窗口显示为活动窗口，如图 1-69 所示。按 Ctrl+D 组合键取消选区。

图 1–66

图 1–67

图 1–68

图 1–69

步骤 3 选择“缩放”工具，按住 Alt 键的同时在图像窗口中单击，使图像缩小，如图 1-70 所示。按住 Alt 键不放，在图像窗口中多次单击直到适当的大小，如图 1-71 所示。

图 1–70

图 1–71

步骤 4 单击“CD 包装盒”图像窗口的标题栏，窗口显示为活动窗口，如图 1-72 所示。双击“抓手”工具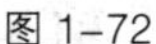，将图像调整为适合窗口大小显示，如图 1-73 所示。

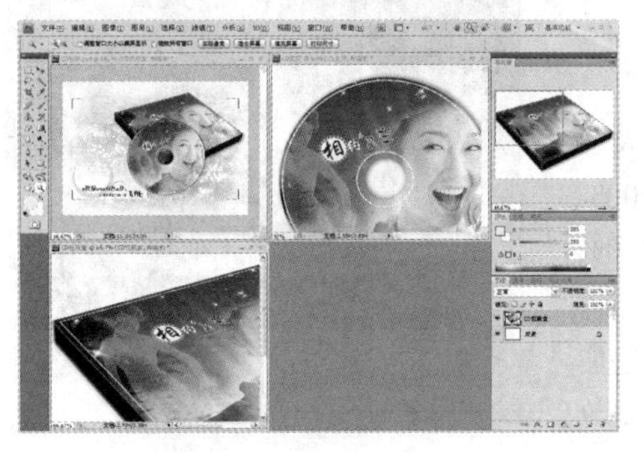

图 1-72

图 1-73

1.3.3 【相关工具】

1. 图像的分辨率

在 Photoshop CS4 中，图像中每单位长度上的像素数目称为图像的分辨率，其单位为像素/英寸或像素/厘米。

在相同尺寸的两幅图像中，高分辨率的图像包含的像素比低分辨率的图像包含的像素多。例如，一幅尺寸为 1 英寸×1 英寸的图像，其分辨率为 72 像素/英寸，则这幅图像包含 5184 个像素（72×72＝5184）。同样尺寸，分辨率为 300 像素/英寸的图像，它包含 90 000 个像素。相同尺寸下，分辨率为 72 像素/英寸的图像效果如图 1-74 所示，分辨率为 10 像素/英寸的图像效果如图 1-75 所示。由此可见，在相同尺寸下，高分辨率的图像将能更清晰地表现图像内容。

图 1-74

图 1-75

提 示 如果一幅图像中所包含的像素数是固定的，那么增加图像尺寸后会降低图像的分辨率。

2. 图像的显示效果

使用 Photoshop CS4 编辑和处理图像时，可以通过改变图像的显示比例使工作更便捷、高效。

◎ 100%显示图像

100%显示图像，如图 1-76 所示。在此状态下可以对文件进行精确的编辑。

图 1-76

◎ **放大显示图像**

选择“缩放”工具，在图像中鼠标指针变为放大图标，每单击一次鼠标，图像就会放大 1 倍。当图像以 100%的比例显示时，在图像窗口中单击 1 次，图像则以 200%的比例显示，效果如图 1-77 所示。

当要放大一个指定的区域时，选择放大工具，按住鼠标左键不放，在图像上框选出一个矩形选区，选中需要放大的区域，如图 1-78 所示。释放鼠标，选中的区域会放大显示并填满图像窗口，如图 1-79 所示。

图 1-77

图 1-78

图 1-79

按 Ctrl++组合键可逐次放大图像，如从 100%的显示比例放大到 200%、300%直至 400%。

◎ **缩小显示图像**

缩小显示图像一方面可以用有限的界面空间显示出更多的图像，另一方面可以看到一个较大图像的全貌。

选择“缩放”工具，在图像中鼠标指针变为放大工具图标，按住 Alt 键不放，鼠标指针变为缩小工具图标。每单击一次鼠标，图像将缩小显示一级。图像的原始效果如图 1-80 所示，缩小显示后的效果如图 1-81 所示。按 Ctrl+−组合键可逐次缩小图像。

图 1-80

图 1-81

也可在缩放工具属性栏中选择“缩小”工具按钮，如图 1-82 所示，此时鼠标指针变为缩小工具图标，每单击一次鼠标，图像将缩小显示一级。

调整窗口大小以满屏显示 缩放所有窗口 实际像素 适合屏幕 填充屏幕 打印尺寸

图 1-82

◎ **全屏显示图像**

如果要将图像的窗口放大填满整个屏幕，可以在缩放工具的属性栏中单击[适合屏幕]按钮，再勾选“调整窗口大小以满屏显示”复选项，如图 1-83 所示。这样在放大图像时，窗口就会和屏幕的尺寸相适应，效果如图 1-84 所示。单击“实际像素”按钮[实际像素]，图像将以实际像素比例显示。单击“打印尺寸”按钮[打印尺寸]，图像将以打印分辨率显示。

☑调整窗口大小以满屏显示 ☐缩放所有窗口 实际像素 适合屏幕 填充屏幕 打印尺寸

图 1-83

图 1-84

◎ **图像窗口显示**

当打开多个图像文件时，会出现多个图像文件窗口，这就需要对窗口进行布置和摆放。

同时打开多幅图像，效果如图 1-85 所示。按 Tab 键关闭操作界面中的工具箱和控制面板，将鼠标指针放在图像窗口的标题栏上，拖曳图像到操作界面的任意位置，如图 1-86 所示。

图 1-85

图 1-86

选择“窗口 > 排列 > 层叠”命令，图像的排列效果如图 1-87 所示。选择“窗口 > 排列 > 水平平铺”命令，图像的排列效果如图 1-88 所示。

图 1-87

图 1-88

3. 图像尺寸的调整

打开一幅图像，选择“图像 > 图像大小”命令，弹出“图像大小”对话框，如图 1-89 所示。

像素大小：通过改变“宽度”和“高度”选项的数值，改变图像在屏幕上显示的大小，图像的尺寸也相应地改变。文档大小：通过改变“宽度”、“高度”和“分辨率”选项的数值，改变图像的文档大小，图像的尺寸也相应地改变。约束比例：选中此复选框，在“宽度”和“高度”选项的右侧出现锁链标志，表示改变其中一项设置时，两项会成比例地同时改变。重定图像像素：取消勾选此复选框，像素的数值将不能单独设置，“文档大小”选项组中的“宽度”、“高度”和“分辨率”选项右侧将出现锁链标志，改变数值时这 3 项会同时改变，如图 1-90 所示。

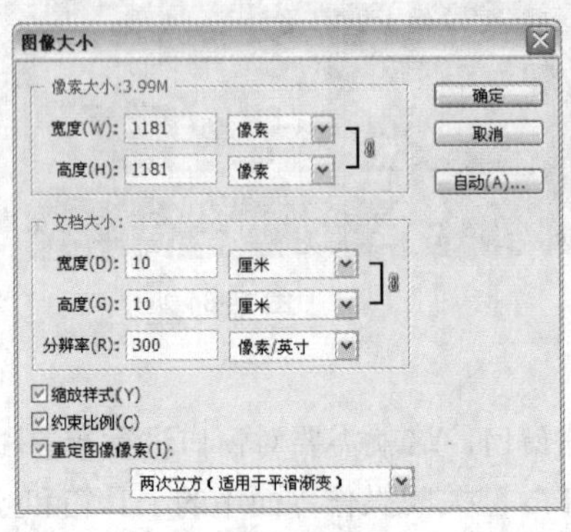

图 1–89

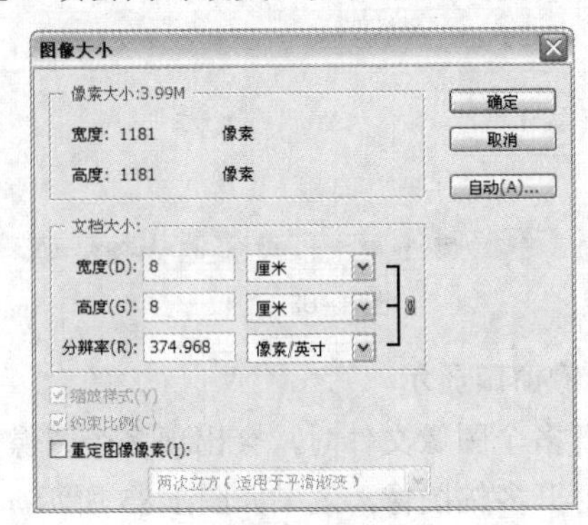

图 1–90

在“图像大小”对话框中可以改变选项数值的计量单位，用户可以根据需要在选项右侧的下拉列表中进行选择，如图 1-91 所示。单击“自动”按钮，弹出“自动分辨率”对话框，系统将自动调整图像的分辨率和品质效果，如图 1-92 所示。

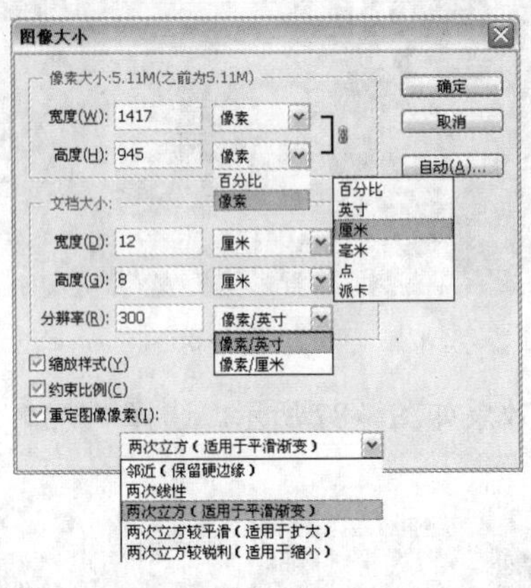

图 1–91

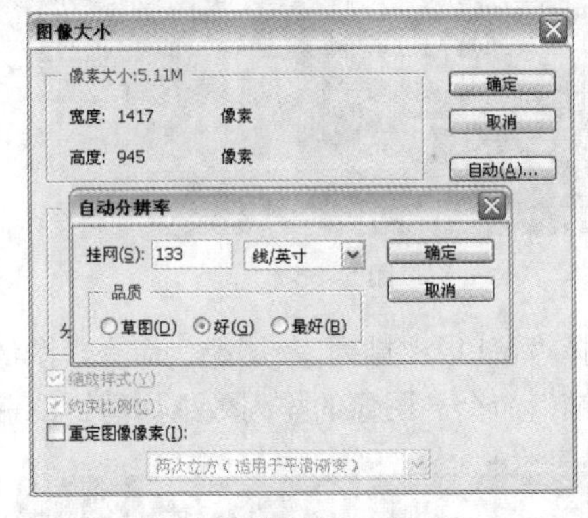

图 1–92

4. 画布尺寸的调整

图像画布尺寸的大小是指当前图像周围的工作空间的大小。打开一幅图像，如图 1-93 所示。选择“图像 > 画布大小”命令，弹出“画布大小”对话框，如图 1-94 所示。

当前大小：显示的是当前文件的大小和尺寸。新建大小：用于重新设定图像画布的大小。定位：用于调整图像在新画面中的位置，可偏左、居中或在右上角等，如图 1-95 所示。设置不同的调整方式，图像调整后的效果如图 1-96 所示。

图 1-93

图 1-94

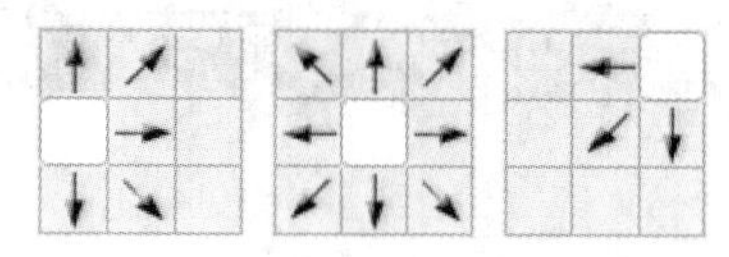

图 1-95

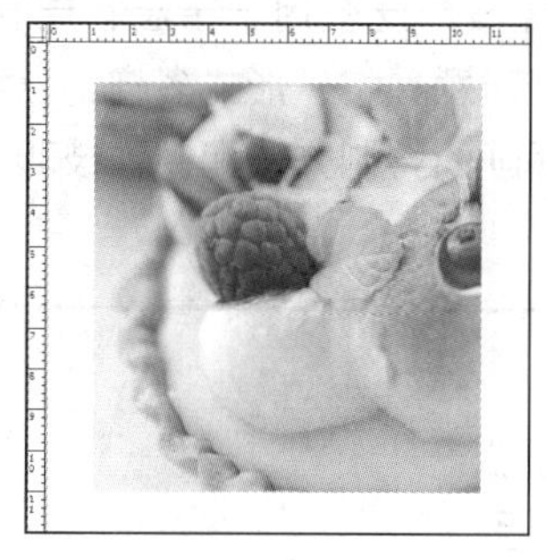

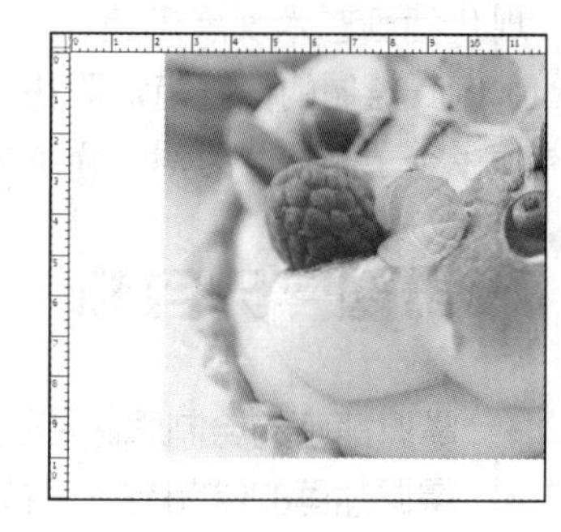

图 1-96

画布扩展颜色：此选项的下拉列表中可以选择填充图像周围扩展部分的颜色，其中包括前景色、背景色和 Photoshop CS4 中的默认颜色，也可以自己调整所需的颜色。在对话框中进行设置，如图 1-97 所示，单击“确定”按钮，效果如图 1-98 所示。

图 1-97

图 1-98

第2章 插画设计

现代插画艺术发展迅速，已经被广泛应用于杂志、周刊、广告、包装和纺织品领域。使用Photoshop绘制的插画简洁明快、新颖独特、形式多样，已经成为较流行的插画表现形式。本章以制作多个主题插画为例，介绍插画的绘制方法和制作技巧。

课堂学习目标

- 掌握插画的绘制思路和过程
- 掌握插画的绘制方法和技巧

2.1 制作春日风景插画

2.1.1 【案例分析】

春日风景插画是为儿童故事中的情节配的插画，要求插画的表现形式和画面效果能充分表达故事书的风格和思想，读者通过观看插画能够更好地理解书中的内容和意境。

2.1.2 【设计理念】

在设计制作过程中，使用大片的绿色草地展示生机勃勃的景象，通过发芽的大树和蓝色的天空带给人无限希望。再使用风车和纸飞机使画面充满活力和生活气息。通过风景元素的烘托，加强风景的远近空间变化。整个插画造型简洁明快，颜色丰富饱满。（最终效果参看光盘中的“Ch02 > 效果 > 制作春日风景插画”，见图 2-1。）

图 2-1

2.1.3 【操作步骤】

1. 使用磁性套索工具抠图像

步骤 1 按 Ctrl+O 组合键，打开光盘中的“Ch02 > 素材 > 制作春日风景插画 > 01、02”文件，如图 2-2 所示。选择“移动”工具，将 02 素材图片拖曳到图像窗口中适当的位置并调整其大小，效果如图 2-3 所示。在“图层”控制面板中生成新的图层并将其命名为“树”。

图 2–2　　图 2–3

步骤 2 按 Ctrl+O 组合键，打开光盘中的“Ch02 > 素材 > 制作春日风景插画 > 03”文件，如图 2-4 所示。选择“磁性套索”工具，在云朵图像的边缘单击鼠标，根据云朵的形状拖曳鼠标，绘制一个封闭路径，路径自动转换为选区，如图 2-5 所示。选择“移动”工具，拖曳选区中的内容到图像窗口中适当的位置并调整其大小，效果如图 2-6 所示。在“图层”控制面板中生成新的图层并将其命名为“云”。

图 2–4

图 2–5

图 2–6

步骤 3 将“云”图层拖曳到控制面板下方的“创建新图层”按钮上进行复制，生成新的图层“云 副本”，选择“移动”工具，在图像窗口中拖曳复制的云图片到适当的位置并调整其大小，效果如图 2-7 所示。在“图层”控制面板中，将“树”图层拖曳到所有图层的最上方，如图 2-8 所示，图像效果如图 2-9 所示。

图 2–7

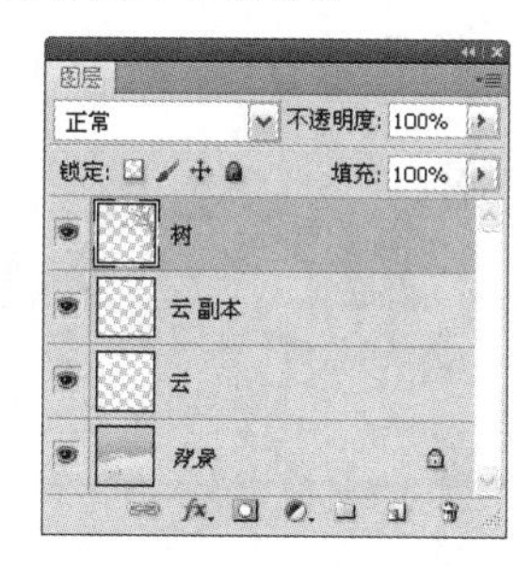

图 2–8

图 2–9

2. 使用套索工具抠图像

步骤 1 按 Ctrl+O 组合键，打开光盘中的“Ch02 > 素材 > 制作春日风景插画 > 04”文件，如图 2-10 所示。选择“套索”工具，在飞机图像的边缘单击鼠标，拖曳鼠标将飞机图像抠出，如图 2-11 所示。

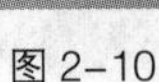

图 2-10

图 2-11

步骤 2 选择“移动”工具，拖曳选区中的内容到图像窗口中的适当的位置，效果如图 2-1 所示，在“图层”控制面板中生成新的图层并将其命名为“飞机”。将“飞机”图层拖曳到控制面板下方的“创建新图层”按钮上进行复制，生成新的图层“飞机 副本”。选择“移动”工具，在图像窗口中拖曳复制飞机图片到适当的位置，调整大小并将其旋转到适当的角度，效果如图 2-13 所示。

图 2-12

图 2-13

3. 使用多边形套索工具抠图像

步骤 1 按 Ctrl+O 组合键，打开光盘中的“Ch02 > 素材 > 制作春日风景插画 > 05”文件，如图 2-14 所示。选择“多边形套索”工具，在风车图像的边缘多次单击并拖曳鼠标，将风车图像抠出，如图 2-15 所示。选择“移动”工具，将选区中的内容拖曳到图像窗口中适当的位置并调整其大小，效果如图 2-16 所示，在“图层”控制面板中生成新的图层并将其命名为“房子”。

图 2-14

图 2-15

图 2-16

步骤 2 将前景色设为白色。选择“横排文字”工具 T，在图像窗口中输入需要的文字，选取文字，在属性栏中分别选择合适的字体并设置文字大小，按 Alt+向左方向键，调整文字字距，效果如图 2-17 所示，在“图层”控制面板中生成新的文字图层。夏日风景插画制作完成，效果如图 2-18 所示。

图 2-17

图 2-18

2.1.4 【相关工具】

1. 魔棒工具

魔棒工具可以用来选取图像中的某一点，并将与这一点颜色相同或相近的点自动融入选区中。选择“魔棒”工具或按 W 键，其属性栏如图 2-19 所示。

图 2-19

：选择方式选项。容差：用于控制色彩的范围，数值越大，可容许的颜色范围越大。消除锯齿：用于清除选区边缘的锯齿。连续：用于选择单独的色彩范围。对所有图层取样：用于将所有可见层中颜色容许范围内的色彩加入选区。

选择“魔棒”工具，在图像中单击需要选择的颜色区域，即可得到需要的选区，如图 2-20 所示。调整属性栏中的容差值，再次单击需要选择的区域，不同容差值的选区效果如图 2-21 所示。

图 2-20

图 2-21

2. 套索工具

套索工具可以用来选取不规则形状的图像。选择“套索”工具或反复按 Shift+L 组合键，其属性栏如图 2-22 所示。

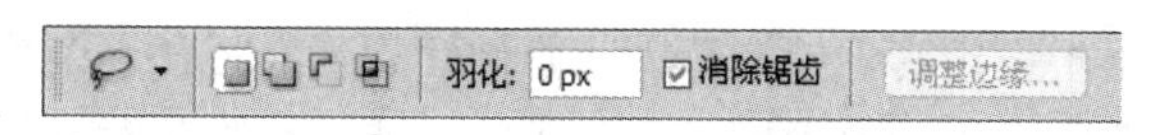

图 2-22

：选择方式选项。羽化：用于设定选区边缘的羽化程度。消除锯齿：用于清除选区边缘的锯齿。

选择“套索”工具，在图像中适当的位置单击，按住鼠标左键并拖动绘制出需要的选区，如图 2-23 所示。释放鼠标左键，选择区域会自动封闭，效果如图 2-24 所示。

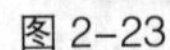

图 2-23

图 2-24

3. 多边形套索工具

多边形套索工具可以用来选取不规则的多边形图像。选择“多边形套索”工具或反复按 Shift+L 组合键。其属性栏中的有关内容与套索工具属性栏中的内容相同。

选择“多边形套索”工具，在图像中单击设置所选区域的起点，接着单击以设置所选区域的其他点，效果如图 2-25 所示。将鼠标指针移到起点，多边形套索工具显示为形状，如图 2-26 所示，单击即可封闭选区，效果如图 2-27 所示。

图 2-25

图 2-26

图 2-27

提　示　在图像中使用多边形套索工具绘制选区时，按 Enter 键可封闭选区，按 Esc 键可取消选区，按 Delete 键可删除上一个单击创建的选区点。

4. 磁性套索工具

磁性套索工具可以用来选取不规则的并与背景反差大的图像。选择“磁性套索”工具或反复按 Shift+L 组合键，其属性栏如图 2-28 所示。

羽化: 0 px	☑消除锯齿	宽度: 10 px	对比度: 10%	频率: 57	调整边缘...

图 2-28

选择方式选项。羽化：用于设定选区边缘的羽化程度。消除锯齿：用于清除选区边缘的锯齿。宽度：选项用于设定套索检测范围，磁性套索工具将在这个范围内选取反差最大的边缘。对比度：用于设定选取边缘的灵敏度，数值越大，要求边缘与背景的反差越大。频率：用于设定选取点的速率，数值越大，标记速率越快，标记点越多。“使用绘图板压力以更改钢笔宽度”按钮用于设定专用绘图板的笔刷压力。

选择“磁性套索”工具，在图像中适当的位置单击，按住鼠标左键，根据选取图像的形状拖曳鼠标，选取图像的磁性轨迹会紧贴图像的内容，效果如图 2-29 和图 2-30 所示。将鼠标指针移到起点，单击即可封闭选区，效果如图 2-31 所示。

图 2-29

图 2-30

图 2-31

5. 旋转图像

◎ **变换图像画布**

图像画布的变换将对整个图像起作用。选择“图像 > 旋转画布”命令，其下拉菜单如图 2-32 所示。

画布变换的多种效果，如图 2-33 所示。

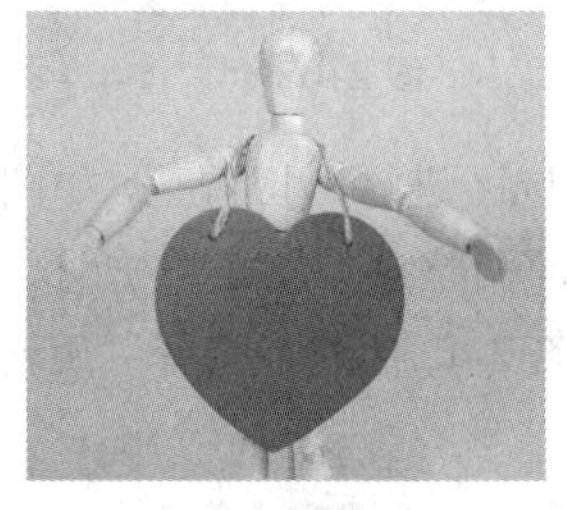

原图像

180°

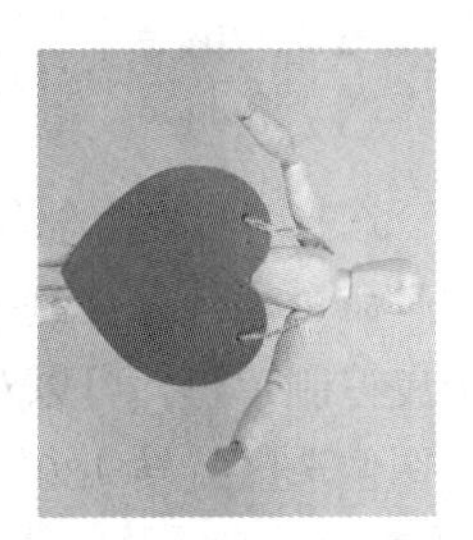

90° （顺时针）

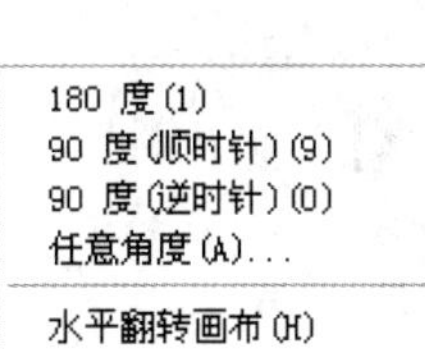

图 2-32

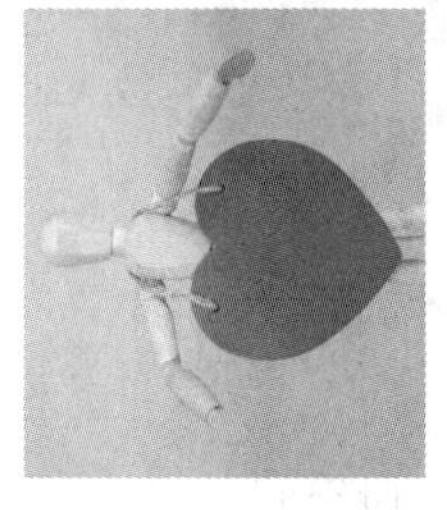

90° （逆时针）

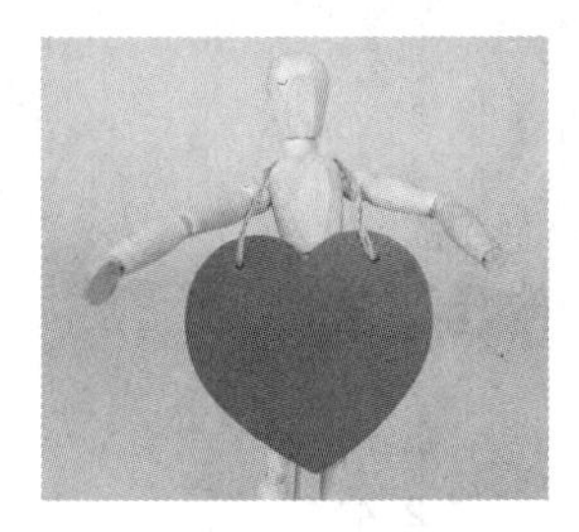

水平翻转画布

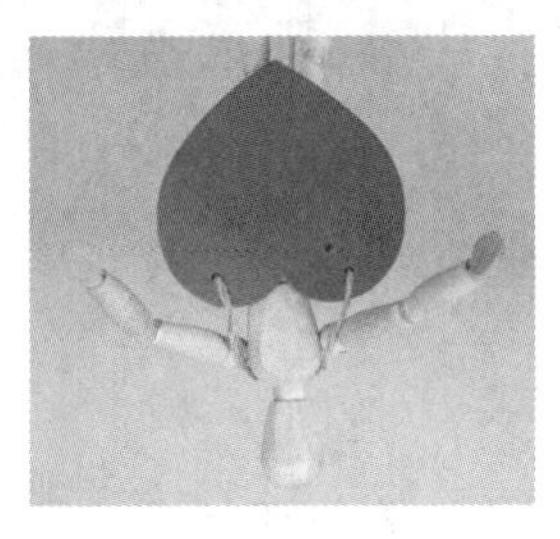

垂直翻转画布

图 2-33

选择“任意角度”命令，弹出“旋转画布”对话框，进行设置后的效果如图 2-34 所示。单击“确定”按钮，画布被旋转，效果如图 2-35 所示。

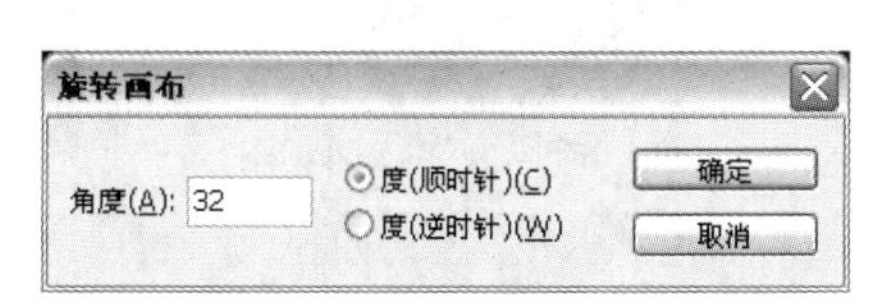

图 2-34

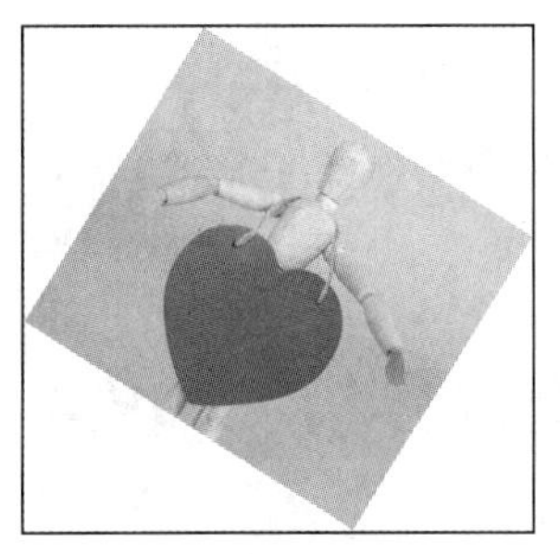

图 2-35

◎ 变换图像选区

在操作过程中可以根据设计和制作的需要变换已经绘制好的选区。在图像中绘制完选区后，选择“编辑 > 自由变换”或“变换”命令，可以对图像的选区进行各种变换。“变换”命令的下拉菜单如图 2-36 所示。

在图像中绘制选区，如图 2-37 所示。选择“缩放”命令，拖曳控制手柄可以对图像选区进行自由缩放，如图 2-38 所示。选择“旋转”命令，旋转控制手柄可以对图像选区进行自由旋转，如图 2-39 所示。

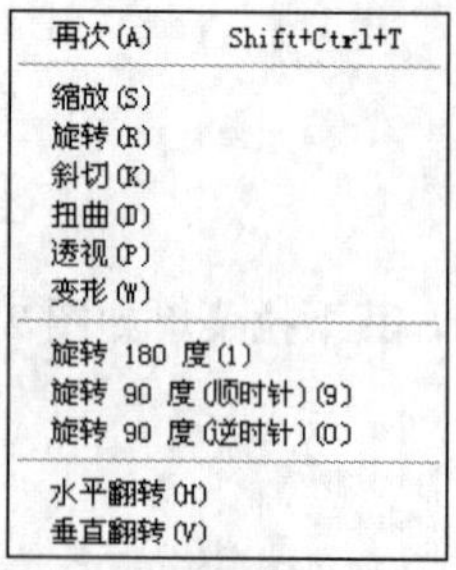

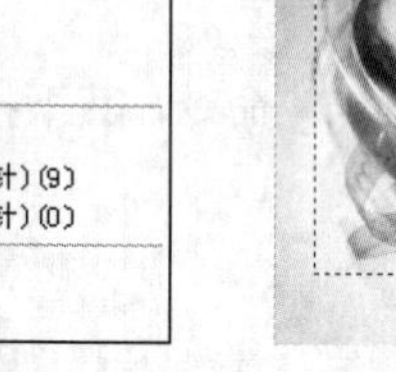

图 2-36

图 2-37

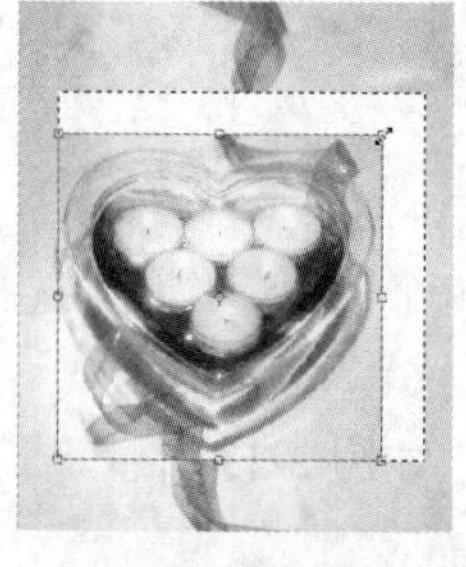

图 2-38

图 2-39

选择“斜切”命令，拖曳控制手柄，可以对图像选区进行斜切调整，如图 2-40 所示。选择“扭曲”命令，拖曳控制手柄，可以对图像选区进行扭曲调整，如图 2-41 所示。选择“透视”命令，拖曳控制手柄，可以对图像选区进行透视调整，如图 2-42 所示。选择“旋转 180 度”命令，可以将图像选区旋转 180°，如图 2-43 所示。

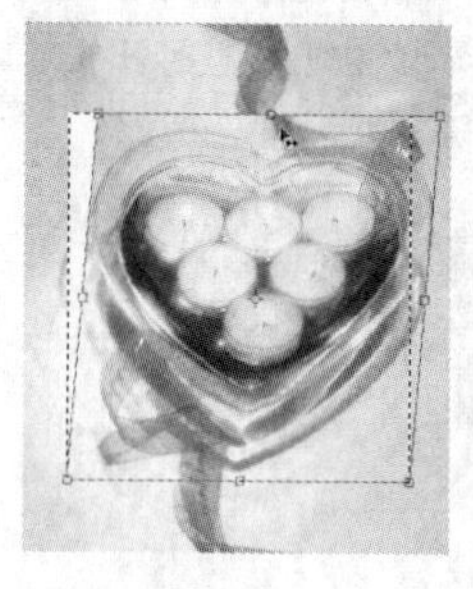

图 2-40

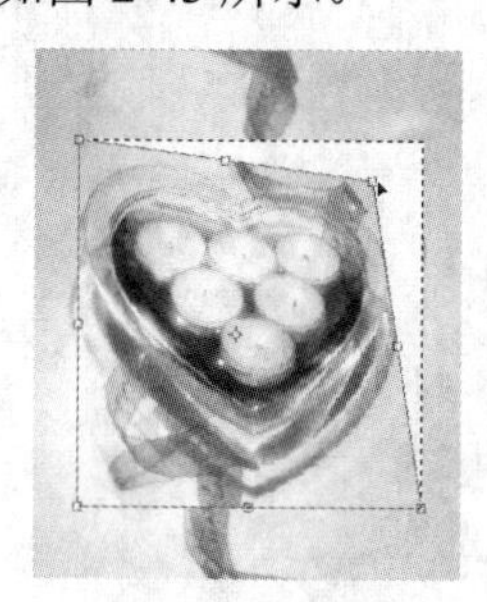

图 2-41

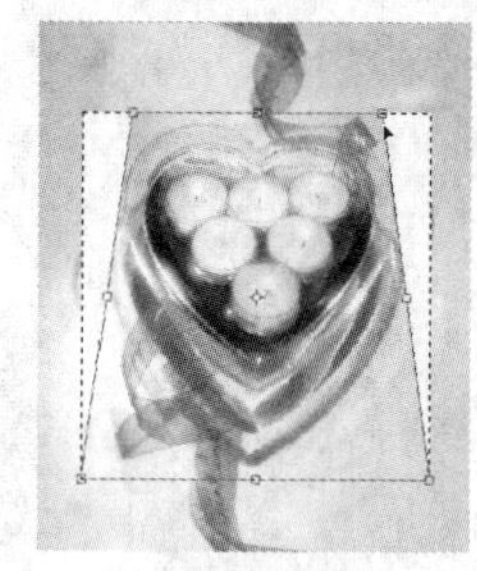

图 2-42

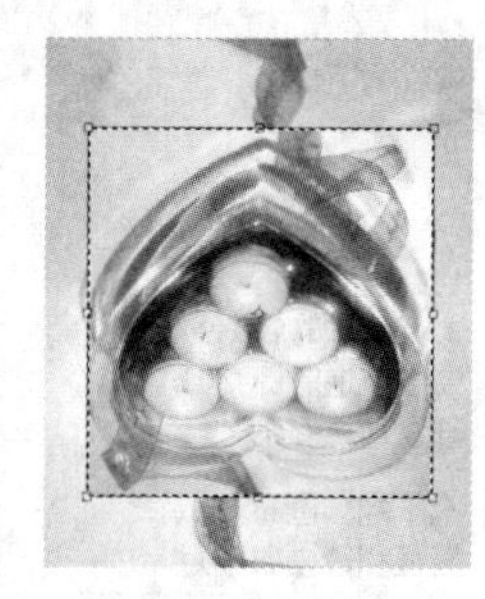

图 2-43

选择“旋转 90 度（顺时针）”命令，可以将图像选区顺时针旋转 90°，如图 2-44 所示。选择“旋转 90 度（逆时针）”命令，可以将图像选区逆时针旋转 90°，如图 2-45 所示。选择“水平翻转”命令，可以将图像水平翻转，如图 2-46 所示。选择“垂直翻转”命令，可以将图像垂直翻转，如图 2-47 所示。

图 2-44

图 2-45

图 2-46

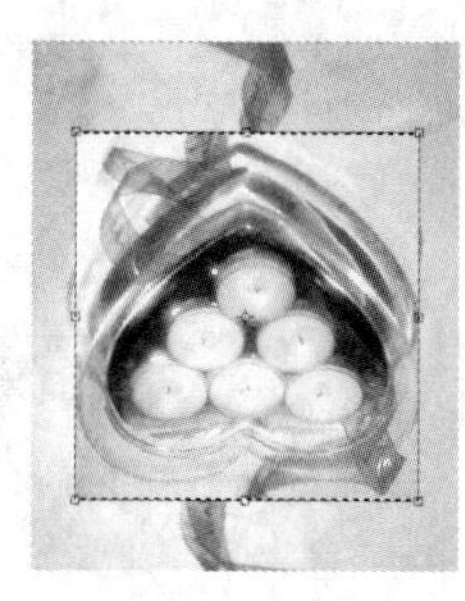

图 2-47

提 示 使用“编辑 > 变换”命令可以对图层中的所有图像进行编辑。

6. 图层面板

图 2-48

“图层”控制面板中列出了图像中的所有图层、图层组和图层效果。可以使用“图层”控制面板显示和隐藏图层、创建新图层以及处理图层组。还可以在“图层”控制面板的弹出式菜单中设置其他命令和选项，如图 2-48 所示。

图层混合模式：用于设定图层的混合模式，它包含 20 多种图层混合模式。不透明度：用于设定图层的不透明度。填充：用于设定图层的填充百分比。眼睛图标：用于打开或隐藏图层中的内容。链接图标：表示图层与图层之间的链接关系。图标T：表示此图层为可编辑的文字图层。图标fx：图层效果图标。

在“图层”面板的上方有 4 个图标，如图 2-49 所示。

锁定透明像素：用于锁定当前图层中的透明区域，使透明区域不能被编辑。锁定图像像素：使当前图层和透明区域不能被编辑。锁定位置：使当前图层不能被移动。锁定全部：使当前图层或序列完全被锁定。

在“图层”控制面板的下方有 7 个按钮，如图 2-50 所示。

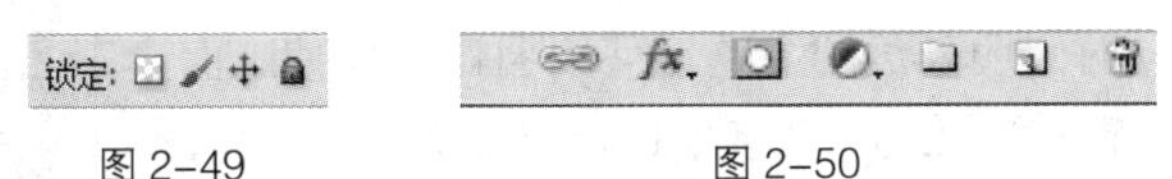

图 2-49　　图 2-50

链接图层：使所选图层和当前图层成为一组，当对一个链接图层进行操作时，将影响一组链接图层。添加图层样式：为当前图层添加图层样式效果。添加图层蒙版：在当前图层上创建一个蒙版。在图层蒙版中，黑色代表隐藏图像，白色代表显示图像。可以使用画笔等绘图工具对蒙版进行绘制，还可以将蒙版转换成选区。创建新的填充或调整图层：可对图层进行颜色填充和效果调整。创建新组：用于新建一个文件夹，可在其中放入图层。创建新图层：用于在当前图层的上方创建一个新图层。删除图层：即垃圾桶，可以将不需要的图层拖曳到此按钮上进行删除。

7. 复制图层

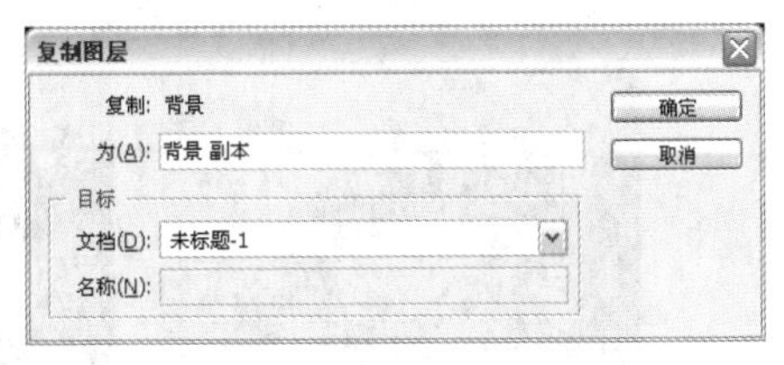

图 2-51

使用控制面板的弹出式菜单：单击“图层”控制面板右上方的按钮，在弹出的下拉菜单中选择“复制图层”命令，弹出“复制图层”对话框，如图 2-51 所示。

为：用于设定复制图层的名称。文档：用于设定复制图层的文件来源。

使用“图层”面板中的按钮：将需要复制的图层拖曳到控制面板下方的“创建新图层”按钮上，可以复制一个新图层。

使用菜单命令：选择“图层 > 复制图层”命令，弹出“复制图层”对话框。

使用鼠标拖曳的方法复制不同图像之间的图层：打开目标图像和需要复制的图像，将需要复制的图像中的图层直接拖曳到目标图像的图层中，即可完成图层的复制。

2.1.5 【实战演练】制作圣诞气氛插画

使用矩形选框工具、椭圆选框工具、多边形套索工具和磁性套索工具绘制选区，使用魔棒工具、快速选择工具添加选区，使用移动工具移动选区中的图像。（最终效果参看光盘中的“Ch02 > 效果 > 制作圣诞气氛插画”，见图 2-52。）

图 2-52

2.2 制作花卉插画

2.2.1 【案例分析】

本例是为植物类杂志绘制的栏目插画。这期栏目介绍的是花卉，在插画上要通过简洁的绘画语言表现出花卉欣欣向荣的生长态势。

2.2.2 【设计理念】

在设计制作过程中先从背景入手，通过大片的花朵展现出一片欣欣向荣的自然美景，同时点明表达的主题。使用羽化边框使画面具有远近变化，产生空间感。使用造型文字使设计更加完整、自然。（最终效果参看光盘中的“Ch02 > 效果 > 制作花卉插画”，见图 2-53。）

图 2-53

2.2.3 【操作步骤】

1. 制作白色边框

步骤 1 按 Ctrl+O 组合键，打开光盘中的“Ch02 > 素材 > 制作花卉插画 > 01”文件，效果如图 2-54 所示。新建图层并将其命名为“羽化”。将前景色设为白色，选择“矩形选框”工具，在图像窗口中绘制一个矩形选区，如图 2-55 所示。按 Shift+F6 组合键，在弹出的“羽化选区”对话框中进行设置，如图 2-56 所示，单击“确定”按钮羽化选区。

图 2-54

图 2-55

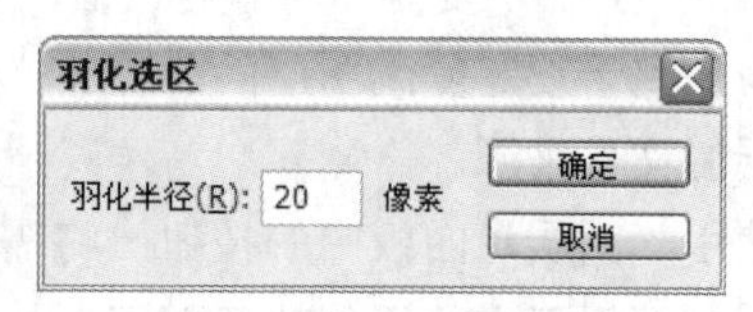

图 2-56

步骤 2 按 Shift+Ctrl+I 组合键将选区反选，如图 2-57 所示。按 Alt+Delete 组合键用前景色填充

选区，效果如图 2-58 所示。按 Ctrl+D 组合键取消选区。

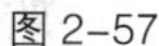

图 2-57

图 2-58

2. 制作发光文字

步骤 1 将前景色设为粉色（其 R、G、B 值分别为 252、211、198）。选择“横排文字”工具 T，在属性栏中选择合适的字体并设置大小，在图像窗口中输入文字，如图 2-59 所示，在控制面板中生成新的文字图层。

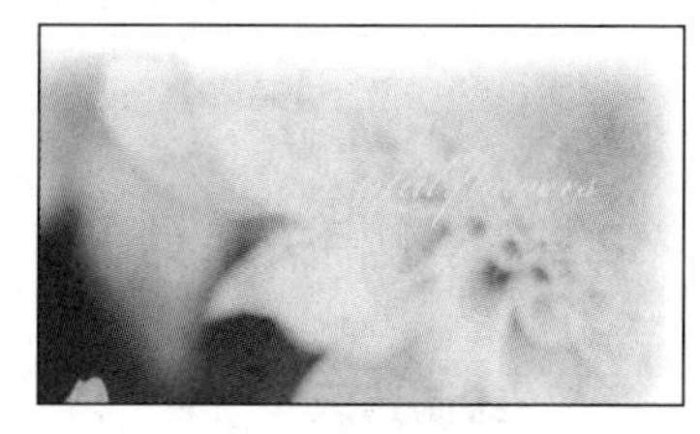

图 2-59

步骤 2 单击“图层”控制面板下方的“添加图层样式”按钮 fx，在弹出的菜单中选择“图案叠加”命令，弹出对话框。单击“图案”选项右侧的按钮，弹出图案选择面板，单击面板右上方的按钮，在弹出的菜单中选择“彩色纸”选项，弹出提示对话框，单击“确定”按钮。在图案选择面板中选择需要的图案，如图 2-60 所示，其他选项的设置如图 2-61 所示。单击“确定”按钮，效果如图 2-62 所示。

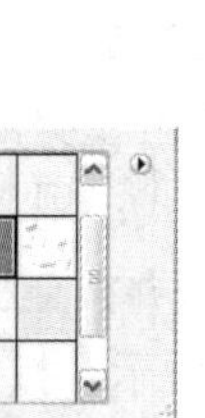

图 2-60

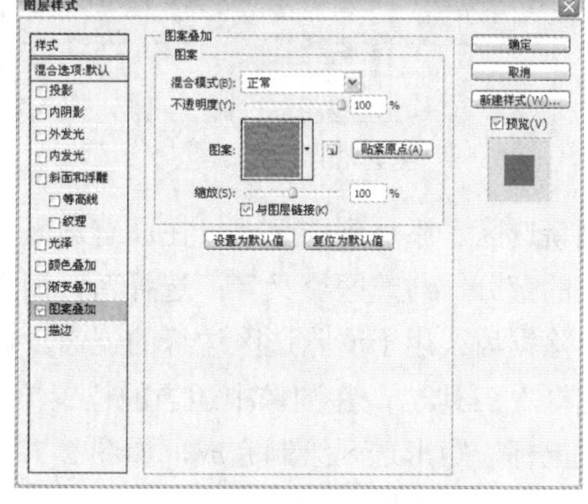

图 2-61

图 2-62

步骤 3 按住 Ctrl 键的同时，单击“Beautiful flowers”文字图层的图层缩览图，文字周围生成选区，效果如图 2-63 所示。选择“选择 > 修改 > 扩展”命令，在弹出的对话框中进行设置，如图 2-64 所示。单击“确定”按钮，效果如图 2-65 所示。

图 2-63

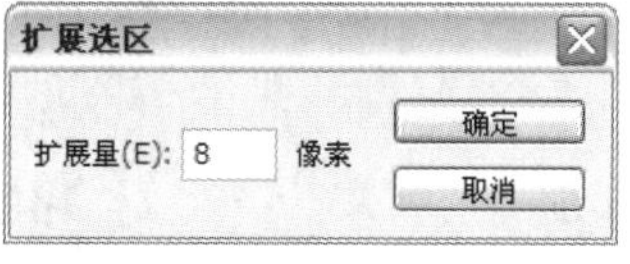

图 2-64

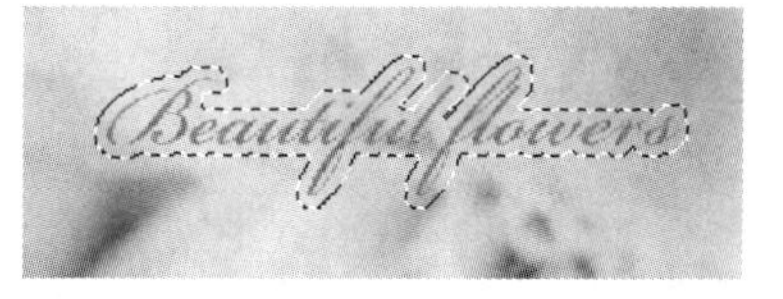

图 2-65

步骤 4 新建图层并将其命名为“发光文字”。将前景色设为白色。按 Shift+F6 组合键，在弹出的“羽化选区”对话框中进行设置，如图 2-66 所示，单击“确定”按钮。按 Alt+Delete 组合键用前景色填充选区，按 Ctrl+D 组合键取消选区，效果如图 2-67 所示。在“图层”控制面板中，将“发光文字”图层拖曳到“文字”图层的下方，效果如图 2-68 所示。花卉插画效果制作完成。

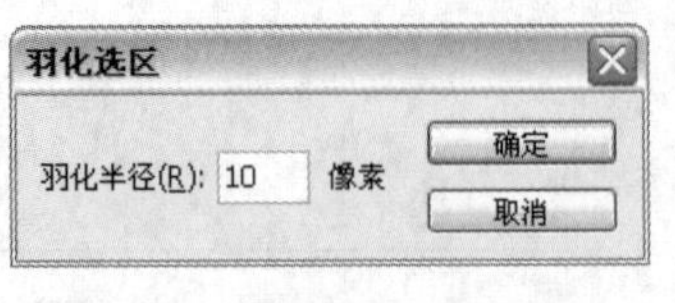

图 2-66

图 2-67

图 2-68

2.2.4 【相关工具】

1. 绘制选区

使用选框工具可以在图像或图层中绘制规则的选区，选取规则的图像。下面具体介绍选框工具的使用方法和操作技巧。

◎ 矩形选框工具

选择“矩形选框”工具，或反复按 Shift+M 组合键，其属性栏如图 2-69 所示。

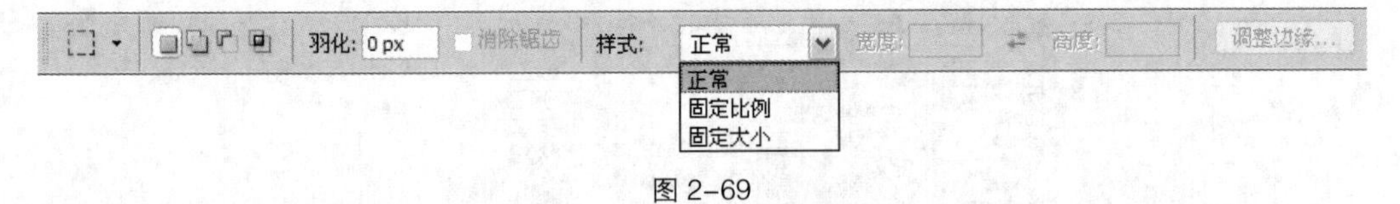

图 2-69

新选区：去除旧选区，绘制新选区。添加到选区：在原有选区上增加新的选区。从选区减去：在原有选区上减去新选区的部分。与选区交叉：选择新、旧选区重叠的部分。羽化：用于设定选区边界的羽化程度。消除锯齿：用于清除选区边缘的锯齿。样式：用于选择类型。

绘制矩形选区：选择“矩形选框”工具，在图像中适当的位置单击并按住鼠标左键不放，向右下方拖曳鼠标绘制选区，释放鼠标，矩形选区绘制完成，如图 2-70 所示。按住 Shift 键的同时，在图像中拖曳可以绘制出正方形选区，如图 2-71 所示。

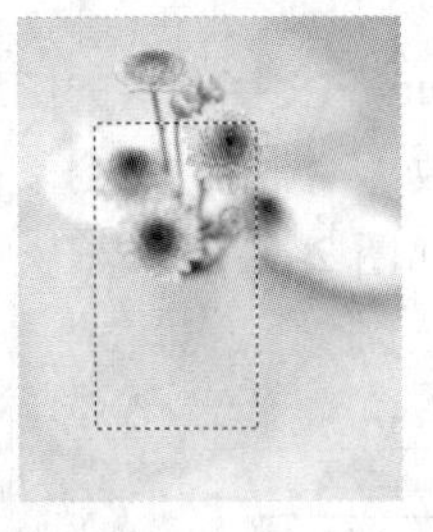
图 2-70

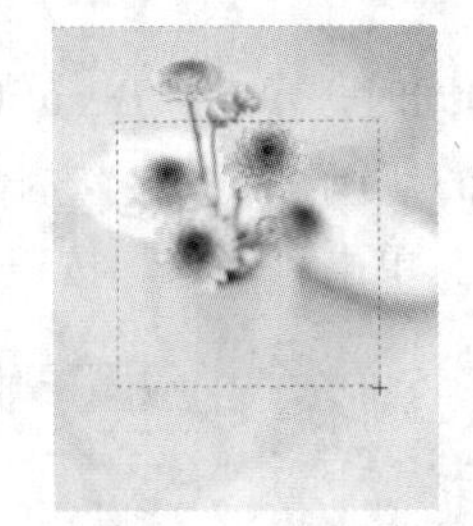
图 2-71

设置矩形选区的比例：在“矩形选框”工具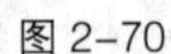的属性栏中选择“样式”下拉列表中的“固定比例”选项，将“宽度”设为 1，“高度”设为 3，如图 2-72 所示。在图像中绘制固定比例的选区，

效果如图 2-73 所示。单击“高度和宽度互换”按钮可以快速地将宽度和高度比的数值互换，互换后绘制的选区效果如图 2-74 所示。

图 2-72

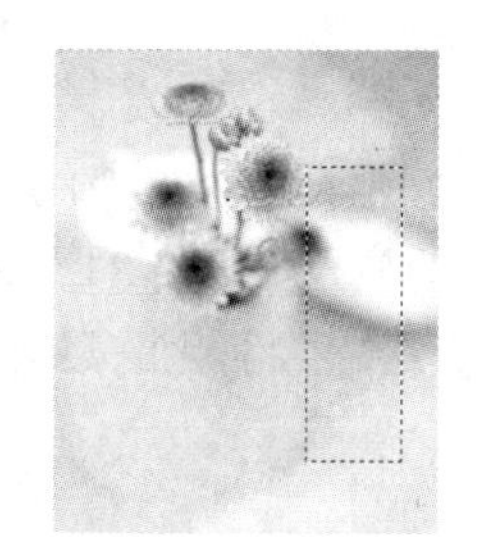
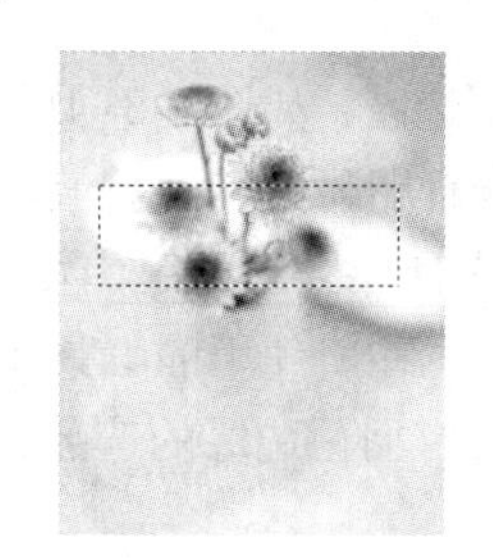

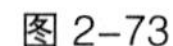
图 2-73　　图 2-74

设置固定尺寸的矩形选区：在“矩形选框”工具的属性栏中，选择“样式”下拉列表中的“固定大小”选项，在“宽度”和“高度”文本框中输入数值，单位只能是像素，如图 2-75 所示。绘制固定大小的选区，效果如图 2-76 所示。单击“高度和宽度互换”按钮，可以快速地将宽度和高度的数值互换，互换后绘制的选区效果如图 2-77 所示。

图 2-75

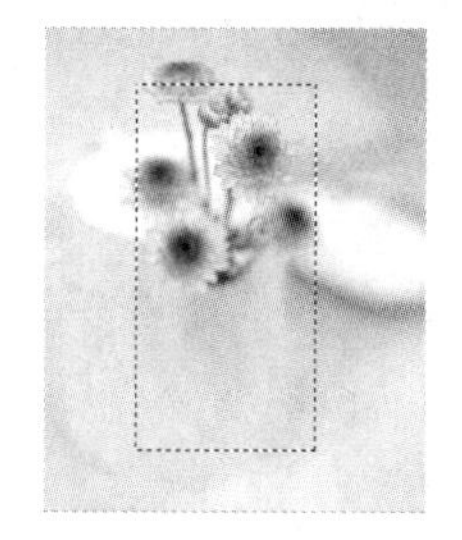
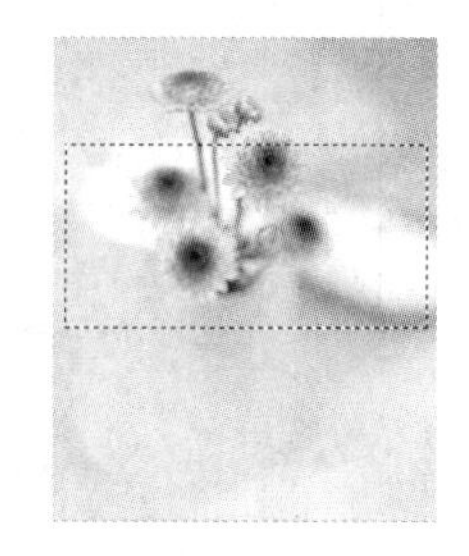

图 2-76　　图 2-77

◎ **椭圆选框工具**

选择“椭圆选框”工具，或反复按 Shift+M 组合键，其属性栏如图 2-78 所示。

图 2-78

选择“椭圆选框”工具，在图像中适当的位置单击，按住鼠标左键拖动绘制出需要的选区，释放鼠标，椭圆选区绘制完成，如图 2-79 所示。按住 Shift 键，在图像中可以绘制出圆形选区，如图 2-80 所示。

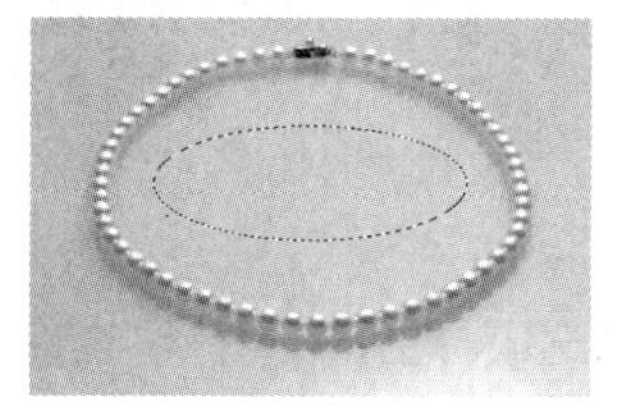
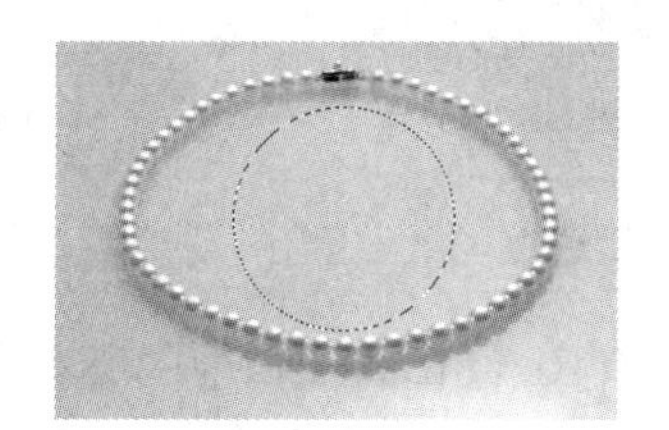

图 2-79　　图 2-80

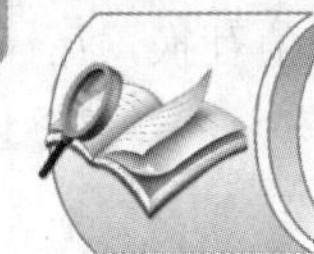

提 示 "椭圆选框"工具属性栏中的其他选项和"矩形选框"工具属性栏中的选项相同，其他选项的设置请参见矩形选框工具的设置。

2. 羽化选区

在图像中绘制不规则选区，如图 2-81 所示。选择"选择 > 修改 > 羽化"命令，弹出"羽化选区"对话框，在其中设置羽化半径的数值，如图 2-82 所示，单击"确定"按钮选区被羽化。将选区反选，效果如图 2-83 所示，在选区中填充颜色后的效果如图 2-84 所示。

还可以在绘制选区前，在所使用的工具属性栏中直接输入羽化的数值，如图 2-85 所示，此时绘制的选区自动变成为带有羽化边缘的选区。

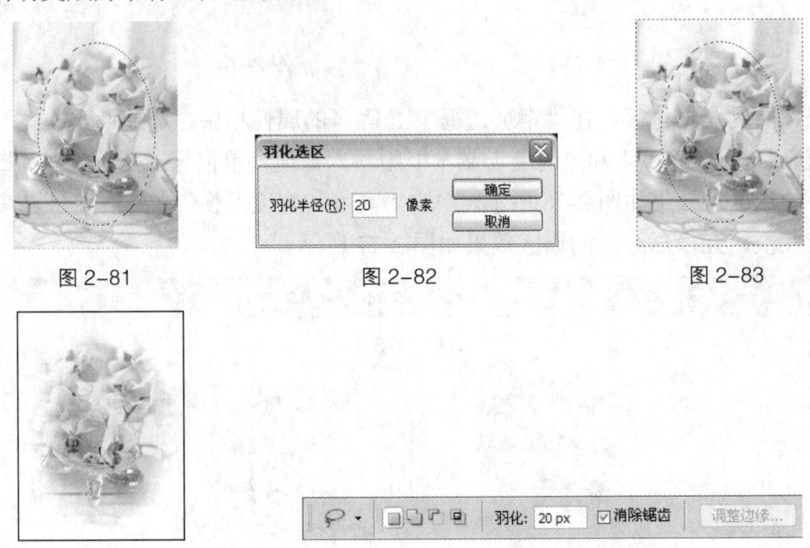

图 2-81　图 2-82　图 2-83

图 2-84　图 2-85

3. 扩展选区

在图像中绘制不规则选区，如图 2-86 所示。选择"选择 > 修改 > 扩展"命令，弹出"扩展选区"对话框，在其中设置扩展量的数值，如图 2-87 所示。单击"确定"按钮选区被扩展，效果如图 2-88 所示。

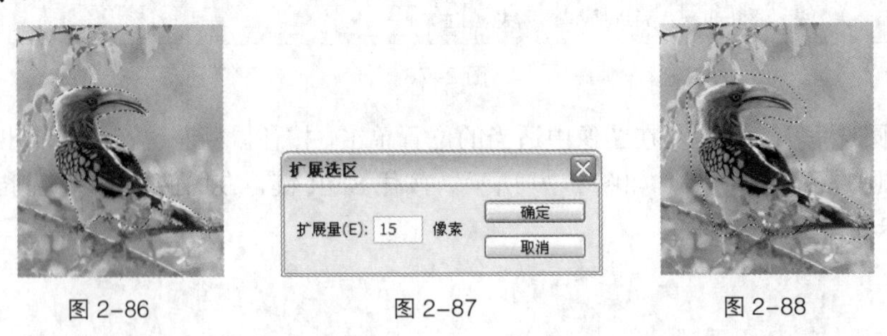

图 2-86　图 2-87　图 2-88

4. 全选和反选选区

全选：选择所有像素，即将图像中的所有图像全部选取。选择"选择 > 全部"命令或按 Ctrl+A 组合键，即可选取全部图像，效果如图 2-89 所示。

反选：选择“选择 > 反向”命令或按 Shift+Ctrl+I 组合键，可以对当前的选区进行反向选取，效果如图 2-90 和图 2-91 所示。

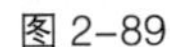
图 2-89

图 2-90

图 2-91

5. 新建图层

使用“图层”面板的弹出式菜单：单击“图层”控制面板右上方的按钮，在弹出的下拉菜单中选择“新建图层”命令，弹出“新建图层”对话框，如图 2-92 所示。

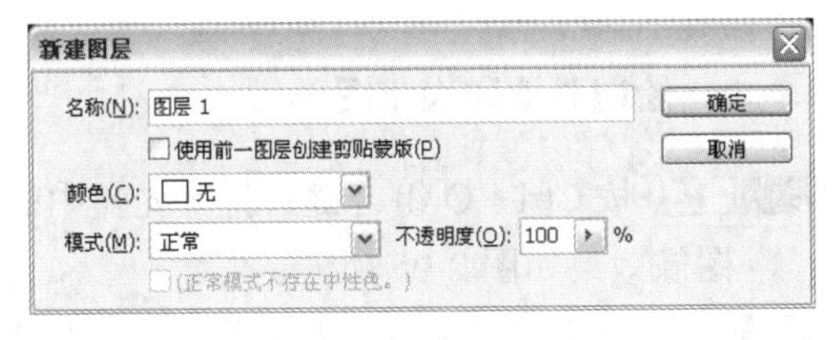

图 2-92

名称：用于设定新图层的名称，可以选择使用前一图层创建剪贴蒙版。颜色：用于设定新图层的颜色。模式：用于设定当前图层的混合模式。不透明度：用于设定当前图层的不透明度。

使用“图层”面板中的按钮或快捷键：单击“图层”控制面板下方的“创建新图层”按钮可以创建一个新图层。在按住 Alt 键的同时，单击“创建新图层”按钮，弹出“新建图层”对话框。

使用“图层”菜单命令或快捷键：选择“图层 > 新建 > 图层”命令，弹出“新建图层”对话框。按 Shift+Ctrl+N 组合键也可以弹出“新建图层”对话框。

6. 载入选区

当要载入透明背景中的图像和文字图层中的文字选区时，可以在按住 Ctrl 键的同时单击图层的缩览图载入选区。

2.2.5 【实战演练】制作婚纱照片插画

使用椭圆选框工具和矩形选框工具绘制选区，使用“羽化”命令制作柔和的图像效果，使用反选命令制作选区反选效果。（最终效果参看光盘中的“Ch02 > 效果 > 制作婚纱照片插画”，见图 2-93。）

图 2-93

2.3 制作夏日风景插画

2.3.1 【案例分析】

本例是为文学期刊绘制的风景插画。故事描述的是夏日郊外的景色，在插画上要通过简单的图形和颜色来表现夏日郊外多姿多彩的美景。

2.3.2 【设计理念】

在设计制作过程中，使用暖阳、草地、蓝天和蝴蝶烘托出夏意融融、生机勃发的景象。使用色彩鲜艳的绿树形象突出主题，展现出令人陶醉的夏之美。插画的整体设计布局合理，用色明快丰富。（最终效果参看光盘中的“Ch02 > 效果 > 制作夏日风景插画”，见图 2-94。）

图 2-94

2.3.3 【操作步骤】

1. 绘制草地和太阳图形

步骤 1 按 Ctrl＋O 组合键，打开光盘中的“Ch02 > 素材 > 制作夏日风景插画 > 01”文件，图像效果如图 2-95 所示。

步骤 2 新建图层并将其命名为“羽化框”。将前景色设为白色。选择“矩形选框”工具，在图像窗口中绘制矩形选区，如图 2-96 所示。按 Alt+Delete 组合键用前景色填充选区，取消选区后的效果如图 2-97 所示。在图形上方再绘制一个选区，如图 2-98 所示。

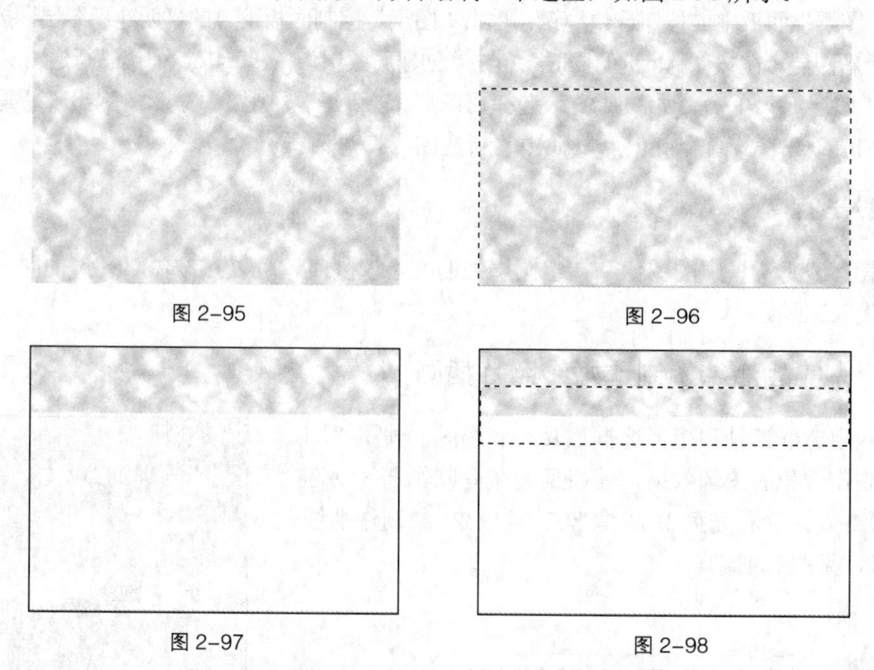

图 2-95　图 2-96

图 2-97　图 2-98

步骤 3 按 Shift+F6 组合键，弹出“羽化选区”对话框，选项的设置如图 2-99 所示，单击“确定”按钮羽化选区。按两次 Delete 键，删除选区中的图像，取消选区后的效果如图 2-100 所示。

步骤 4 按 Ctrl＋O 组合键，打开光盘中的“Ch02 > 素材 > 制作夏日风景插画 > 02”文件，选择“移动”工具，将图片拖曳到图像窗口的右侧，效果如图 2-101 所示。在“图层”控制面板中生成新图层并将其命名为“树”。

羽化选区

羽化半径(R): 250 像素

确定

取消

图 2-99

图 2-100

图 2-101

步骤 5 新建图层并将其命名为“草地”。将前景色设为深绿色（其 R、G、B 的值分别为 48、125、8），背景色设为浅绿色（其 R、G、B 的值分别为 165、232、21）。

步骤 6 选择“画笔”工具，在属性栏中单击“画笔”选项右侧的按钮，在弹出的面板中选择需要的画笔形状，如图 2-102 所示。单击属性栏中的“切换画笔面板”按钮，弹出“画笔”控制面板，设置如图 2-103 所示。选择“颜色动态”选项，切换到相应的面板，设置如图 2-104 所示。在图像窗口中拖曳鼠标，绘制草地图形，效果如图 2-105 所示。

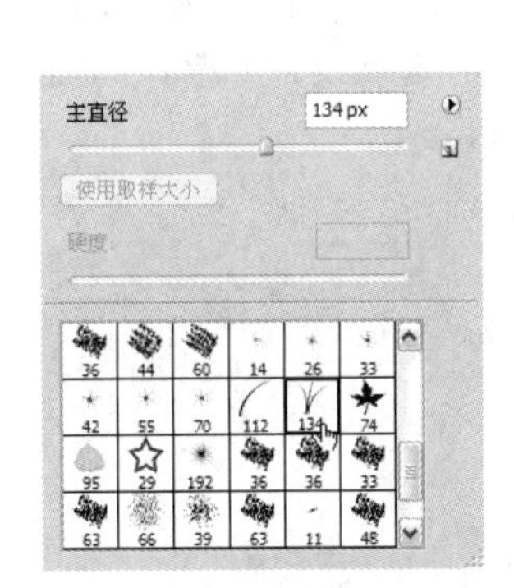

图 2-102

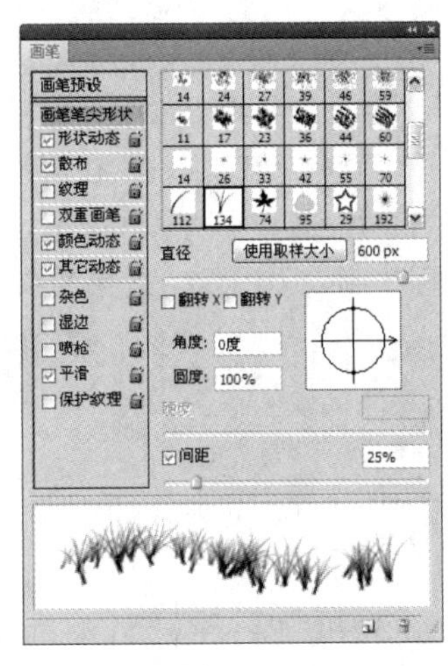

图 2-103

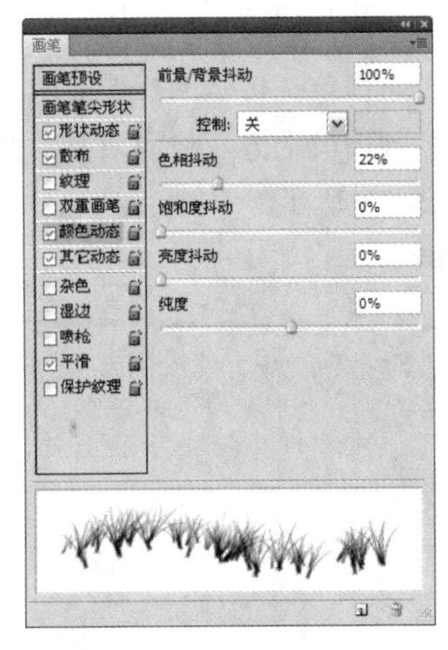

图 2-104

图 2-105

步骤 7 将前景色设为土地色（其 R、G、B 的值分别为 222、136、0）。选择“画笔”工具，

在属性栏中单击“画笔”选项右侧的按钮·，在弹出的面板中选择需要的画笔形状，如图 2-106 所示。再次单击属性栏中的“切换画笔面板”按钮，弹出“画笔”控制面板，在面板中进行设置，如图 2-107 所示。在图像窗口中单击鼠标，绘制草地图形，效果如图 2-108 所示。

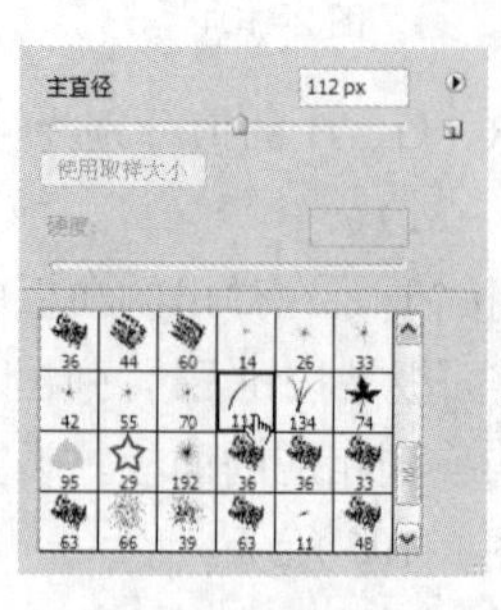

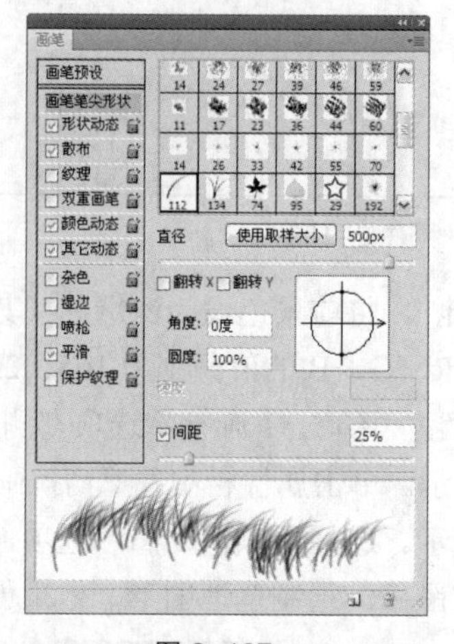

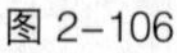

图 2-106　　图 2-107　　图 2-108

步骤 8 新建图层并将其命名为“太阳”。将前景色设为橘红色（其 R、G、B 的值分别为 236、102、26）。选择“画笔”工具，在属性栏中单击“画笔”选项右侧的按钮·，在弹出的画笔面板中将“主直径”选项设为 1000px，“硬度”选项设为 40%，如图 2-109 所示。在图像窗口中单击鼠标绘制太阳图像，效果如图 2-110 所示。

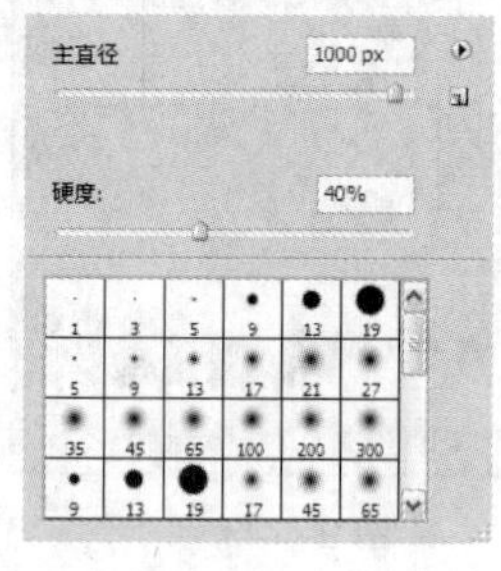

图 2-109　　图 2-110

步骤 9 新建图层并将其命名为“太阳”。将前景色设为白色。按 Alt+Delete 组合键用前景色填充图层，图像效果如图 2-111 所示。在“图层”控制面板上方，将“阳光”图层的“填充”选项设为 40%，如图 2-112 所示，图像效果如图 2-113 所示。

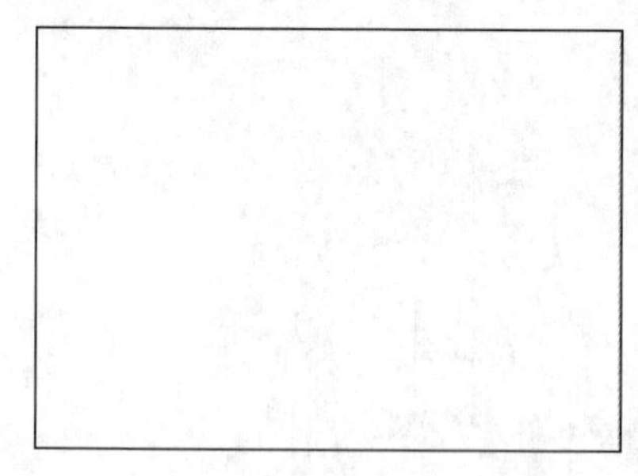

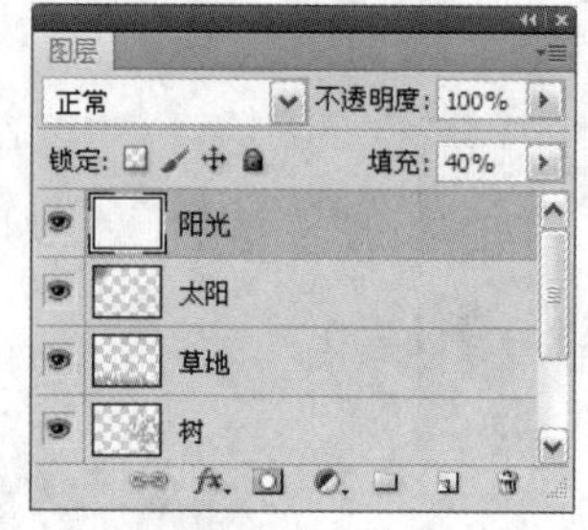

图 2-111　　图 2-112　　图 2-113

步骤 10 选择“多边形套索”工具，在图像窗口中拖曳鼠标绘制选区，如图 2-114 所示。按

Ctrl+Shift+I 组合键将选区反选，删除选区中的图像并取消选区后，效果如图 2-115 所示。

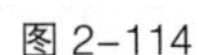
图 2-114

图 2-115

步骤 11 在“图层”控制面板中将“阳光”图层拖曳到“树”图层的下方，如图 2-116 所示，图像窗口中的效果如图 2-117 所示。

图 2-116

图 2-117

2. 绘制蝴蝶并添加文字

步骤 1 选中“太阳”图层。新建图层并将其命名为“蝴蝶”。按 Ctrl+O 组合键，打开光盘中的“Ch02> 素材 > 制作夏日风景插画 > 03”文件，如图 2-118 所示。按住 Ctrl 键的同时，单击“图层 1”的图层缩览图，如图 2-119 所示，图像周围生成选区，如图 2-120 所示。选择“编辑 > 定义画笔预设”命令，弹出“画笔名称”对话框，如图 2-121 所示，单击“确定”按钮定义画笔预设。

图 2-118

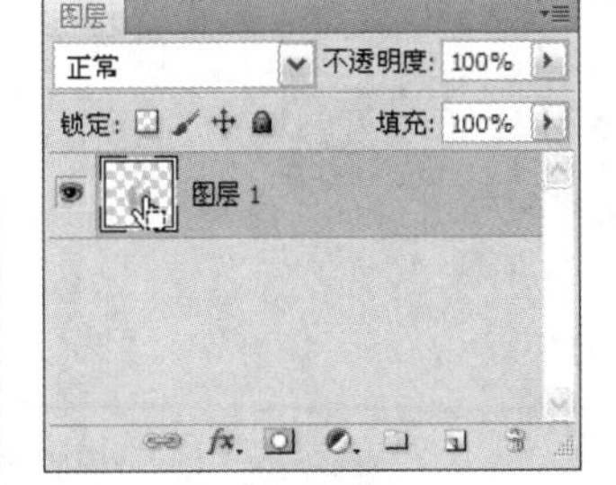

图 2-119

图 2-120

图 2-121

步骤 2 返回到正在编辑的图像。将前景色设为红色（其 R、G、B 的值分别为 255、0、60），背景色设为橘红色（其 R、G、B 的值分别为 255、144、0）。选择“画笔”工具，在属性栏中单击“画笔”选项右侧的按钮，弹出画笔选择面板，选择需要的画笔形状，如图 2-122 所示。单击属性栏中的“切换画笔面板”按钮，弹出“画笔”控制面板，设置如图 2-123 所示。选择“形状动态”选项，切换到相应的面板，设置如图 2-124 所示。

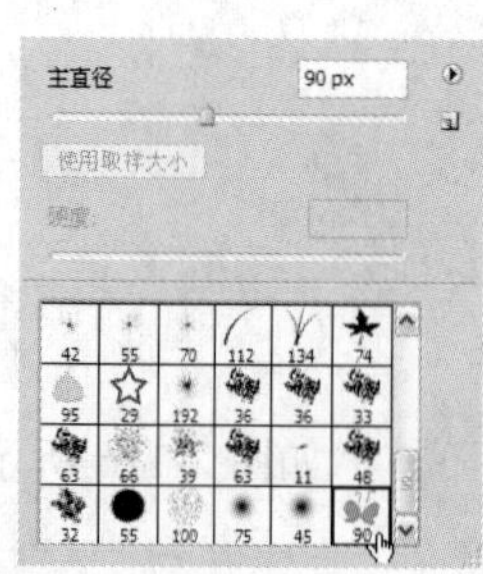
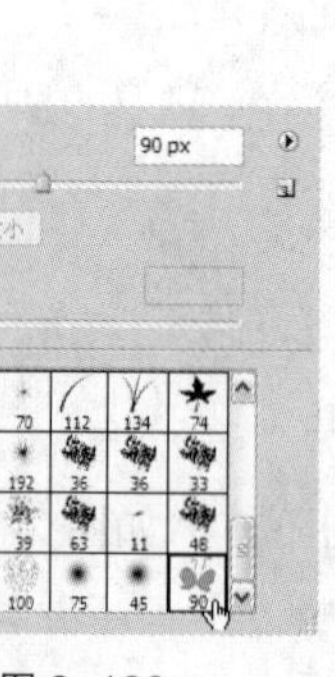

图 2-122

图 2-123

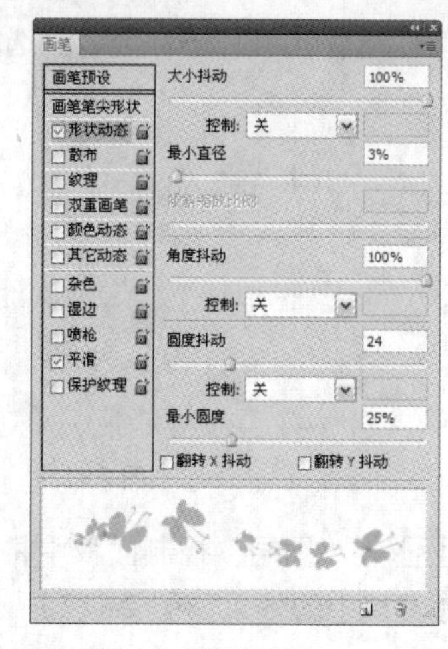

图 2-124

步骤 3 选择“散布”选项，切换到相应的面板，设置如图 2-125 所示。选择“颜色动态”选项，切换到相应的面板，设置如图 2-126 所示。在图像窗口中拖曳鼠标，绘制蝴蝶图形，效果如图 2-127 所示。

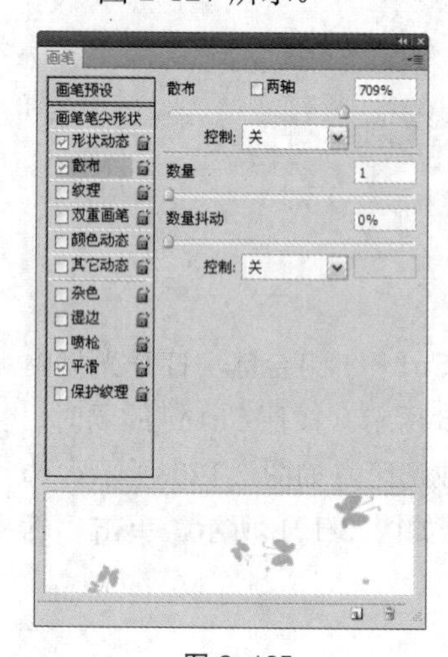

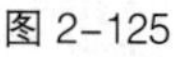

图 2-125

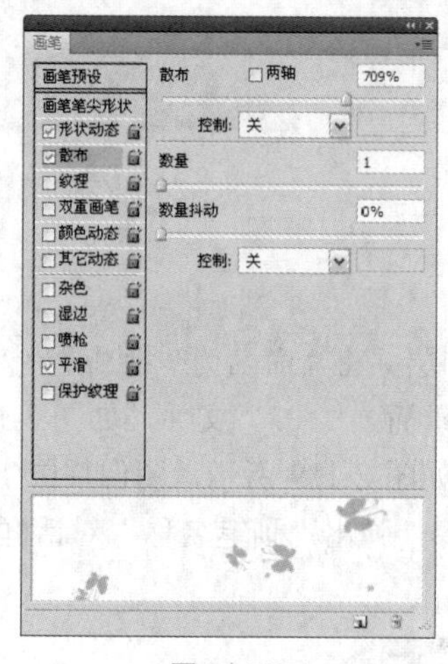

图 2-126

图 2-127

步骤 4 按 Ctrl+O 组合键，打开光盘中的“Ch02 > 素材 > 制作夏日风景插画 > 04”文件。选择“移动”工具，将图片拖曳到图像窗口的适当位置，效果如图 2-128 所示，在“图层”控制面板中生成新图层并将其命名为“文字”。夏日风景插画制作完成。

图 2-128

2.3.4 【相关工具】

1. 画笔工具

选择“画笔”工具的方法有以下两种。

⊙ 选择工具箱中的画笔工具。

⊙ 反复按 Shift+B 组合键。

选择“画笔”工具，其属性栏如图 2-129 所示。

图 2–129

在画笔工具属性栏中，“画笔”选项用于选择预设的画笔；“模式”选项用于选择混合模式，选择不同的模式，用喷枪工具操作时将产生丰富的效果；“不透明度”选项用于设定画笔的不透明度；“流量”选项用于设定喷笔压力，压力越大，喷色越浓。单击“经过设置可以启用喷枪功能”按钮，可以选择喷枪效果。

使用画笔工具：选择“画笔”工具，在画笔工具属性栏中设置画笔，如图 2-130 所示。在图像中单击并按住鼠标左键，拖曳鼠标可以绘制出书法字的效果，如图 2-131 所示。

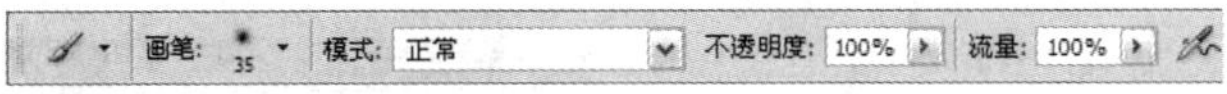

画笔: 35 模式: 正常 不透明度: 100% 流量: 100%

图 2–130

图 2–131

单击“画笔”选项右侧的按钮，弹出如图 2-132 所示的画笔选择面板，在面板中可选择画笔形状。

拖曳“主直径”选项下的滑块或输入数值可以设置画笔的大小。如果选择的画笔是基于样本的，将显示“使用取样大小”按钮，单击该按钮，可以使画笔的直径恢复到初始的大小。

单击画笔选择面板右上方的按钮，在弹出的下拉菜单中选择“描边缩览图”命令，如图 2-133 所示，画笔的显示效果如图 2-134 所示。

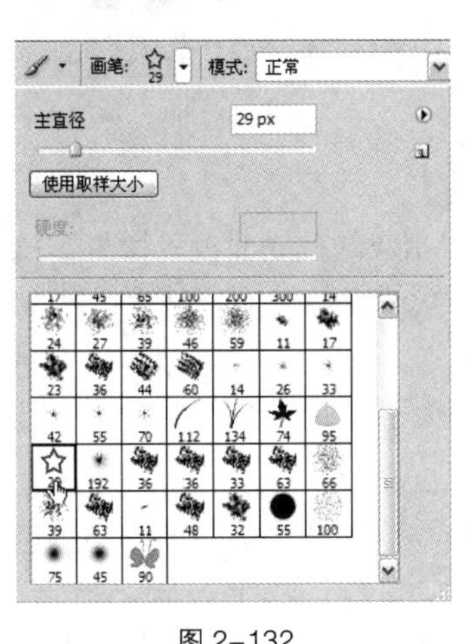

图 2–132

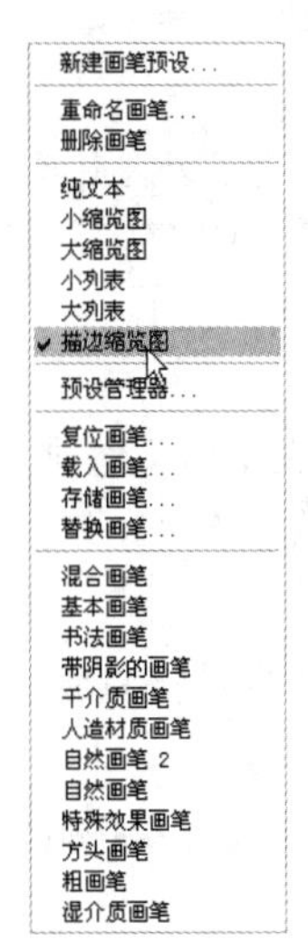

图 2–133

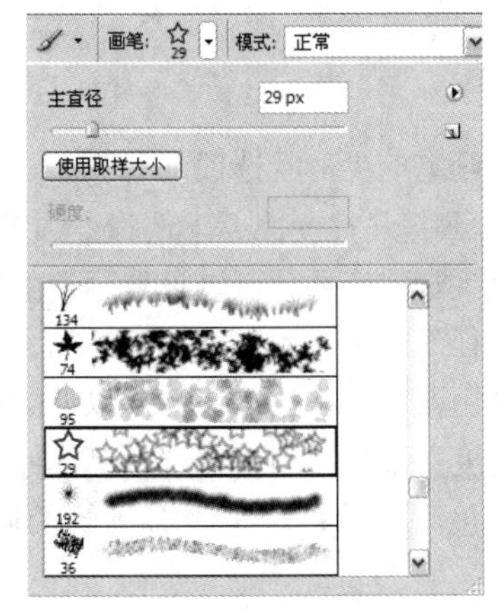

图 2–134

下拉菜单中的各个命令如下。

“新建画笔预设”命令：用于建立新画笔。

“重命名画笔”命令：用于重新命名画笔。

“删除画笔”命令：用于删除当前选中的画笔。

“纯文本”命令：以文字描述方式显示画笔选择面板。

“小缩览图”命令：以小图标方式显示画笔选择面板。

“大缩览图”命令：以大图标方式显示画笔选择面板。

“小列表”命令：以小文字和图标列表方式显示画笔选择面板。

“大列表”命令：以大文字和图标列表方式显示画笔选择面板。

“描边缩览图”命令：以笔画的方式显示画笔选择面板。

“预设管理器”命令：用于在弹出的“预置管理器”对话框中编辑画笔。

“复位画笔”命令：用于恢复默认状态的画笔。

“载入画笔”命令：用于将存储的画笔载入面板。

“存储画笔”命令：用于将当前的画笔进行存储。

“替换画笔”命令：用于载入新画笔并替换当前画笔。

下面的选项为各个画笔库。

在画笔选择面板中单击按钮，弹出如图 2-135 所示的“画笔名称”对话框。单击画笔工具属性栏中的按钮，弹出如图 2-136 所示的“画笔”控制面板。

图 2-135

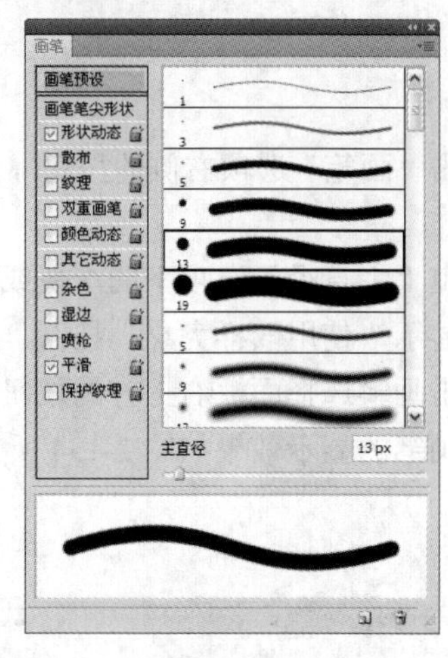

图 2-136

◎ **画笔笔尖形状选项**

在“画笔”控制面板中选择“画笔笔尖形状”选项，弹出相应的控制面板，如图 2-137 所示。“画笔笔尖形状”选项可以设置画笔的形状。

“直径”选项：用于设置画笔的大小。

“使用取样大小”按钮：可以使画笔的直径恢复到初始的大小。

“角度”选项：用于设置画笔的倾斜角度。

“圆度”选项：用于设置画笔的圆滑度。在右侧的预览框中可以观察和调整画笔的角度及圆滑度。

“硬度”选项：用于设置使用画笔所画图像的边缘的柔化程度，硬度的数值用百分比表示。

“间距”选项：用于设置画笔画出的标记点之间的间隔距离。

◎ **形状动态选项**

在“画笔”面板中，单击“形状动态”选项，弹出相应的控制面板，如图 2-138 所示。“形状动态”选项可以增加画笔的动态效果。

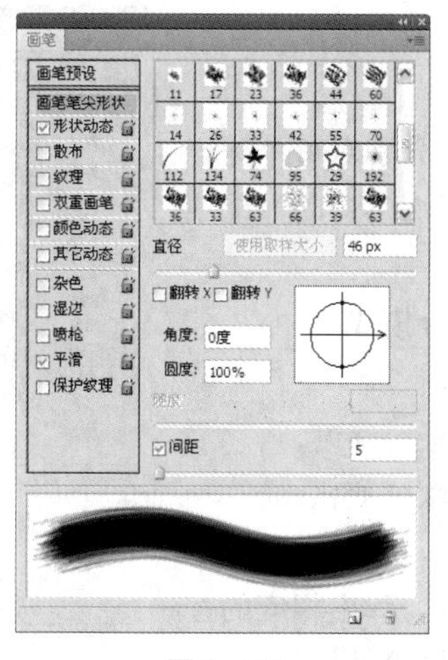

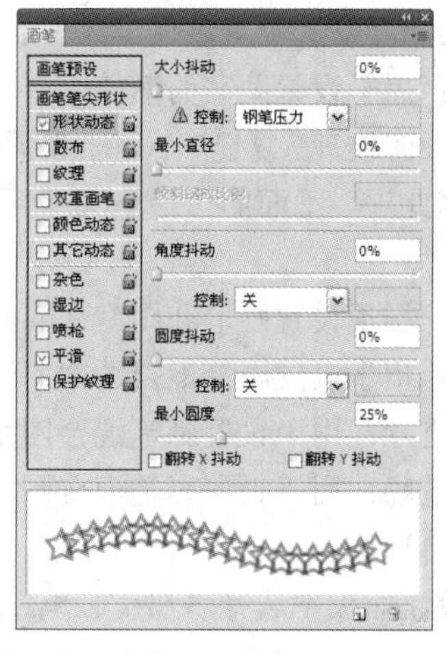

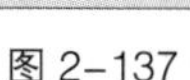

图 2-137　　　　图 2-138

“大小抖动”选项：用于设置动态元素的自由随机度。当数值设置为 100%时，使用画笔绘制的元素会出现最大的自由随机度；当数值设置为 0%时，使用画笔绘制的元素没有变化。

在“控制”选项的下拉列表中可以通过选择各个选项来控制动态元素的变化。其中包含关、渐隐、钢笔压力、钢笔斜度、光笔轮和旋转 6 个选项。

“最小直径”选项：用来设置画笔标记点的最小尺寸。

“倾斜缩放比例”选项：当选择“控制”下拉列表中的“钢笔斜度”选项后，可以设置画笔的倾斜比例。在使用数位板时此选项才有效。

“角度抖动”和“控制”选项：“角度抖动”选项用于设置画笔在绘制线条的过程中标记点角度的动态变化效果；在“控制”选项的下拉列表中，可以选择各个选项，来控制抖动角度的变化。

“圆度抖动”和“控制”选项：“圆度抖动”选项用于设置画笔在绘制线条的过程中标记点圆度的动态变化效果；在“控制”下拉列表中可以通过选择各个选项来控制圆度抖动的变化。

“最小圆度”选项：用于设置画笔标记点的最小圆度。

◎ **“散布”选项**

在“画笔”控制面板中，单击“散布”选项，弹出相应的面板，如图 2-139 所示。“散布”选项可以设置画笔绘制的线条中标记点的效果。

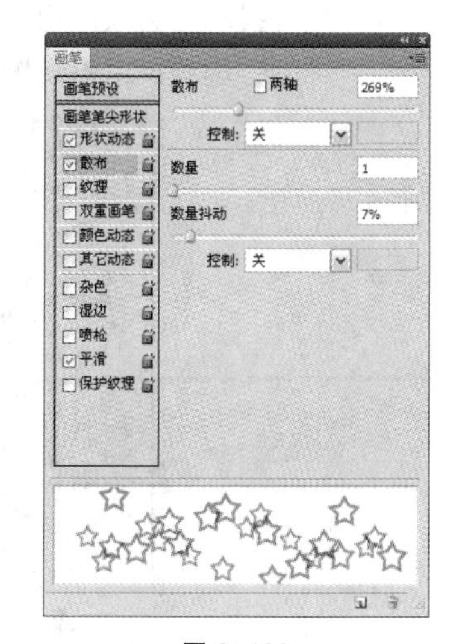

图 2-139

“散布”选项：用于设置画笔绘制的线条中标记点的分布效果。不选中“两轴”复选项，画笔的标记点的分布与画笔绘制的线条方向垂直；选中“两轴”复选项，画笔标记点将以放射状分布。

“数量”选项：用于设置每个空间间隔中画笔标记点的数量。

“数量抖动”选项：用于设置每个空间间隔中画笔标记点的数量变化。在“控制”下拉列表中可以通过选择各个选项来控制数量抖动的变化。

◎ **纹理选项**

在“画笔”控制面板中，单击“纹理”选项，弹出相应的控制面板，如图 2-140 所示。“纹理”选项可以使画笔纹理化。

在控制面板的上方有纹理的预视图，单击右侧的下三角按钮，在弹出的面板中可以选择需要

的图案。选中“反相”复选项可以设定纹理的反相效果。

“缩放”选项：用于设置图案的缩放比例。

“为每个笔尖设置纹理”复选项：用于设置是否分别对每个标记点进行渲染。选择此项，下面的“最小深度”和“深度抖动”选项将变为可用。

“模式”选项：用于设置画笔和图案之间的混合模式。

“深度”选项：用于设置画笔混合图案的深度。

“最小深度”选项：用于设置画笔混合图案的最小深度。

“深度抖动”选项：用于设置画笔混合图案的深度变化。

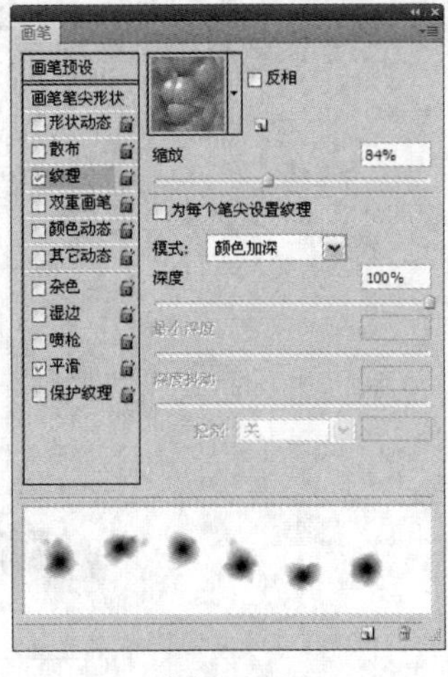

图 2-140

◎ **双重画笔选项**

在“画笔”控制面板中选择“双重画笔”选项，弹出相应的控制面板，如图 2-141 所示。双重画笔效果就是两种画笔效果的混合。

“模式”选项：用于设置两种画笔的混合模式。在画笔预览框中选择一种画笔作为第 2 个画笔。

“直径”选项：用于设置第 2 个画笔的大小。

“间距”选项：用于设置使用第 2 个画笔在绘制的线条中的标记点之间的距离。

“散布”选项：用于设置使用第 2 个画笔在所绘制的线条中标记点的分布效果。不选中“两轴”复选项，画笔的标记点的分布与画笔绘制的线条方向垂直。选中“两轴”复选项，画笔标记点将以放射状分布。

“数量”选项：用于设置每个空间间隔中第 2 个画笔标记点的数量。

◎ **颜色动态选项**

在“画笔”控制面板中选择“颜色动态”选项，弹出相应的控制面板，如图 2-142 所示。“颜色动态”选项用于设置画笔绘制线条的过程中颜色的动态变化情况。

“前景/背景抖动”选项：用于设置使用画笔绘制的线条在前景色和背景色之间的动态变化。

“色相抖动”选项：用于设置使用画笔绘制的线条的色相的动态变化范围。

“饱和度抖动”选项：用于设置使用画笔绘制的线条的饱和度的动态变化范围。

“亮度抖动”选项：用于设置使用画笔绘制的线条的亮度的动态变化范围。

“纯度”选项：用于设置颜色的纯度。

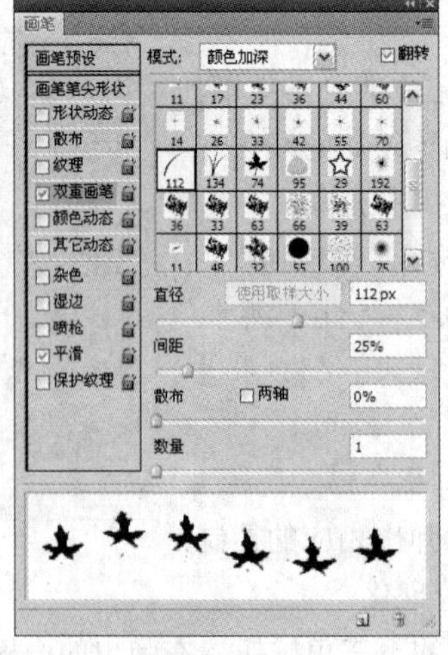

图 2-141

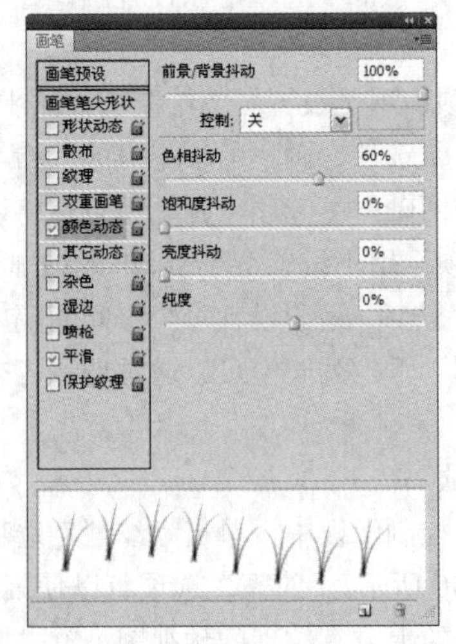

图 2-142

◎ **其他动态选项**

在“画笔”控制面板中选择“其他动态”选项，弹出相应的控制面板，如图 2-143 所示。

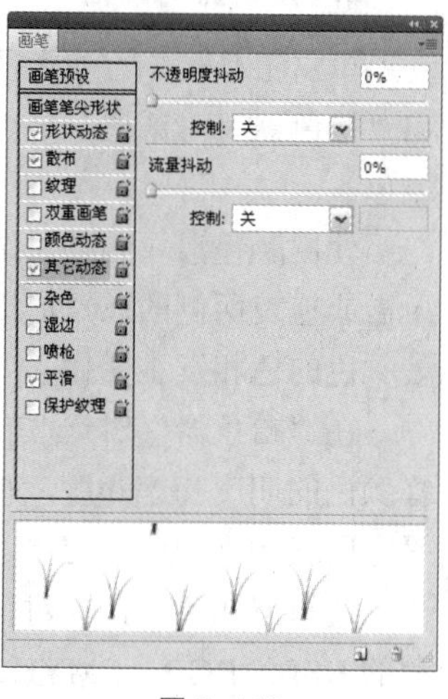

图 2-143

“不透明度抖动”选项：用于设置画笔绘制的线条的不透明度的动态变化情况。

“流量抖动”选项：用于设置画笔绘制的线条的流畅度的动态变化情况。

◎ **画笔的其他选项**

“杂色”选项：可以为画笔增加杂色效果。

“湿边”选项：可以为画笔增加水笔的效果。

“喷枪”选项：可以使画笔变为喷枪的效果。

“平滑”选项：可以使画笔绘制的线条产生更平滑、顺畅的曲线。

“保护纹理”选项：可以对所有的画笔应用相同的纹理图案。

2. 铅笔工具

铅笔工具可以模拟铅笔的效果进行绘画。选择“铅笔”工具的有以下两种方法。

⊙ **选择工具箱中的“铅笔”工具**。

⊙ **反复按 Shift+B 组合键**。

选择“铅笔”工具，其属性栏如图 2-144 所示。

图 2-144

在铅笔工具属性栏中，“画笔”选项用于选择画笔；“模式”选项用于选择混合模式；“不透明度”选项用于设定不透明度；“自动抹除”选项用于自动判断绘画时的起始点颜色，如果起始点颜色为背景色，则铅笔工具将以前景色绘制；反之，如果起始点颜色为前景色，则铅笔工具会以背景色绘制。

使用铅笔工具：选择“铅笔”工具，在铅笔工具属性栏中选择画笔，选中“自动抹除”复选项，如图 2-145 所示，此时绘制效果与所单击的起始点颜色有关。当起始点像素与前景色相同时，“铅笔”工具将行使“橡皮擦”工具的功能，以背景色绘图；如果鼠标点起始点颜色不是前景色，则绘图时仍然会保持以前景色绘制。例如，将前景色和背景色分别设定为黑色和灰色，在图中单击，画出一个黑点，在黑色区域内单击以绘制下一个点，点的颜色就会变成灰色，重复以上操作，得到的效果如图 2-146 所示。

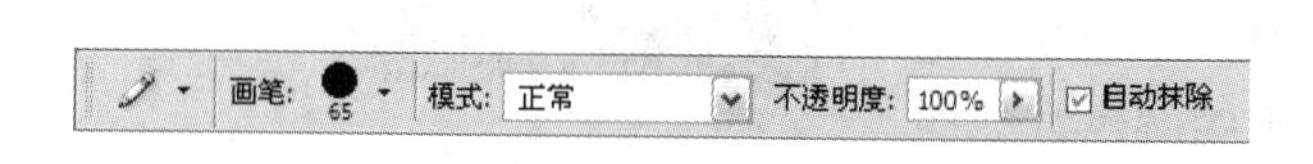

图 2-145

图 2-146

3. 拾色器对话框

单击工具箱下方的“设置前景色/背景色”图标，弹出“拾色器”对话框，可以在“拾色器”对话框中设置颜色。

使用颜色滑块和颜色选择区：用鼠标在颜色色带上单击或拖曳两侧的三角形滑块，如图 2-147 所示，可以使颜色的色相发生变化。

在“拾色器”对话框左侧的颜色选择区中，可以选择颜色的明度和饱和度，垂直方向表示明度的变化，水平方向表示饱和度的变化。

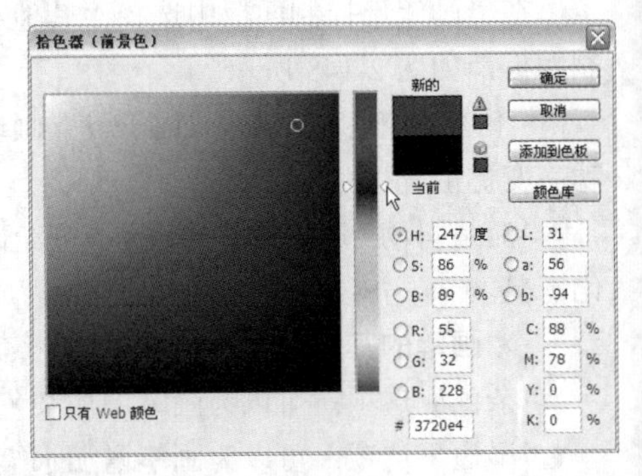

图 2-147

选择好颜色后，在对话框的右侧上方的颜色框中会显示所设置的颜色，右侧下方是所选择颜色的 HSB、RGB、CMYK、Lab 值。选择好颜色后，单击“确定”按钮，所选择的颜色将变为工具箱中的前景色或背景色。

使用颜色库按钮选择颜色：在“拾色器”对话框中单击“颜色库”按钮 颜色库 ，弹出“颜色库”对话框，如图 2-148 所示。对话框中的“色库”下拉列表中是一些常用的印刷颜色体系，如图 2-149 所示，其中“TRUMATCH”是为印刷设计提供服务的印刷颜色体系。

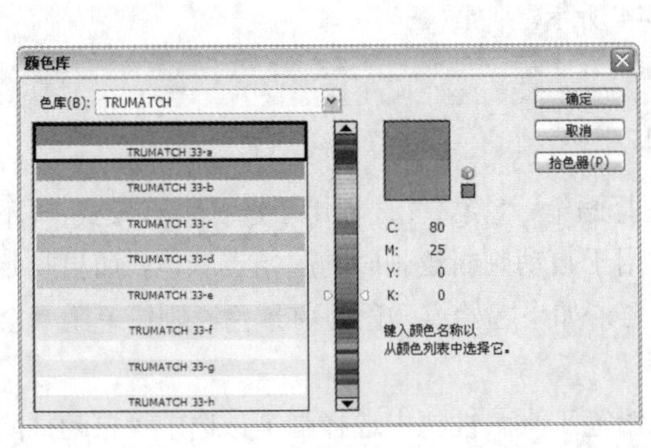

图 2-148

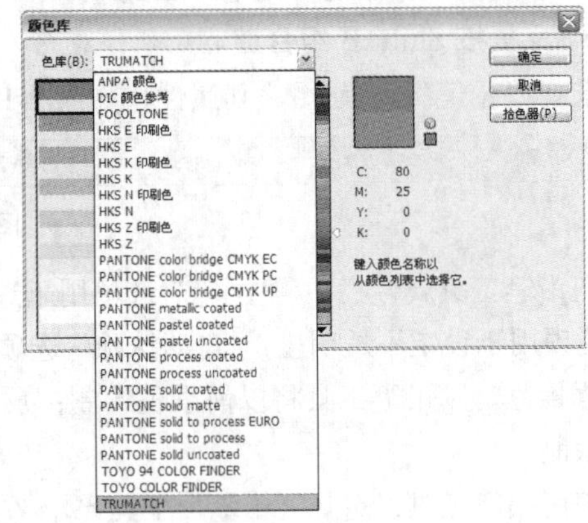

图 2-149

在颜色色相区域内单击或拖曳两侧的三角形滑块，可以使颜色的色相发生变化，在颜色选择区中设置带有编码的颜色，在对话框的右侧上方的颜色框中会显示出所设置的颜色，右侧下方是所设置的颜色的 CMYK 值。

通过输入数值设置颜色：在“拾色器”对话框右侧下方的 HSB、RGB、CMYK、Lab 色彩模式后面，都带有可以输入数值的文本框，在其中输入所需颜色的数值也可以得到希望的颜色。

选中对话框左下方的“只有 Web 颜色”复选项，颜色选择区中出现供网页使用的颜色，如图 2-150 所示，在右侧的数值框 # 0099cc 中，显示的是网页颜色的数值。

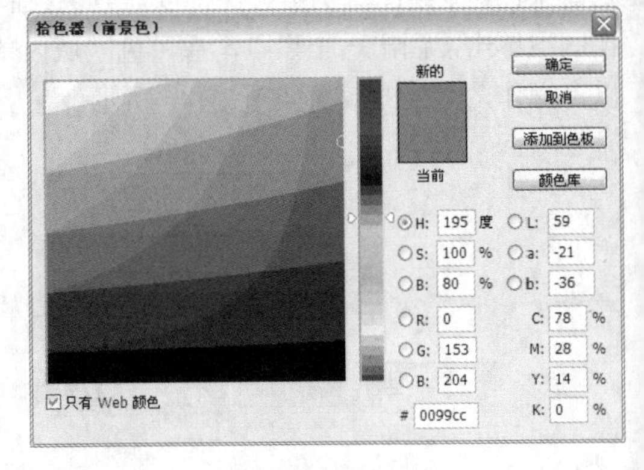

图 2-150

2.3.5 【实战演练】制作涂鸦插画

使用旋转画布命令旋转图像，使用钢笔工具勾出人物图形，使用画笔工具绘制装饰图形。（最终效果参看光盘中的“Ch02 > 效果 > 制作涂鸦插画”，见图 2-151。）

图 2-151

2.4 制作时尚人物插画

2.4.1 【案例分析】

时尚人物插画是报刊、商业广告中经常会用到的插画内容。现代时尚的插画风格和清新独特的内容，可以为报刊、商业广告增色不少。本案例是为杂志中的时尚栏目设计创作的插画，画面要表现现代都市青年女性在假期中轻松快意的生活。

2.4.2 【设计理念】

在绘制思路上，首先要设计都市背景下的生活景象，从典型的都市街景入手，绘制出街边的元素，如宏伟的楼群索引及其他抽象实物。再绘制一个时尚女孩，这也是画面的核心。从女孩的五官开始绘制，接着绘制身体部分，注意对人物的刻画细致准确。整体用色简洁大方、搭配得当，表现出都市女孩的青春靓丽。最后再绘制一个音乐耳机，表现出都市流行音乐的魅力。（最终效果参看光盘中的“Ch02 > 效果 > 制作时尚人物插画”，见图 2-152。）

图 2-152

2.4.3 【操作步骤】

1. 绘制头部

步骤 1 按 Ctrl+N 组合键新建一个文件，宽度为 21 厘米，高度为 30 厘米，分辨率为 200 像素/英寸，颜色模式为 RGB，背景内容为白色，单击“确定”按钮。将前景色设为浅紫色（其 R、G、B 的值分别为 248、221、251），按 Alt+Delete 组合键，用前景色填充“背景”图层。

步骤 2 按 Ctrl+O 组合键，打开光盘中的“Ch02 > 素材 > 制作时尚人物插画 > 01”文件。选择“移动”工具，将图片拖曳到图像窗口中的适当位置，效果如图 2-153 所示。在“图层”控制面板中生成新的图层并将其命名为“背景图片”。在控制面板上方，将该图层的“混合模式”设为“线性加深”，图像效果如图 2-154 所示。

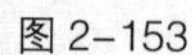

图 2-153

图 2-154

步骤 3 单击“图层”控制面板下方的“创建新组”按钮，生成新的图层组并将其命名为“头部”。新建图层并将其命名为“脸部”。选择“钢笔”工具，选中属性栏中的“路径”按钮，在图像窗口中拖曳鼠标绘制路径，如图 2-155 所示。

步骤 4 按 Ctrl+Enter 组合键将路径转化为选区。将前景色设为淡黄色（其 R、G、B 的值分别为 244、221、207）。按 Alt+Delete 组合键用前景色填充选区，按 Ctrl+D 组合键取消选区，效果如图 2-156 所示。

图 2-155

图 2-156

步骤 5 新建图层并将其命名为“头发”。将前景色设为黑色。选择“钢笔”工具，在图像窗口中绘制路径，如图 2-157 所示。

步骤 6 按 Ctrl+Enter 组合键将路径转换为选区，按 Alt+Delete 组合键用前景色填充选区，按 Ctrl+D 组合键取消选区，效果如图 2-158 所示。

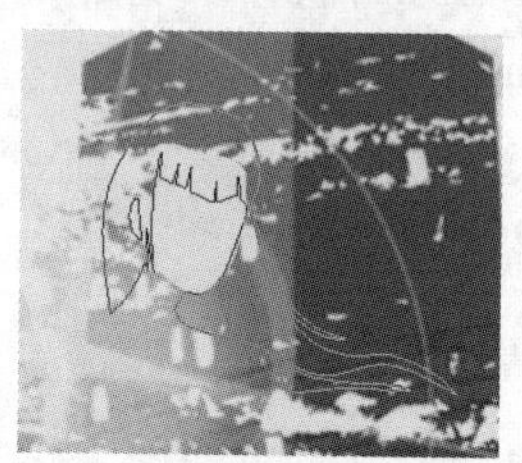

图 2-157

图 2-158

步骤 7 新建图层并将其命名为“眉毛”。选择“钢笔”工具，在图像窗口中绘制多条路径，效果如图 2-159 所示。选择“画笔”工具，在属性栏中单击画笔图标右侧的按钮，弹出画笔选择面板，在面板中选择画笔形状，如图 2-160 所示。

步骤 8 选择“路径选择”工具，将多个路径同时选取，在路径上单击鼠标右键，在弹出的菜单中选择“描边路径”命令，在弹出的对话框中进行设置，如图 2-161 所示。单击“确定”按钮，按 Enter 键隐藏路径，效果如图 2-162 所示。

图 2-159

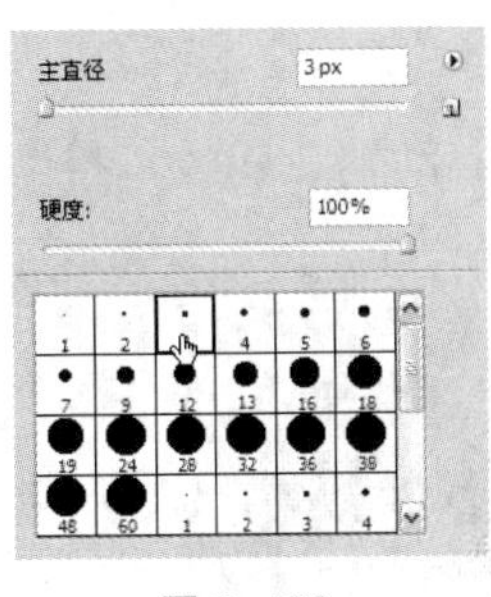

图 2-160

图 2-161

图 2-162

步骤 9 新建图层并将其命名为“眼影”。选择“钢笔”工具，在图像窗口中绘制两个路径，如图 2-163 所示。将前景色设为粉红色（其 R、G、B 的值分别为 237、184、181）。按 Ctrl+Enter 组合键将路径转换为选区。按 Alt+Delete 组合键用前景色填充选区，按 Ctrl+D 组合键取消选区，效果如图 2-164 所示。

图 2-163

图 2-164

步骤 10 将“眼影”图层拖曳到“图层”控制面板下方的“创建新图层”按钮上进行复制，生成新的图层“眼影 副本”，再将其拖曳到“眼影”图层的下方，如图 2-165 所示。将前景色设为淡红色（其 R、G、B 的值分别为 243、133、128）。按住 Ctrl 键的同时，单击“眼影副本”图层的图层缩览图，图形周围生成选区，按 Alt+Delete 组合键用前景色填充选区，按 Ctrl+D 组合键取消选区。选择“移动”工具，将淡红色的眼影图形向下拖曳到适当位置，图像效果如图 2-166 所示。

图 2-165

图 2-166

步骤 11 新建图层并将其命名为“眼睛”，并拖曳到“眉毛”图层的下方。将前景色设为绿色（其 R、G、B 的值分别为 90、160、90）。选择“椭圆选框”工具，按住 Shift 键的同时，在图像窗口中绘制一个圆形选区，按 Alt+Delete 组合键用前景色填充选区，效果如图 2-167 所示。

步骤 12 在圆形选区上单击鼠标右键，在弹出的菜单中选择“变换选区”命令，图像周围出现控制手柄，向内拖曳控制手柄将选区缩小，按 Enter 键确定操作。将前景色设为淡蓝色（其 R、G、B 的值分别为 0、124、121）。按 Alt+Delete 组合键用前景色填充选区，按 Ctrl+D 组合键取消选区，效果如图 2-168 所示。

步骤 13 复制“眼睛”图层，生成新的“眼睛 副本”图层。选择“移动”工具，将复制出的图形拖曳到适当的位置，效果如图 2-169 所示。

图 2-167

图 2-168

图 2-169

步骤 14 选中“眼影”图层。新建图层并将其命名为“嘴”。将前景色设为粉色（其 R、G、B 的值分别为 242、135、182）。选择“钢笔”工具，在图像窗口中拖曳鼠标绘制路径，如图 2-170 所示。按 Ctrl+Enter 组合键将路径转换为选区，按 Alt+Delete 组合键用前景色填充选区，按 Ctrl+D 组合键取消选区，如图 2-171 所示。

步骤 15 新建图层并将其命名为“鼻子”。将前景色设为淡黄色（其 R、G、B 的值分别为 230、205、191）。选择“钢笔”工具，在图像窗口中绘制路径，如图 2-172 所示。按 Ctrl+Enter 组合键将路径转换为选区，按 Alt+Delete 组合键用前景色填充选区，按 Ctrl+D 组合键取消选区，效果如图 2-173 所示。

图 2-170

图 2-171

图 2-172

图 2-173

步骤 16 新建图层并将其命名为“腮红”。将前景色设为浅紫色（其 R、G、B 的值分别为 225、173、196）。选择“椭圆选框”工具，按住 Shift 键的同时，在图像窗口中绘制圆形选区，按 Shift+F6 组合键，弹出“羽化选区”对话框，将“羽化半径”选项设为 5，单击“确定”按钮。按 Alt+Delete 组合键用前景色填充选区，按 Ctrl+D 组合键取消选区，效果如图 2-174 所示。

步骤 17 按 Ctrl+J 组合键，复制“腮红”图层，生成新的图层“腮红 副本”。选择“移动”工具，在图像窗口中拖曳复制出的图形到适当的位置，效果如图 2-175 所示。单击“头部”图层组前面的三角形按钮，将“头部”图层组隐藏。

图 2-174

图 2-175

2. 绘制身体部分

步骤 1 新建图层组并将其命名为“身体”，并拖曳到“头部”图层组的下方。新建图层并将其命名为“身体”。选择“钢笔”工具，在图像窗口中拖曳鼠标绘制路径，如图 2-176 所示。

步骤 2 将前景色设为淡黄色（其 R、G、B 的值分别为 244、221、207）。按 Ctrl+Enter 组合键将路径转换为选区，按 Alt+Delete 组合键用前景色填充选区，按 Ctrl+D 组合键取消选区，如图 2-177 所示。

步骤 3 新建图层并将其命名为“衣服”。将前景色设置为黄色（其 R、G、B 的值分别为 255、212、0）。选择“钢笔”工具，在图像窗口中绘制路径，如图 2-178 所示。按 Ctrl+Enter 组合键将路径转换为选区，按 Alt+Delete 组合键用前景色填充选区，按 Ctrl+D 组合键取消选区，效果如图 2-179 所示。

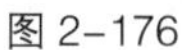
图 2-176

图 2-177

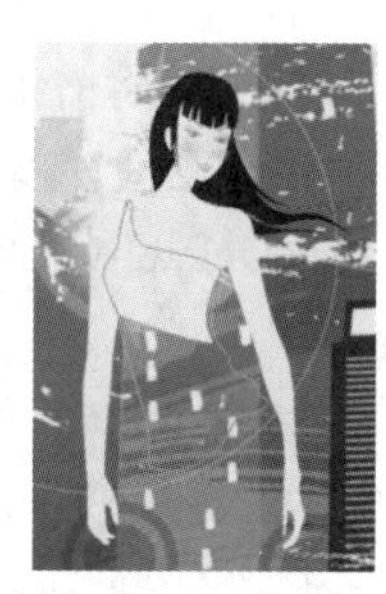
图 2-178

图 2-179

步骤 4 新建图层并将其命名为“裤子”。将前景色设为蓝色（其 R、G、B 的值分别为 0、72、130）。选择“钢笔”工具，在图像窗口中绘制路径，如图 2-180 所示。按 Ctrl+Enter 组合键将路径转换为选区，按 Alt+Delete 组合键用前景色填充选区，按 Ctrl+D 组合键取消选区，效果如图 2-181 所示。

步骤 5 新建图层并将其命名为“光线”。将前景色设为白色。选择“钢笔”工具，在图像窗口中绘制路径，如图 2-182 所示。按 Ctrl+Enter 组合键将路径转换为选区，按 Alt+Delete 组合键用前景色填充选区，按 Ctrl+D 组合键取消选区。在“图层”控制面板上方，将“光线”图层的“不透明度”选项设为 15%，图像效果如图 2-183 所示。

图 2-180

图 2-181

图 2-182

图 2-183

步骤 6 新建图层并将其命名为“腰带”。将前景色设为橘黄色（其 R、G、B 的值分别为 247、147、29）。选择“钢笔”工具，在图像窗口中绘制路径，如图 2-184 所示。按 Ctrl+Enter 组合键将路径转换为选区，按 Alt+Delete 组合键用前景色填充选区，按 Ctrl+D 组合键取消选区，效果如图 2-185 所示。

步骤 7 新建图层并将其命名为“白色圆点”。将前景色设为白色。选择“椭圆”工具，选中属性栏中的“填充像素”按钮，按住 Shift 键的同时，拖曳鼠标在图像窗口中绘制圆形，效果如图 2-186 所示。

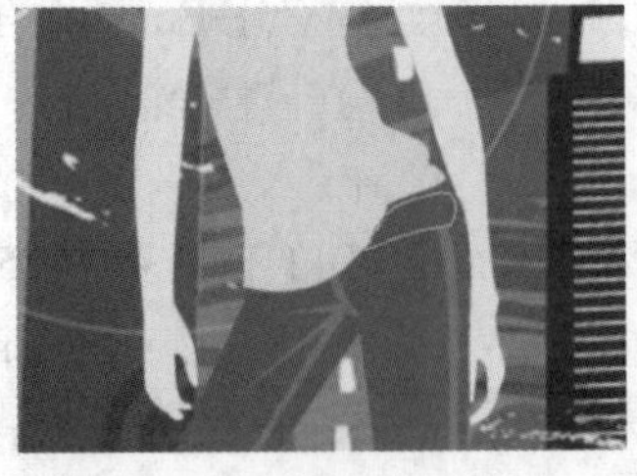
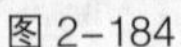
图 2-184

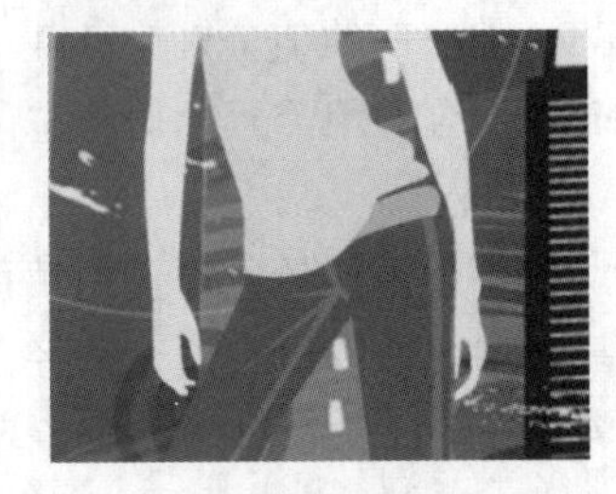
图 2-185

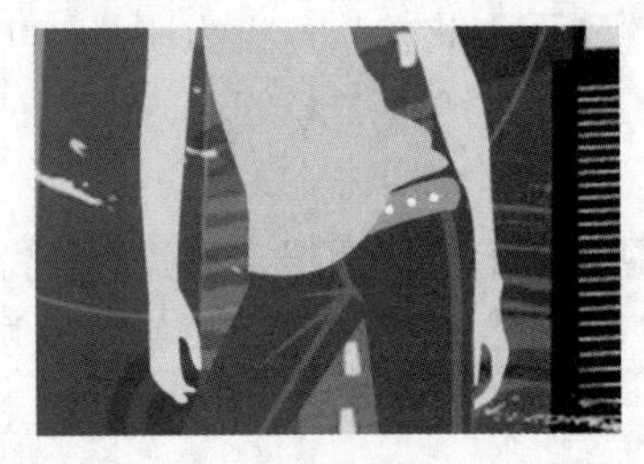
图 2-186

步骤 8 新建图层并将其命名为“脚”。将前景色设为淡黄色（其 R、G、B 的值分别为 244、221、207）。选择“钢笔”工具，在图像窗口中绘制路径，如图 2-187 所示。按 Ctrl+Enter 组合键将路径转换为选区，按 Alt+Delete 组合键用前景色填充选区，按 Ctrl+D 组合键取消选区，如图 2-188 所示。

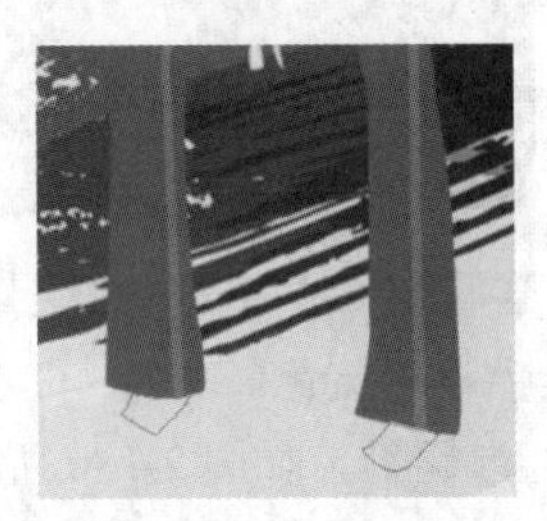
图 2-187

图 2-188

步骤 9 新建图层并将其命名为“鞋”。将前景色设为蓝色（其 R、G、B 的值分别为 0、72、130）。选择“钢笔”工具，在图像窗口中适当的位置绘制路径，如图 2-189 所示。按 Ctrl+Enter 组合键将路径转换为选区，按 Alt+Delete 组合键用前景色填充选区，按 Ctrl+D 组合键取消选区，效果如图 2-190 所示。单击“身体”图层组前面的三角形按钮，将“身体”图层组隐藏。

步骤 10 选中“头部”图层组。按 Ctrl+O 组合键，打开光盘中的“Ch07 > 素材 > 时尚人物插画 > 02”文件。选择“移动”工具，将图片拖曳到图像窗口中的适当位置并调整其大小，效果如图 2-191 所示，在“图层”控制面板中生成新的图层并将其命名为“耳机”。时尚人物插画制作完成。

图 2-189

图 2-190

图 2-191

2.4.4 【相关工具】

1. 钢笔工具

选择“钢笔”工具，或反复按 Shift+P 组合键，其属性栏如图 2-192 所示。

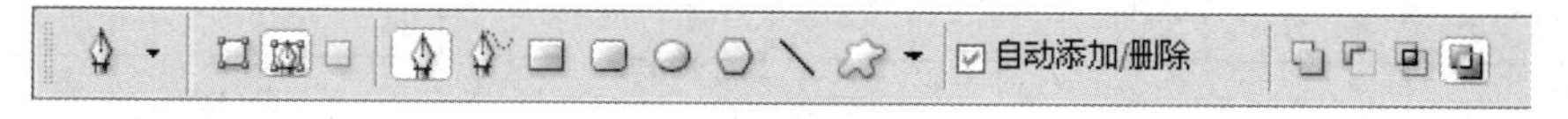

图 2-192

按住 Shift 键创建锚点时，将强迫系统以 45° 或 45° 的倍数绘制路径。按住 Alt 键，当“钢笔”工具移到锚点上时，“钢笔”工具暂时转换为“转换点”工具。按住 Ctrl 键，“钢笔”工具暂时转换成“直接选择”工具。

◎ **绘制直线条**

建立一个新的图像文件，选择“钢笔”工具，在钢笔工具属性栏中单击“路径”按钮，使用“钢笔”工具绘制的将是路径。如果选中“形状图层”按钮，则绘制出形状图层。勾选“自动添加/删除”复选框，钢笔工具的属性栏如图 2-193 所示。

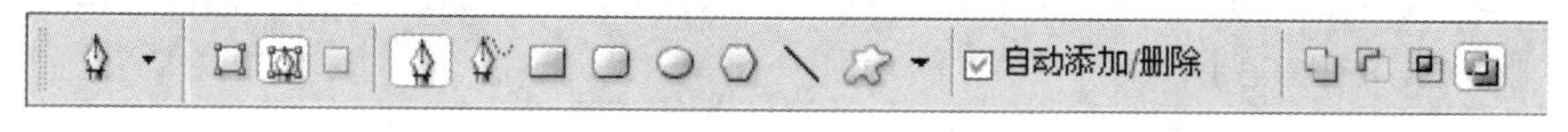

图 2-193

在图像中的任意位置单击，创建一个锚点，将鼠标指针移动到其他的位置再单击，创建第 2 个锚点，此时两个锚点之间自动以直线进行连接，如图 2-194 所示。再将鼠标指针移动到其他位置单击，创建第 3 个锚点，这时在第 2 个和第 3 个锚点之间生成一条新的直线路径，如图 2-195 所示。

将鼠标指针移至第 2 个锚点上，鼠标指针暂时转换成“删除锚点”工具，如图 2-196 所示。在锚点上单击，即可将第 2 个锚点删除，如图 2-197 所示。

图 2-194

图 2-195

图 2-196

图 2-197

◎ **绘制曲线**

使用“钢笔”工具单击建立新的锚点并按住鼠标左键不放，拖曳鼠标，建立曲线段和曲线锚点，如图 2-198 所示。释放鼠标，按住 Alt 键的同时，用“钢笔”工具单击刚建立的曲线锚点，将其转换为直线锚点，如图 2-199 所示。在其他位置再次单击建立新的锚点，可在曲线段后绘制出直线段，如图 2-200 所示。

图 2-198

图 2-199

图 2-200

2. 自由钢笔工具

选择“自由钢笔”工具，对其属性栏进行设置，如图 2-201 所示。

图 2-201

在蓝色气球的上方单击以确定最初的锚点，然后沿图像小心地拖曳鼠标并单击以确定其他的锚点，如图 2-202 所示。如果在选择中存在误差，只需使用其他的路径工具对路径进行修改和调整就可以补救，如图 2-203 所示。

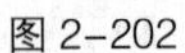

图 2-202

图 2-203

3. 添加锚点工具

将“钢笔”工具移动到建立好的路径上，若当前此处没有锚点，则“钢笔”工具转换成“添加锚点”工具，如图 2-204 所示。在路径上单击即可添加一个锚点，效果如图 2-205 所示。将“钢笔”工具移动到建立好的路径上，若当前此处没有锚点，则“钢笔”工具转换成“添加锚点”工具，如图 2-206 所示。添加锚点后按住鼠标左键不放并向上拖曳鼠标，可建立曲线段和曲线锚点，效果如图 2-207 所示。

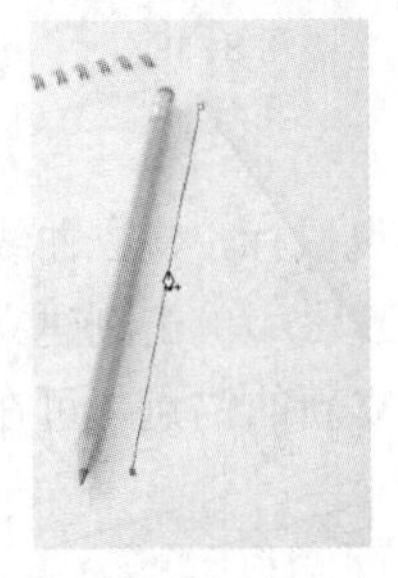

图 2-204

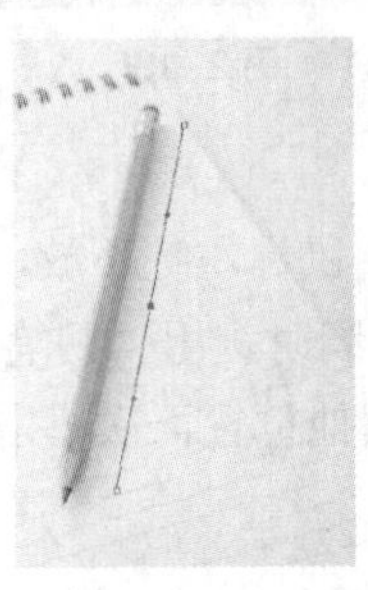

图 2-205

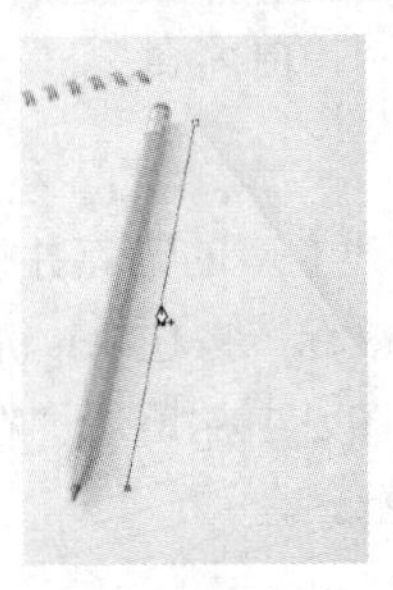

图 2-206

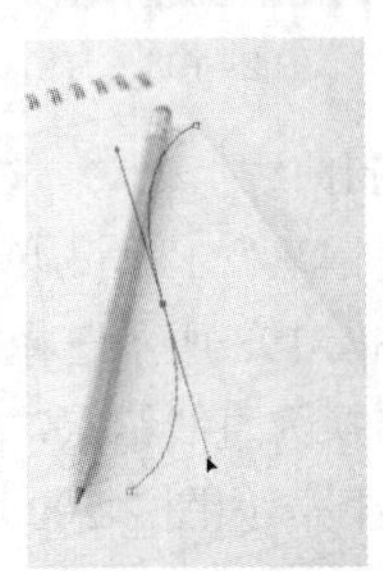

图 2-207

4. 删除锚点工具

删除锚点工具用于删除路径上已经存在的锚点。将“钢笔”工具放到路径的锚点上，则“钢笔”工具转换成“删除锚点”工具，如图 2-208 所示。单击锚点即可将其删除，效果如图 2-209 所示。

将“钢笔”工具放到曲线路径的锚点上，则“钢笔”工具转换成“删除锚点”工具，如图 2-210 所示。单击锚点即可将其删除，效果如图 2-211 所示。

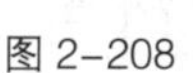

图 2–208

图 2–209

图 2–210

图 2–211

5. 转换点工具

按住 Shift 键的同时，拖曳其中的一个锚点，将强迫控制手柄以 45° 或 45° 的倍数进行改变。按住 Alt 键的同时拖曳控制手柄，可以任意改变两个控制手柄中的一个控制手柄，而不改变另一个控制手柄的位置。按住 Alt 键的同时拖曳路径中的线段可以将路径进行复制。

使用“钢笔”工具在图像中绘制三角形路径，当要闭合路径时，鼠标指针变为图标，如图 2-212 所示。单击即可闭合路径，完成三角形路径的绘制，如图 2-213 所示。

图 2–212

图 2–213

选择“转换点”工具，将鼠标指针放置在三角形左上角的锚点上，如图 2-214 所示。单击锚点并将其向右上方拖曳，形成曲线锚点，如图 2-215 所示。使用相同的方法将三角形右上角的锚点转换为曲线锚点，如图 2-216 所示。绘制完成后，桃心形路径的效果如图 2-217 所示。

图 2–214

图 2–215

图 2–216

图 2–217

6. 选区和路径的转换

◎ **将选区转换为路径**

在图像上绘制选区，如图 2-218 所示。单击“路径”控制面板右上方的图标，在弹出式菜单中选择“建立工作路径”命令，弹出“建立工作路径”对话框。在对话框中，应用“容差”选项设置转换时的误差允许范围，数值越小越精确，路径上的关键点也越多。如果要编辑生成的路径，此处将“容差”设定为 2，如图 2-219 所示。单击“确定”按钮将选区转换成路径，效果如图 2-220 所示。

图 2-218

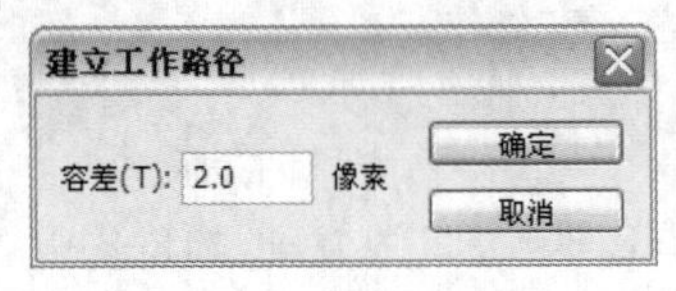

图 2-219

图 2-220

单击“路径”控制面板下方的“从选区生成工作路径”按钮，也可以将选区转换成路径。

◎ **将路径转换为选区**

在图像中创建路径，如图 2-221 所示。单击“路径”控制面板右上方的图标，在弹出式菜单中选择“建立选区”命令，弹出“建立选区”对话框，如图 2-222 所示。设置完成后单击“确定”按钮，将路径转换成选区，效果如图 2-223 所示。

图 2-221

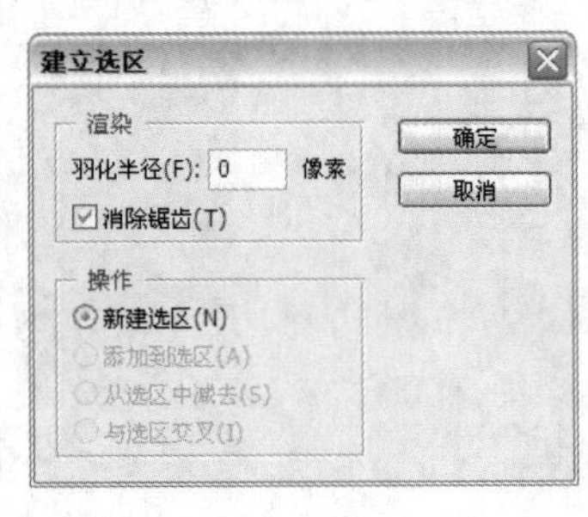

图 2-222

图 2-223

单击“路径”控制面板下方的“将路径作为选区载入”按钮，也可以将路径转换成选区。

7. 描边路径

在图像中创建路径，如图 2-224 所示。单击“路径”控制面板右上方的图标，在弹出式菜单中选择“描边路径”命令，弹出“描边路径”对话框，选择“工具”选项下拉列表中的“画笔”工具，如图 2-225 所示，此下拉列表中共有 17 种工具可供选择，如果当前在工具箱中已经选择了“画笔”工具，则该工具将自动地设置在此处。另外，在画笔属性栏中设定的画笔类型也将直接影响此处的描边效果，设置好后单击“确定”按钮，描边路径的效果如图 2-226 所示。

单击“路径”控制面板下方的“用画笔描边路径”按钮，也可描边路径。按住 Alt 键的同时，单击“用画笔描边路径”按钮，将弹出“描边路径”对话框，设置需要的描边选项。

图 2-224

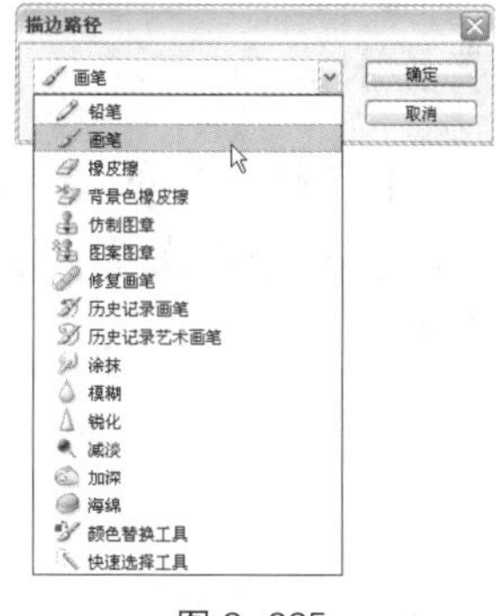

图 2-225

图 2-226

8. 填充路径

在图像中创建路径，如图 2-227 所示。单击“路径”控制面板右上方的图标，在弹出式菜单中选择“填充路径”命令，弹出“填充路径”对话框，如图 2-228 所示。设置完成后单击“确定”按钮，用前景色填充路径的效果如图 2-229 所示。

图 2-227

图 2-228

图 2-229

单击“路径”控制面板下方的“用前景色填充路径”按钮，也可填充路径。按住 Alt 键的同时，单击“用前景色填充路径”按钮，将弹出“填充路径”对话框。

9. 椭圆工具

选择“椭圆”工具或反复按 Shift+U 组合键，其属性栏如图 2-230 所示。

原始图像效果如图 2-231 所示。在图像中绘制椭圆，效果如图 2-232 所示。“图层”控制面板中的效果如图 2-233 所示。

图 2-230

图 2-231

图 2-232

图 2-233

2.4.5 【实战演练】制作动感音乐插画

使用钢笔工具绘制背景图形的路径，使用填充命令为路径填充颜色，使用画笔描边命令为路径添加描边。（最终效果参看光盘中的“Ch02 > 效果 > 制作动感音乐插画”，见图 2-234。）

图 2-234

2.5 综合演练——制作滑板运动插画

使用渐变工具和铅笔工具制作背景，使用去色命令去除人物图片的颜色，使用扩展命令制作人物的投影效果，使用自定形状工具绘制装饰箭头，使用钢笔工具和描边路径制作折线，使用文字工具添加文字效果。（最终效果参看光盘中的“Ch02 > 效果 > 制作滑板运动插画”，见图 2-235。）

图 2-235

2.6 综合演练——制作体育运动插画

使用椭圆工具绘制路径，使用画笔工具、自由变换命令和描边路径命令制作装饰图形，使用去色命令和色阶命令调整图片的颜色，使用描边命令为图片添加描边效果。（最终效果参看光盘中的“Ch02 > 效果 > 制作体育运动插画”，见图 2-236。）

图 2-236

第3章 卡片设计

卡片是人们增进交流的一种载体，是传递信息、交流情感的一种方式。卡片的种类繁多，有邀请卡、祝福卡、生日卡、圣诞卡、新年贺卡等。本章以制作多个题材的卡片为例，介绍卡片的绘制方法和制作技巧。

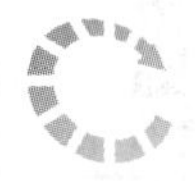

课堂学习目标

- 掌握卡片的设计思路
- 掌握卡片的绘制方法和技巧

3.1 制作生日贺卡

3.1.1 【案例分析】

生日是一个人出生的日子，是幸福生活的开始。每年生日，家人和朋友都会聚在一起，为过生日的人庆生，并送出美好的祝愿。本案例要求在展现出人物特点的同时，给人轻松、诙谐的印象。

3.1.2 【设计理念】

在设计制作过程中，通过深红色的背景与前面的图形形成对比，强化画面的颜色反差，增强画面的视觉效果。使用艺术的手法和明快的表现形式着重刻画主体人物，在展现出职业特点的同时，使塑造的人物具有感染力。使用装饰星形、花等图形使画面风趣诙谐，张力十足（最终效果参看光盘中的"Ch03 > 效果 > 制作生日贺卡"，见图 3-1。）

图 3-1

3.1.3 【操作步骤】

1. 绘制人物头部图形

步骤 1 按 Ctrl+O 组合键，打开光盘中的"Ch03 > 素材 > 制作生日贺卡 > 01"文件，效果如图 3-2 所示。

步骤 2 单击“图层”控制面板下方的“创建新组”按钮，生成新的图层组并将其命名为“人物”。新建图层并将其命名为“脸”。将前景色设为白色。选择“圆角矩形”工具，选中属性栏中的“填充像素”按钮，将“半径”选项设为 50px，拖曳鼠标绘制图形，如图 3-3 所示。

步骤 3 按住 Ctrl 键的同时，单击“脸”图层的图层缩览图，图形周围生成选区。选择“渐变”工具，将渐变色设为从暗红色（其 R、G、B 的值分别为 192、52、59）到浅红色（其 R、G、B 的值分别为 215、132、148）。按住 Shift 键的同时，在选区中从左向右拖曳渐变色，效果如图 3-4 所示。按 Ctrl+D 组合键取消选区，并将其旋转至适当的角度，效果如图 3-5 所示。

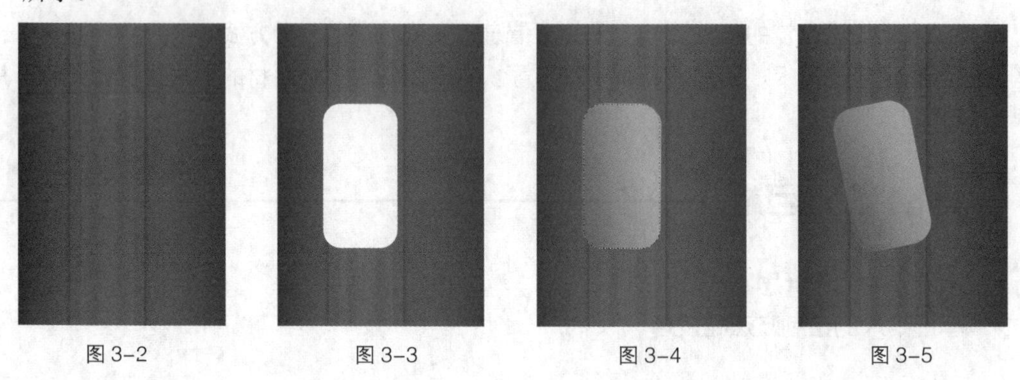

图 3-2　图 3-3　图 3-4　图 3-5

步骤 4 新建图层并将其命名为“头发”。选择“钢笔”工具，选中属性栏中的“路径”按钮，拖曳鼠标绘制路径，如图 3-6 所示。按 Ctrl+Enter 组合键将路径转换为选区。

步骤 5 选择“渐变”工具，单击属性栏中的“点按可编辑渐变”按钮，弹出“渐变编辑器”对话框。在“位置”选项中分别输入 0、40、75、100 这 4 个位置点，分别设置位置点颜色的 RGB 值为 0（0、5、110）、40（0、0、12）、75（74、122、177）、100（3、5、4），如图 3-7 所示，单击“确定”按钮。

步骤 6 在选区中从左至右拖曳渐变色，按 Ctrl+D 组合键取消选区，效果如图 3-8 所示。选中“头发”图层，按 Ctrl+Alt+G 组合键为“头发”图层创建剪贴蒙版，效果如图 3-9 所示。

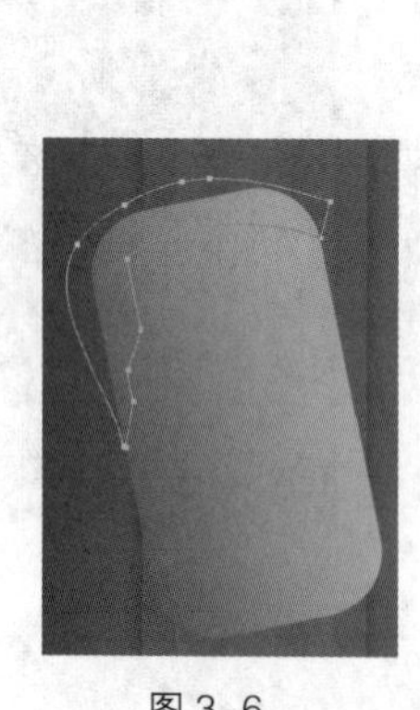

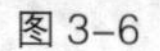
图 3-6

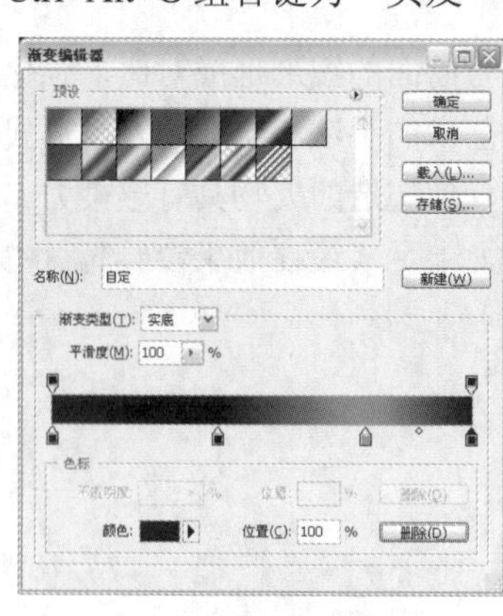

图 3-7

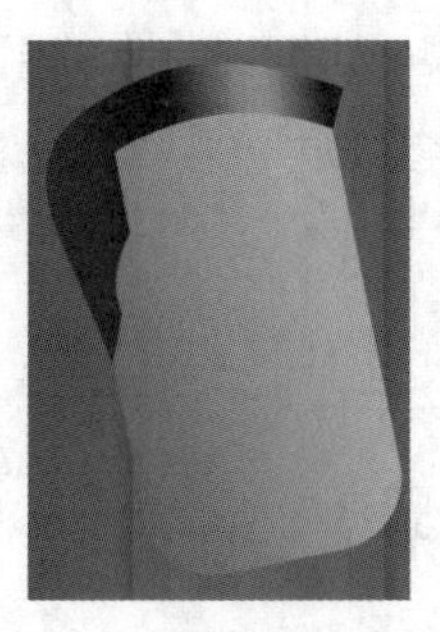
图 3-8

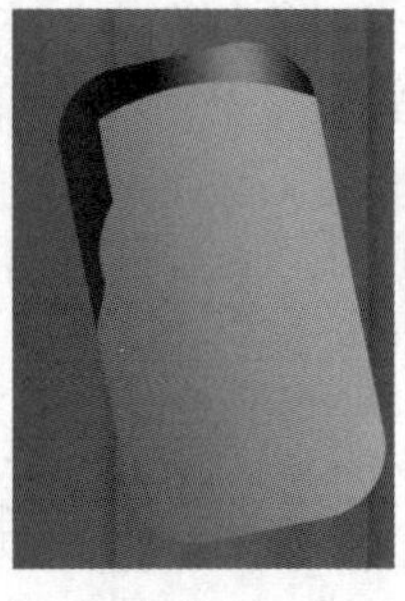
图 3-9

步骤 7 新建图层并将其命名为“耳朵”。选择“钢笔”工具，拖曳鼠标绘制路径，按 Ctrl+Enter 组合键将路径转换为选区，用橘黄色（其 R、G、B 的值分别为 215、114、16）填充选区，按 Ctrl+D 组合键取消选区，效果如图 3-10 所示。

步骤 8 单击“图层”控制面板下方的“添加图层样式”按钮 fx，在弹出的菜单中选择“投影”命令，在弹出的对话框中进行设置，如图 3-11 所示。单击“确定”按钮，效果如图 3-12 所示。

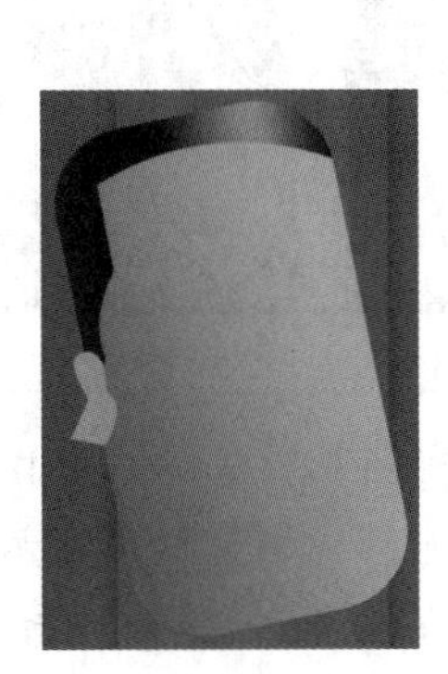

图 3-10

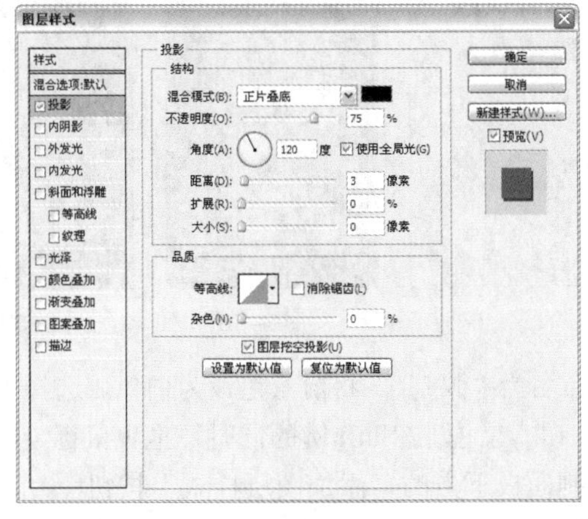

图 3-11

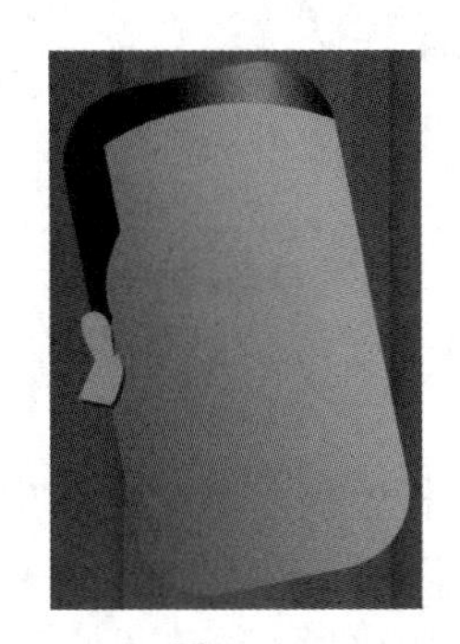

图 3-12

步骤 9 将“耳朵”图层拖曳到控制面板下方的“创建新图层”按钮上进行复制，生成新的图层“耳朵 副本”，并将其拖曳到“脸”图层的下方，如图 3-13 所示。按 Ctrl+T 组合键，在图像周围出现控制手柄，单击鼠标右键，在弹出的菜单中选择“水平翻转”命令，按 Enter 键确定操作。选择“移动”工具，将复制的图形拖曳到适当的位置，如图 3-14 所示。

步骤 10 选中“耳朵”图层。新建图层并将其命名为“眉毛”。选择“钢笔”工具，拖曳鼠标绘制路径，如图 3-15 所示。按 Ctrl+Enter 组合键将路径转换为选区。选择“渐变”工具，将渐变色设为从灰色（其 R、G、B 的值分别为 135、135、137）到黑色。按住 Shift 键的同时，在选区中从左向右拖曳渐变色，按 Ctrl+D 组合键取消选区，效果如图 3-16 所示。

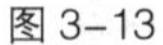

图 3-13

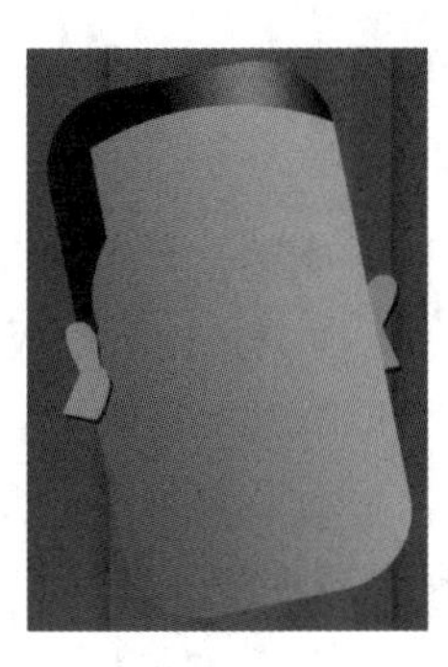

图 3-14

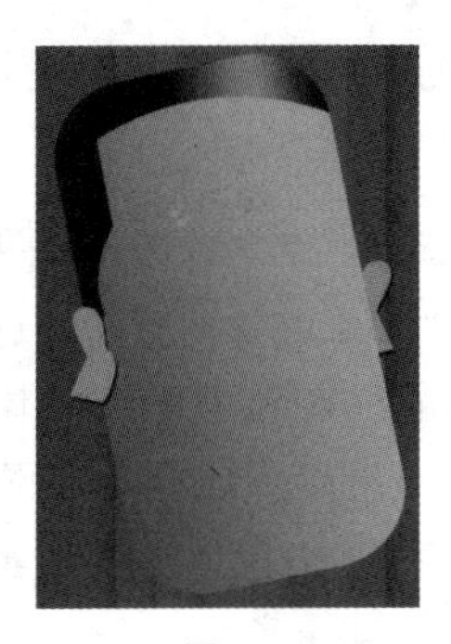

图 3-15

图 3-16

步骤 11 单击“图层”控制面板下方的“添加图层样式”按钮 fx，在弹出的菜单中选择“投影”命令，在弹出的对话框中进行设置，如图 3-17 所示。单击“确定”按钮，效果如图 3-18 所示。

步骤 12 用相同的方法绘制另一个眉毛图形，如图 3-19 所示。选中“眉毛”图层，单击鼠标右键，在弹出的菜单中选择“拷贝图层样式”命令，选中“眉毛 1”图层，单击鼠标右键，在弹出的菜单中选择“粘贴图层样式”命令，效果如图 3-20 所示。

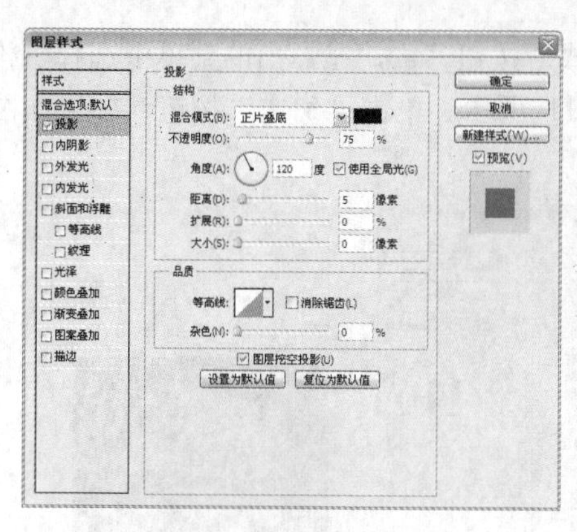

图 3-17

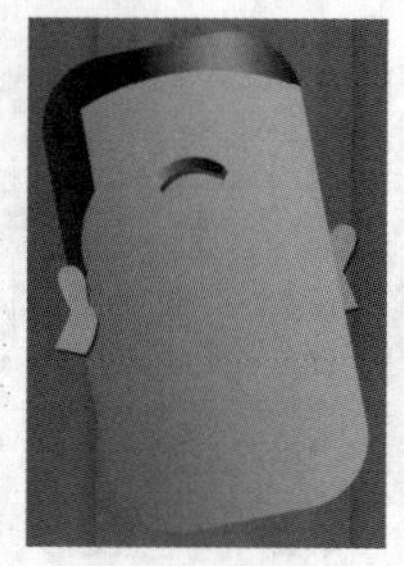

图 3-18

图 3-19

图 3-20

步骤 13 新建图层并将其命名为"眼睛"。将前景色设为白色。选择"椭圆"工具，选中属性栏中的"填充像素"按钮，按住 Shift 键的同时，拖曳鼠标绘制圆形，如图 3-21 所示。

步骤 14 单击"图层"控制面板下方的"添加图层样式"按钮 fx，在弹出的菜单中选择"内阴影"命令，在弹出的对话框中进行设置，如图 3-22 所示。单击"确定"按钮，效果如图 3-23 所示。

图 3-21

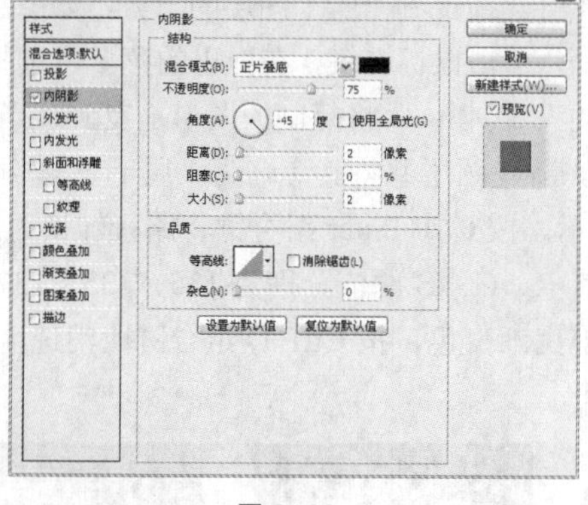

图 3-22

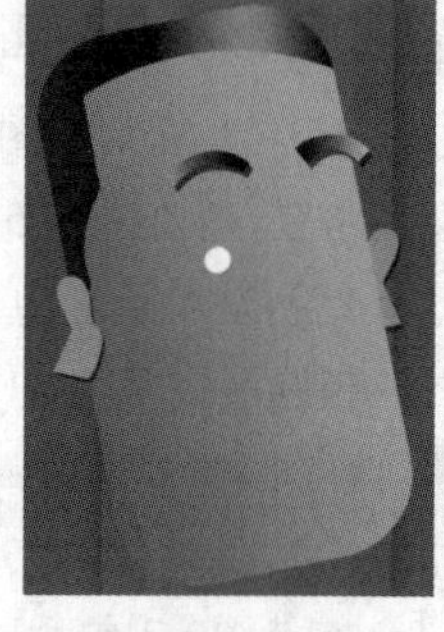

图 3-23

步骤 15 用相同的方法绘制黑色圆形，如图 3-24 所示。按住 Shift 键的同时，单击"眼睛"图层，将"眼睛"图层和"黑眼珠"图层同时选中，拖曳到控制面板下方的"创建新图层"按钮上进行复制，生成新的图层"眼睛副本"和"黑眼珠副本"，如图 3-25 所示。选择"移动"工具，拖曳复制出的图形到适当的位置，效果如图 3-26 所示。

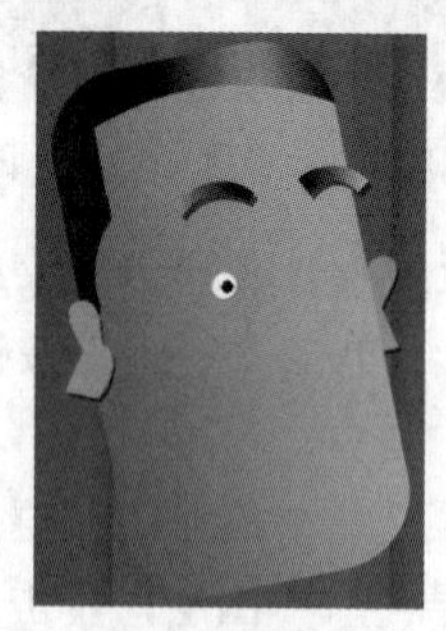

图 3-24

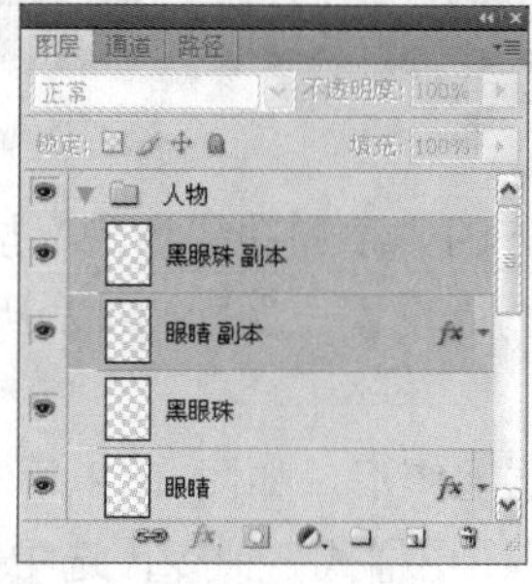

图 3-25

图 3-26

步骤 16 新建图层并将其命名为"鼻子"。选择"钢笔"工具，选中属性栏中的"路径"按钮

，拖曳鼠标绘制路径，如图 3-27 所示。按 Ctrl+Enter 组合键将路径转换为选区。

步骤 17 选择“渐变”工具，单击属性栏中的“点按可编辑渐变”按钮，弹出“渐变编辑器”对话框，在“位置”选项中分别输入 50、100 两个位置点，分别设置位置点颜色的 RGB 值为 50（208、126、139）、100（170、77、91），在色带上方选取左侧的不透明色标，将“不透明度”选项设为 0，如图 3-28 所示，单击“确定”按钮。选中属性栏中的“线性渐变”按钮，在选区中从左向右拖曳渐变色，按 Ctrl+D 组合键取消选区，效果如图 3-29 所示。

图 3-27

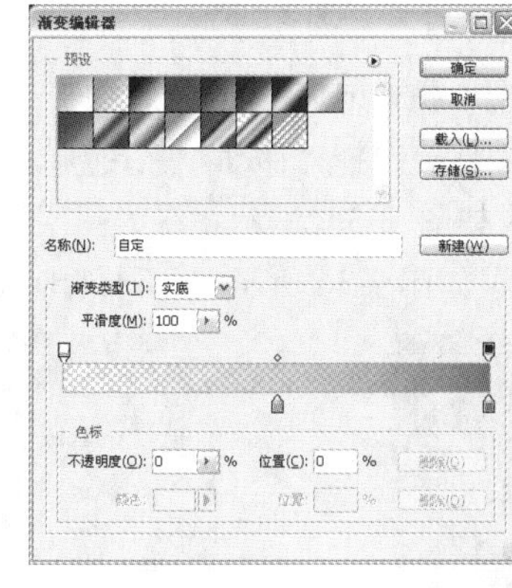

图 3-28

图 3-29

步骤 18 新建图层并将其命名为“嘴”。选择“钢笔”工具，拖曳鼠标绘制路径，如图 3-30 所示。按 Ctrl+Enter 组合键将路径转换为选区。选择“渐变”工具，单击属性栏中的“点按可编辑渐变”按钮，弹出“渐变编辑器”对话框，将渐变色设为从红色（其 R、G、B 的值分别为 177、16、16）到白色。在选区中从上向下拖曳渐变色，效果如图 3-31 所示。按 Ctrl+D 组合键取消选区。单击“人物”图层组左侧的三角形按钮，将其隐藏。

图 3-30

图 3-31

2. 添加素材图片

步骤 1 按 Ctrl+O 组合键，打开光盘中的“Ch03 > 素材 > 制作生日贺卡 > 02、03”文件。选择“移动”工具，分别将 02、03 素材拖曳到图像窗口的适当位置，如图 3-32 所示。在“图层”控制面板中生成新的图层并将其命名为“图形”、“衣服”，拖曳到“背景”图层的上方，如图 3-33 所示，效果如图 3-34 所示。

图 3-32

图 3-33

图 3-34

步骤 2 选中“人物”图层组图层。按 Ctrl+O 组合键，打开光盘中的“Ch03 > 素材 > 制作生日贺卡 >04、05、06、07”文件。选择“移动”工具，分别将 04、05、06、07 素材拖曳到图像窗口的适当位置，效果如图 3-35 所示。在“图层”控制面板中生成新的图层并将其命名为“手”、“烟”、“装饰”，如图 3-36 所示。生日贺卡效果制作完成。

图 3-35

图 3-36

3.1.4 【相关工具】

1. 填充图形

◎ 油漆桶工具

选择“油漆桶”工具，或反复按 Shift+G 组合键，其属性栏如图 3-37 所示。

图 3-37

图案：在其下拉列表中选择填充前景色或图案。：用于选择定义好的图案。模式：用于选择着色的模式。不透明度：用于设定不透明度。容差：用于设定色差的范围，数值越小，容差越小，填充的区域也越小。消除锯齿：用于消除边缘锯齿。连续的：用于设定填充方式。所有图层：用于设定是否对所有可见图层进行填充。

选择“油漆桶”工具，在其属性栏中对“容差”选项进行不同的设定，如图 3-38 和图 3-39 所示，图像的填充效果也不同，如图 3-40 和图 3-41 所示。

图 3-38

图 3-39

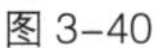

图 3-40

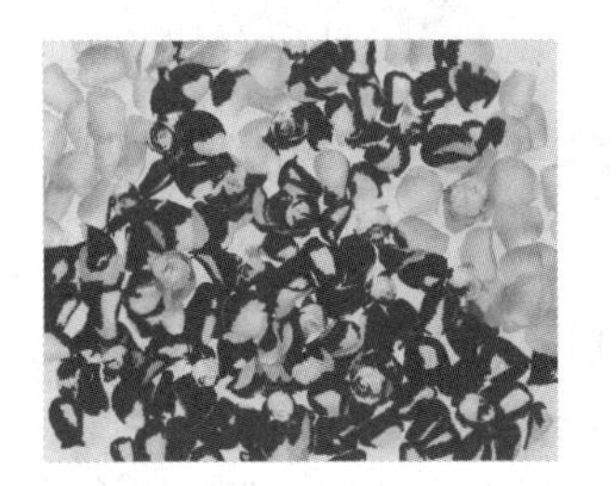

图 3-41

在油漆桶工具的属性栏中设置图案，如图 3-42 所示。用油漆桶工具在图像中进行填充，效果如图 3-43 所示。

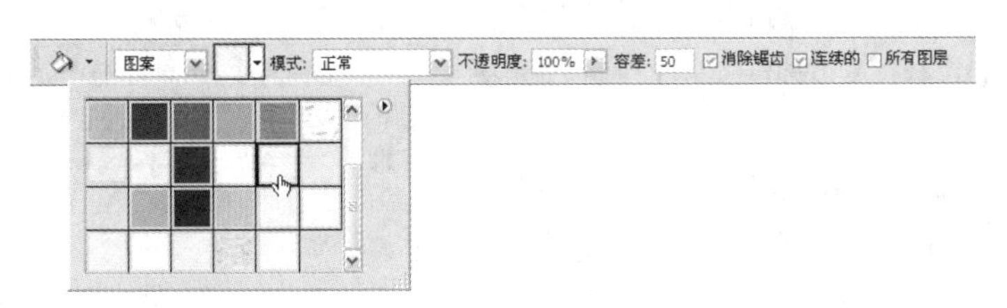

图 3-42

图 3-43

◎ **填充命令**

选择“编辑 > 填充”命令，弹出“填充”对话框，如图 3-44 所示。

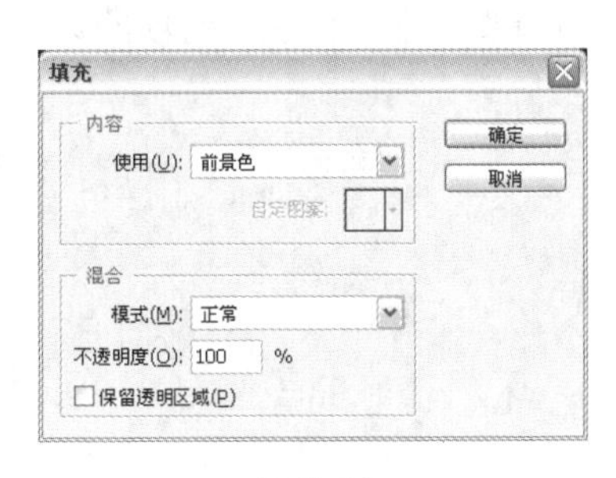

图 3-44

使用：用于选择填充方式，包括使用前景色、背景色、颜色、图案、历史记录、黑色、50%灰色、白色进行填充。模式：用于设置填充模式。不透明度：用于设置不透明度。

填充颜色：在图像中绘制选区，如图 3-45 所示。选择“编辑 > 填充”命令，弹出“填充”对话框，选项的设置如图 3-46 所示。单击“确定”按钮，填充效果如图 3-47 所示。

图 3-45

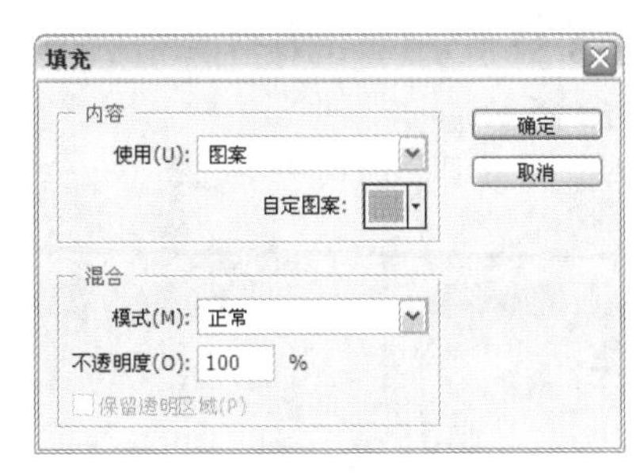

图 3-46

图 3-47

技 巧 按 Alt+Backspace 组合键将使用前景色填充选区或图层；按 Ctrl+Backspace 组合键，将使用背景色填充选区或图层；按 Delete 键将删除选区中的图像，露出背景色或下面的图像。

2. 渐变填充

选择“渐变”工具，或反复按 Shift+G 组合键，其属性栏如图 3-48 所示。

图 3-48

渐变工具包括线性渐变工具、径向渐变工具、角度渐变工具、对称渐变工具和菱形渐变工具。

：用于选择和编辑渐变的色彩。：用于选择各类型的渐变工具。模式：用于选择着色的模式。不透明度：用于设定不透明度。反向：用于反向产生色彩渐变的效果。仿色：用于使渐变更平滑。透明区域：用于产生不透明度。

如果自定义渐变形式和色彩，可单击“点按可编辑渐变”按钮，在弹出的“渐变编辑器”对话框中进行设置，如图 3-49 所示。

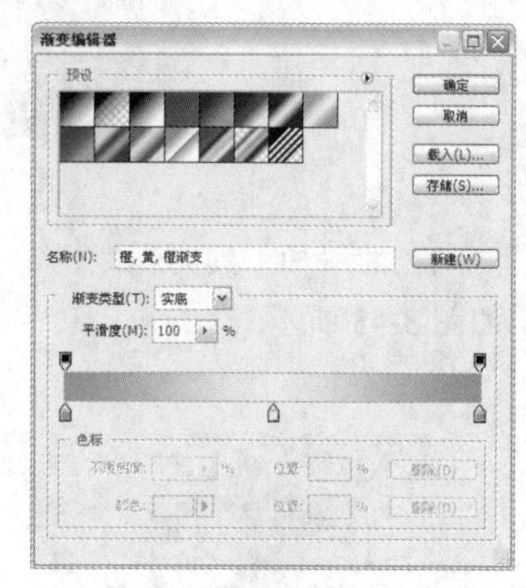

图 3-49

在“渐变编辑器”对话框中，单击颜色编辑框下方的适当位置，可以增加颜色色标，如图 3-50 所示。颜色可以进行调整，可以在对话框下方的“颜色”选项中选择颜色，或双击刚建立的颜色色标，弹出“选择色标颜色”对话框，如图 3-51 所示，在其中选择适合的颜色，单击“确定”按钮即可。颜色的位置也可以进行调整，在“位置”选项的数值框中输入数值或直接拖曳颜色色标即可。

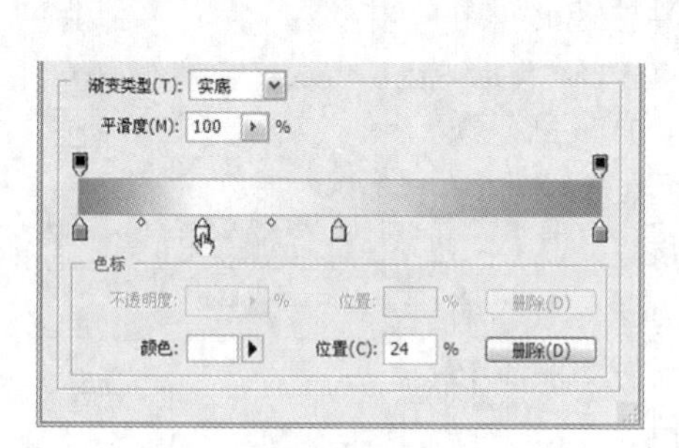

图 3-50

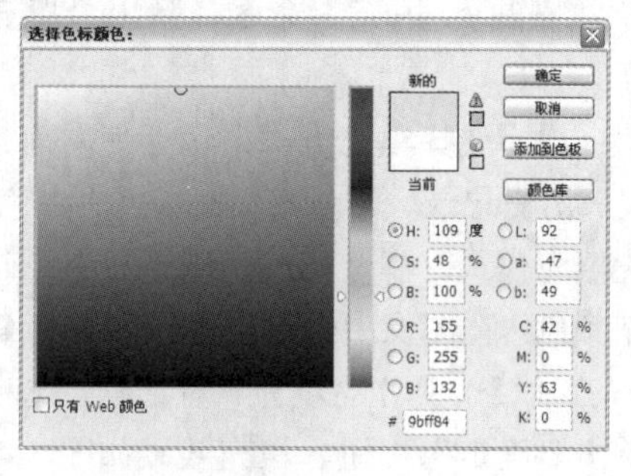

图 3-51

任意选择一个颜色色标，如图 3-52 所示。单击对话框下方的“删除”按钮或按 Delete 键即可将颜色色标删除，如图 3-53 所示。

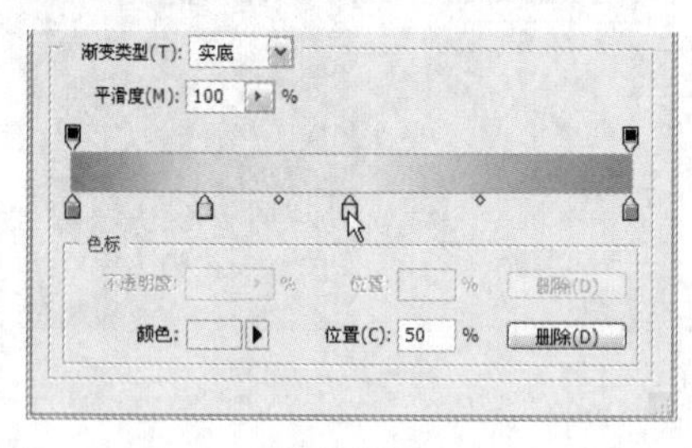

图 3-52

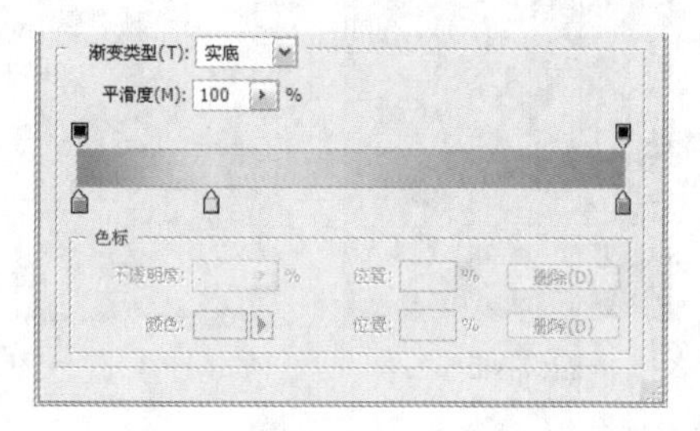

图 3-53

在对话框中单击颜色编辑框左上方的黑色色标，如图 3-54 所示。调整“不透明度”选项的数值可以使开始的颜色到结束的颜色显示为半透明效果，如图 3-55 所示。

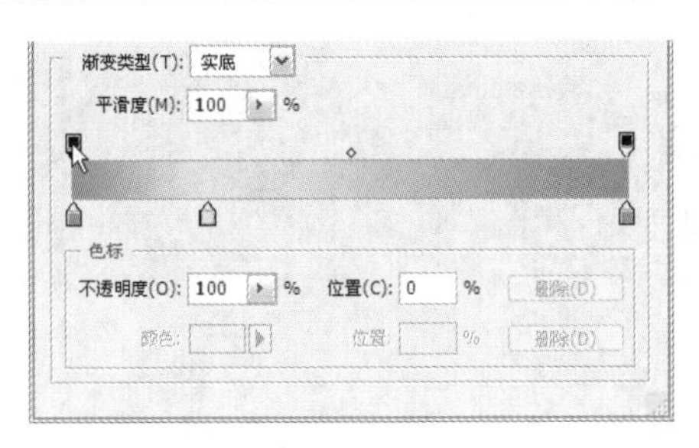

图 3-54

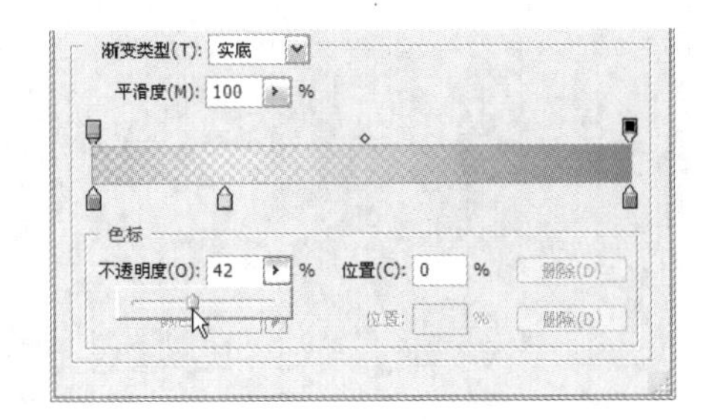

图 3-55

在对话框中单击颜色编辑框的上方，出现新的色标，如图 3-56 所示。调整“不透明度”选项的数值，可以使新色标的颜色向两边的颜色出现过渡式的半透明效果，如图 3-57 所示。如果想删除新的色标，单击对话框下方的“删除”按钮 删除(D) 或按 Delete 键即可。

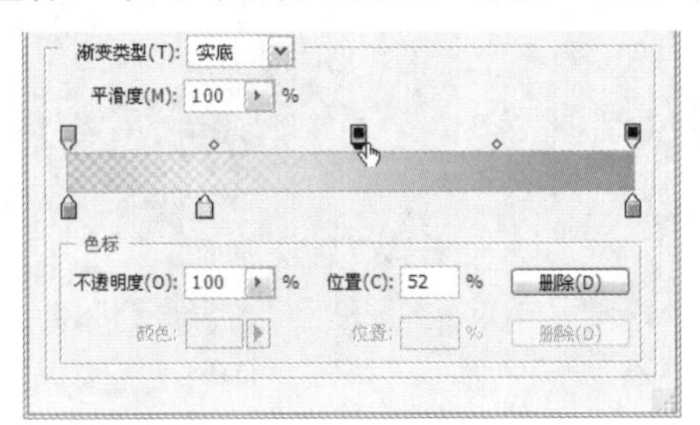

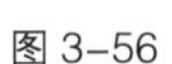

图 3-56

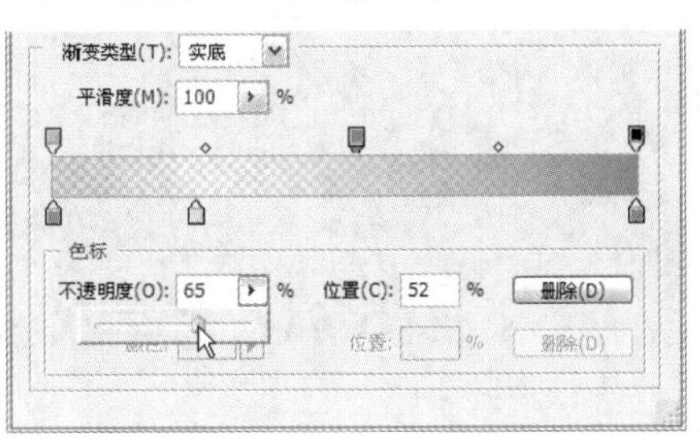

图 3-57

3. 图层样式

Photoshop CS4 提供了多种图层样式，可以单独为图像添加一种样式，也可以同时为图像添加多种样式。

单击“图层”控制面板右上方的图标，在弹出的下拉菜单中选择“混合选项”命令，弹出“混合选项”对话框，如图 3-58 所示。此对话框用于对当前图层进行特殊效果的处理。选择对话框左侧的任意选项，将弹出相应的效果面板。

还可以单击“图层”控制面板下方的“添加图层样式”按钮 fx，弹出其下拉菜单，如图 3-59 所示。

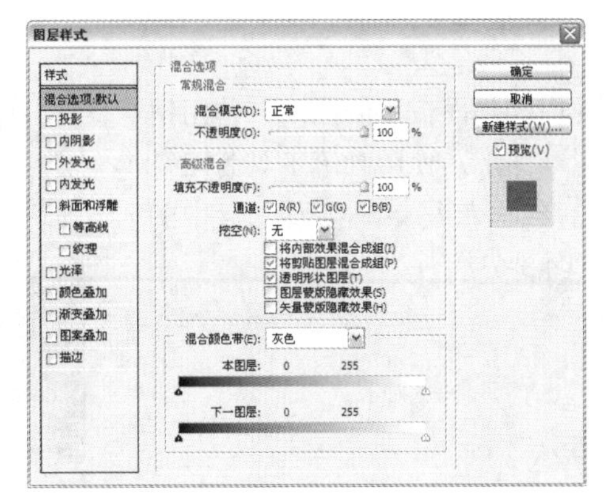

图 3-58

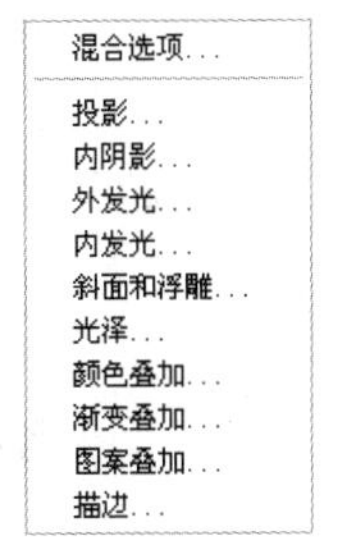

图 3-59

投影命令用于使图像产生阴影效果。内阴影命令用于使图像内部产生阴影效果。外发光命令用于在图像的边缘外部产生一种辉光效果，各效果如图 3-60 所示。

投影

内阴影

外发光

图 3-60

内发光命令用于在图像的边缘内部产生一种辉光效果。斜面和浮雕命令用于使图像产生一种倾斜与浮雕的效果。光泽命令用于使图像产生一种光泽效果，各效果如图 3-61 所示。

内发光

斜面和浮雕

光泽

图 3-61

颜色叠加命令用于使图像产生一种颜色叠加效果。渐变叠加命令用于使图像产生一种渐变叠加效果。图案叠加命令用于在图像上添加图案效果，描边命令用于为图像描边，各效果如图 3-62 所示。

颜色叠加

渐变叠加

图案叠加

描边

图 3-62

3.1.5 【实战演练】绘制幼儿读物宣传卡

使用投影命令为图形添加投影效果，使用动作面板复制图形，使用钢笔工具绘制多个图形，使用椭圆工具绘制树叶图形，使用画笔工具为路径添加描边效果，使用自定形状工具绘制图形。（最终效果参看光盘中的“Ch03 > 效果 > 绘制幼儿读物宣传卡”，见图 3-63。）

图 3-63

3.2 制作动感宣传卡

3.2.1 【案例分析】

体育运动是年轻人的最爱，体育运动卡片要表现出运动给人带来的健康、努力、积极和进取

的精神风貌，并且要体现出运动感。

3.2.2 【设计理念】

在设计和制作的过程中，通过运动的线条制作出律动感，烘托出运动气氛。通过对人物的运动图片和玫红色叶子的处理来强化人物的动感。通过采用蓝色的背景、白色的花和白色的鸽子，使画面的色彩形成较大的反差，增强卡片的吸引力和感染力。（最终效果参看光盘中的“Ch03 > 效果 > 制作动感宣传卡”，见图 3-64。）

图 3-64

3.2.3 【操作步骤】

1. 绘制装饰图形

步骤 1 打开光盘中的“Ch03 > 素材 > 制作动感宣传卡 > 01”文件，如图 3-65 所示。新建图层并将其命名为“花”。将前景色设为黄色（其 R、G、B 值分别为 254、242、0）。

步骤 2 选择“自定形状”工具，单击属性栏中的“形状”选项，弹出“形状”面板，单击面板右上方的按钮，在弹出的下拉菜单中选择“自然”选项，弹出提示对话框，单击“确定”按钮。在“形状”面板中选中图形“花 5”，如图 3-66 所示。在属性栏中选中“填充像素”按钮，拖曳鼠标绘制图形，如图 3-67 所示。

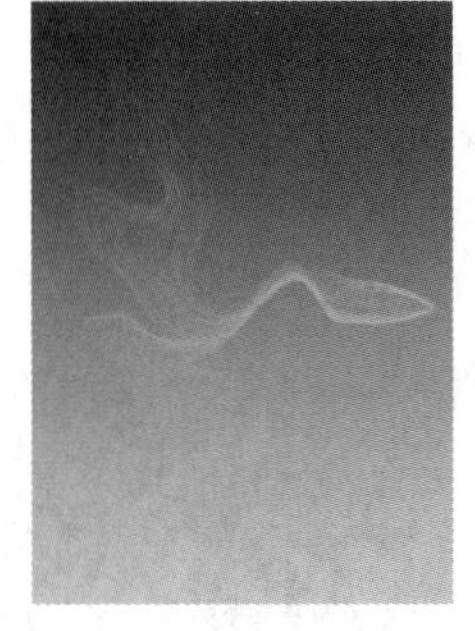

图 3-65

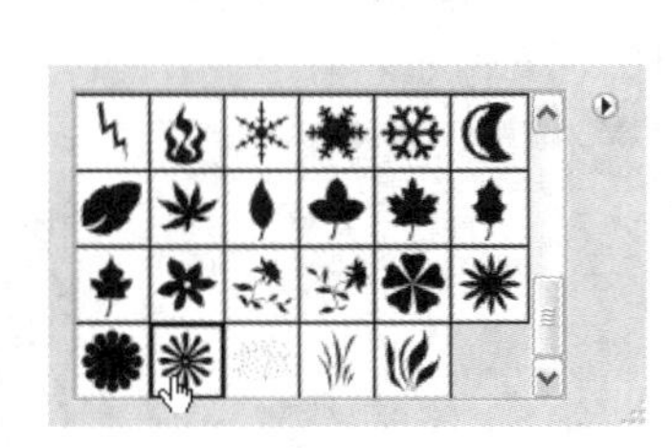

图 3-66

图 3-67

步骤 3 将“花”图层拖曳到控制面板下方的“创建新图层”按钮上进行复制，生成新的图层“花 副本”，如图 3-68 所示。按 Ctrl+T 组合键在图形周围出现变换框，将鼠标指针放在变换框的外边，当鼠标指针变为旋转图标时，拖曳鼠标将图形旋转到适当的角度，并调整其大小，按 Enter 键确定操作，效果如图 3-69 所示。

图 3-68

图 3-69

步骤 4 新建图层并将其命名为“逗点”。将前景色设为白色。选择“钢笔”工具，在图像窗口绘制路径，如图 3-70 所示。按 Ctrl+Enter 组合键将路径转换为选区，按 Alt+Delete 组合键用前景色填充选区，按 Ctrl+D 组合键取消选区，效果如图 3-71 所示。

步骤 5 将“逗点”图层拖曳到控制面板下方的“创建新图层”按钮上进行复制，生成新的图层“逗点 副本”，如图 3-72 所示。将“逗点 副本”图层拖曳到“逗点”图层的下方。按 Ctrl+T 组合键在图形周围出现变换框，将鼠标指针放在变换框的外边，当鼠标指针变为旋转图标时，拖曳鼠标将图形旋转到适当的角度，并调整其大小。按 Enter 键确定操作，效果如图 3-73 所示。

图 3-70

图 3-71

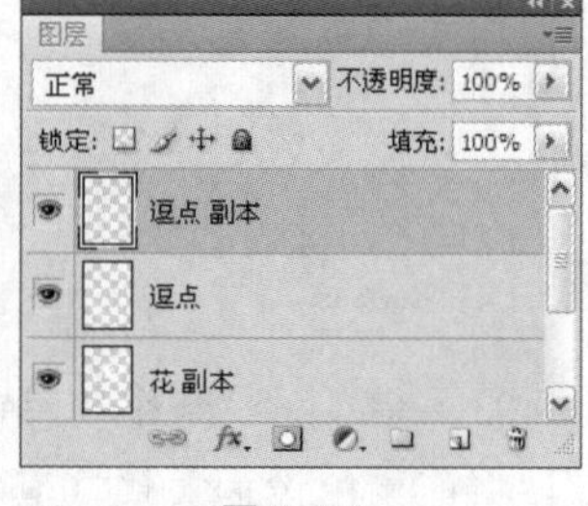

图 3-72

图 3-73

步骤 6 按住 Ctrl 键的同时，单击“逗点 副本”图层的图层缩览图，图形周围生成选区。将前景色设为洋红色（其 R、G、B 的值分别为 220、40、140）。按 Alt+Delete 组合键用前景色填充选区，按 Ctrl+D 组合键取消选区，效果如图 3-74 所示。

步骤 7 将“逗点 副本”图层拖曳到控制面板下方的“创建新图层”按钮上进行复制，生成新的副本图层，将“逗点 副本 2”图层拖曳到“逗点 副本”图层的下方，如图 3-75 所示。

步骤 8 按 Ctrl+T 组合键在图形周围出现控制手柄，调整图形的大小并将其拖曳到适当的位置。按 Enter 键确定操作，效果如图 3-76 所示。

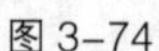
图 3-74

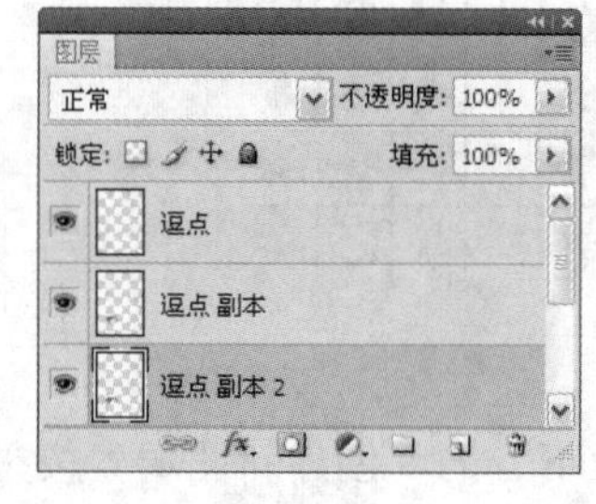

图 3-75

图 3-76

步骤 9 新建图层并将其命名为“形状 1”。选择“钢笔”工具，在图像窗口的右上方绘制路径，如图 3-77 所示。将前景色设为洋红色（其 R、G、B 的值分别为 220、40、140）。按 Ctrl+Enter 组合键将路径转换为选区，按 Alt+Delete 组合键用前景色填充选区，按 Ctrl+D 组合键取消选区，效果如图 3-78 所示。

步骤 10 将“形状 1”图层拖曳到控制面板下方的“创建新图层”按钮上进行复制，生成新的副本图层。按 Ctrl+T 组合键在图形周围出现控制手柄，调整图形的大小并将其拖曳到适当的位置，按 Enter 键确定操作，效果如图 3-79 所示。

步骤 11 选中“逗点”图层。按 Ctrl+O 组合键，打开光盘中的“Ch03 > 素材 > 制作动感宣传卡 > 02、03”文件。选择“移动”工具，分别将 02、03 图片拖曳到图像窗口适当位置，效果如图 3-80 所示，在“图层”控制面板中分别生成新的图层并将其命名为“人物”、“装饰花形”。

图 3-77

图 3-78

图 3-79

图 3-80

2. 绘制小鸟和圆点图形

步骤 1 新建图层并将其命名为“小鸟”。将前景色设为白色。选择“自定形状”工具，单击属性栏中的“形状”选项，弹出“形状”面板，单击面板右上方的按钮，在弹出的下拉菜单中选择“动物”选项，弹出提示对话框，单击“确定”按钮。在“形状”面板中选中图形“鸟 2”，如图 3-81 所示。在属性栏中选中“填充像素”按钮，在图像窗口中拖曳鼠标绘制图形，如图 3-82 所示。

步骤 2 按 Ctrl+T 组合键，图形周围出现变换框，将鼠标指针放在变换框的外边，当鼠标指针变为旋转图标时，拖曳鼠标将图形旋转到适当的角度，单击鼠标右键，在弹出的快捷菜单中选择“扭曲”命令，调整各个控制点的位置，如图 3-83 所示。再次单击鼠标右键，在弹出的快捷菜单中选择“水平翻转”命令，水平翻转图形并将其拖曳到适当的位置。按 Enter 键确定操作，效果如图 3-84 所示。

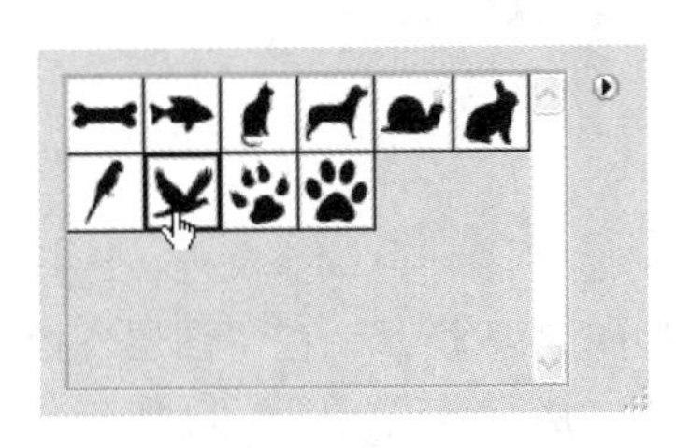

图 3-81

图 3-82

图 3-83

图 3-84

步骤 3 复制“小鸟”图层。按 Ctrl+T 组合键在图形周围出现控制手柄，调整图形的大小并将其拖曳到适当的位置。按 Enter 键确定操作，效果如图 3-85 所示。

图 3-85

步骤 4 新建图层并将其命名为“画笔圆点”。选择“画笔”工具，单击属性栏中的“切换画笔面板”按钮，弹出“画笔”面板。选择“画笔笔尖形状”选项，弹出“画笔笔尖形状”面板，选择需要的画笔形状，其他选项的设置如图 3-86 所示。选择“形状动态”选项，在弹出的“形状动态”面板中进行设置，如图 3-87 所示。选择“散布”选项，在弹出的“散布”面板中进行设置，如图 3-88 所示。在图像窗口中拖曳鼠标绘制图形，图像效果如图 3-89 所示。

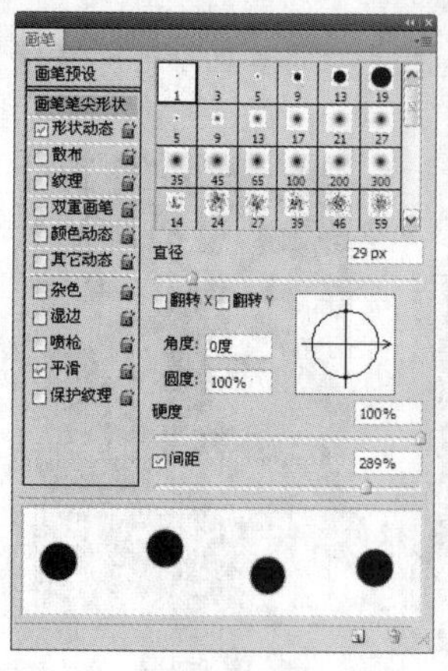

图 3-86

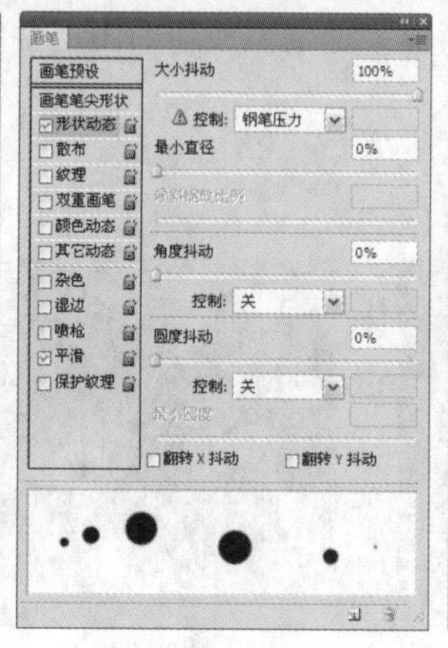

图 3-87

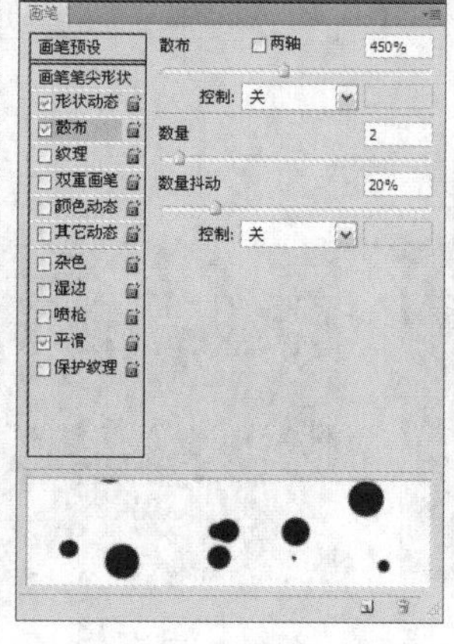

图 3-88

图 3-89

步骤 5 单击“图层”控制面板下方的“添加图层样式”按钮 fx，在弹出的下拉菜单中选择“描边”命令，弹出“描边”对话框，将描边颜色设为青色（其 R、G、B 值分别为 0、192、214），其他选项的设置如图 3-90 所示。单击“确定”按钮，效果如图 3-91 所示。

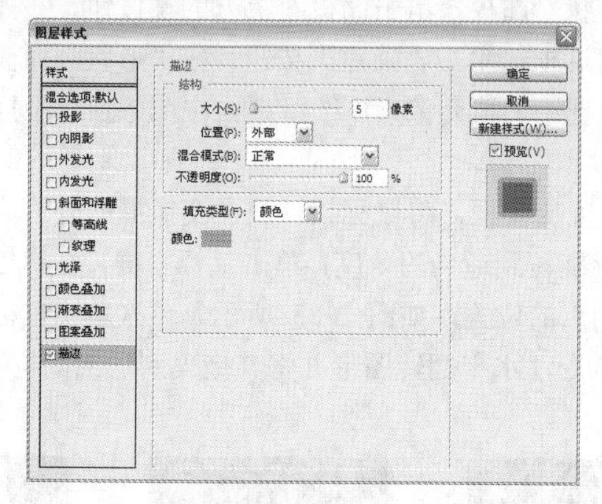

图 3-90

图 3-91

步骤 6 使用相同方式绘制多边形形状，图像效果如图 3-92 所示。

步骤 7 按 Ctrl+O 组合键，打开光盘中的“Ch03 > 素材 > 制作动感宣传卡 > 04”文件。选择“移动”工具，将 04 图片拖曳到图像窗口的左下角，效果如图 3-93 所示，在“图层”控制面板中生成新的图层并将其命名为“蝴蝶”。动感宣传卡制作完成，效果如图 3-94 所示。

图 3-92

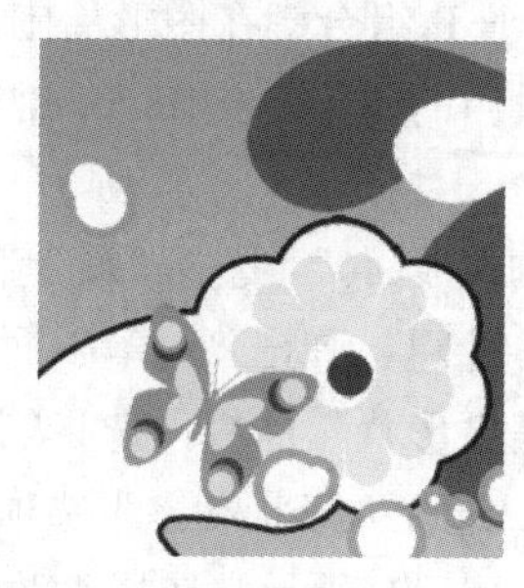

图 3-93

图 3-94

3.2.4 【相关工具】

1. 矩形工具

选择“矩形”工具或反复按 Shift+U 组合键，其属性栏如图 3-95 所示。

图 3-95

：用于选择创建形状图层、创建工作路径或填充区域。：用于选择形状路径工具的种类。：用于选择路径的组合方式。样式：图层风格选项。颜色：用于设定图形的颜色。

原始图像效果如图 3-96 所示。在图像中绘制矩形，效果如图 3-97 所示。“图层”控制面板中的效果如图 3-98 所示。

图 3-96

图 3-97

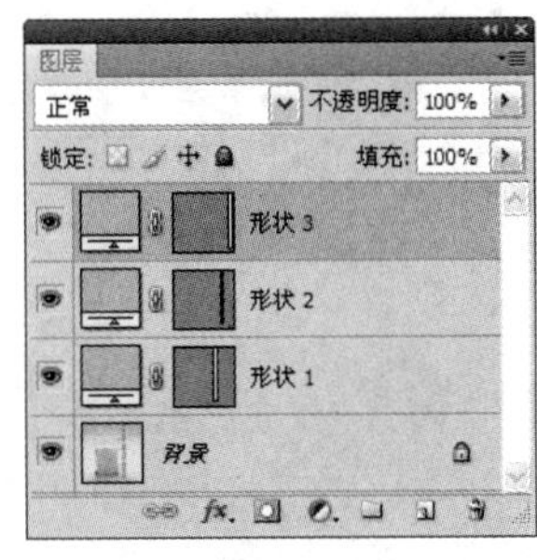

图 3-98

2. 圆角矩形工具

选择“圆角矩形”工具或反复按 Shift+U 组合键，其属性栏如图 3-99 所示。其属性栏中的内容与“矩形”工具属性栏中的内容类似，只增加了“半径”选项，用于设定圆角矩形的平滑程度，数值越大越平滑。

原始图像效果如图 3-100 所示。在图像中绘制圆角矩形，效果如图 3-101 所示。“图层”控制面板中的效果如图 3-102 所示。

图 3-99

图 3-100

图 3-101

图 3-102

中等职业教育数字艺术类规划教材

3. 自定形状工具

选择“自定形状”工具或反复按 Shift+U 组合键，其属性栏如图 3-103 所示。其属性栏中的内容与矩形工具属性栏中的内容类似，只增加了“形状”选项，用于选择所需的形状。

单击“形状”选项右侧的按钮，弹出如图 3-104 所示的“形状”面板，面板中存储了可供选择的各种不规则形状。

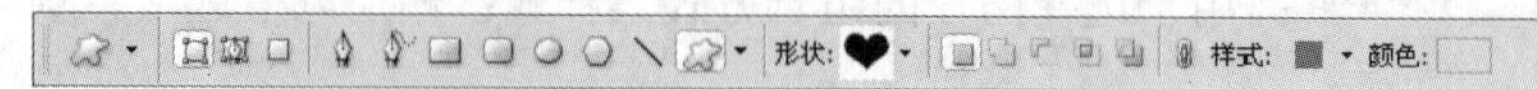

图 3-103

图 3-104

原始图像效果如图 3-105 所示。在图像中绘制不同的形状图形，效果如图 3-106 所示。“图层”控制面板中的效果如图 3-107 所示。

图 3-105

图 3-106

图 3-107

可以应用定义自定形状命令来制作并定义形状。使用“钢笔”工具在图像窗口中绘制路径并填充路径，如图 3-108 所示。

选择“编辑 > 定义自定形状”命令，弹出“形状名称”对话框，在“名称”选项的文本框中输入自定形状的名称，如图 3-109 所示。单击“确定”按钮，在“形状”选项的面板中将会显示刚才定义的形状，如图 3-110 所示。

图 3-108

图 3-109

图 3-110

4. 直线工具

选择“直线”工具或反复按 Shift+U 组合键，其属性栏如图 3-111 所示。其属性栏中的内容与矩形工具属性栏中的内容类似，只增加了“粗细”选项，用于设定直线的宽度。

单击右侧的按钮，弹出“箭头”面板，如图 3-112 所示。

图 3-111

图 3-112

起点：用于设定箭头位于线段的始端。终点：用于设定箭头位于线段的末端。宽度：用于设定箭头宽度和线段宽度的比值。长度：用于设定箭头长度和线段长度的比值。凹度：用于设定箭头凹凸的形状。

在图像中绘制不同效果的直线，如图 3-113 所示。“图层”控制面板如图 3-114 所示。

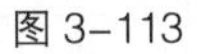

图 3-113

图 3-114

技　巧　按住 Shift 键的同时应用直线工具绘制图形时，可以绘制水平或垂直的直线。

5. 多边形工具

选择“多边形”工具或反复按 Shift+U 组合键，其属性栏如图 3-115 所示。其属性栏中的内容与矩形工具属性栏中的内容类似，只增加了“边”选项，用于设定多边形的边数。

原始图像效果如图 3-116 所示。单击属性栏右侧的按钮，在弹出的面板中进行设置，如图 3-117 所示。在图像中绘制多边形，效果如图 3-118 所示。“图层”控制面板中的效果如图 3-119 所示。

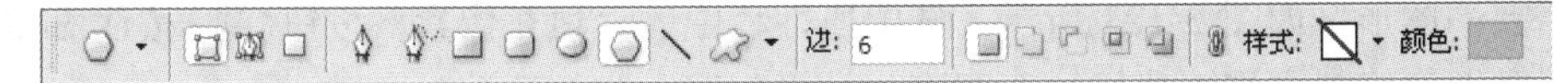

图 3-115

图 3-116

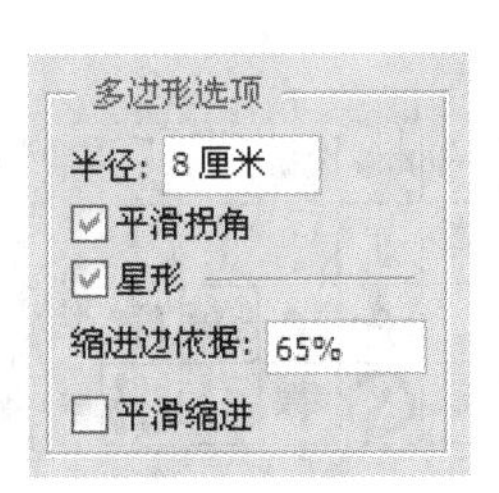

图 3-117

图 3-118

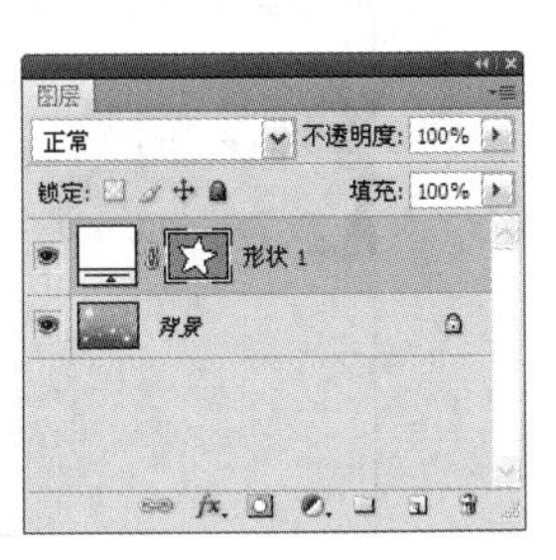

图 3-119

3.2.5 【实战演练】绘制流行音乐宣传卡

使用圆角矩形工具绘制柱形，使用自定形状工具绘制装饰图形，使用添加图层样式命令制作图形的立体效果。（最终效果参看光盘中的“Ch03 > 效果 > 绘制流行音乐宣传卡”，见图 3-120。）

图 3-120

3.3 制作新婚卡片

3.3.1 【案例分析】

在婚礼举行前需要给亲朋好友发送婚庆请柬，婚庆请柬的装帧设计上应精美雅致，创造出喜庆、浪漫、温馨的气氛。使被邀请者体会到主人的热情与诚意，感受到亲切和喜悦。婚庆请柬的设计要展示出浪漫温馨的氛围，给人梦幻和幸福感。

3.3.2 【设计理念】

在设计制作上，通过粉红色的玫瑰花营造出幸福与甜美的氛围。用心形图案作为卡片的背景，寓意心心相印、永不分离的主题。最后通过文字烘托出请柬主题，展示温柔浪漫之感。（最终效果参看光盘中的“Ch03 > 效果 > 制作新婚卡片”，见图 3-121。）

图 3-121

3.3.3 【操作步骤】

步骤 1 按 Ctrl+O 组合键，打开光盘中的“Ch03 > 素材 > 制作新婚卡片 > 02”文件，如图 3-122 所示。

步骤 2 新建图层生成“图层 1”。将前景色设为粉红色（其 R、G、B 的值分别为 231、29、22）。选择“自定形状”工具，单击属性栏中的“形状”选项，弹出“形状”面板，在面板中选中需要的图形，如图 3-123 所示。选中属性栏中的“填充像素”按钮，按住 Shift 键的同时，在图像窗口中拖曳鼠标绘制图形，效果如图 3-124 所示。

图 3-122

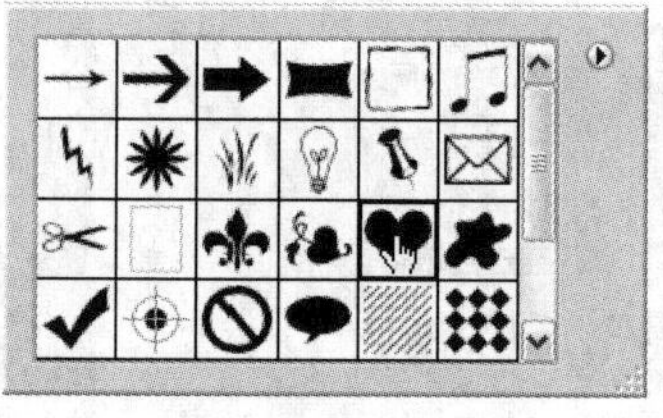

图 3-123

图 3-124

步骤 3 按 Ctrl+T 组合键，在图形周围出现变换框，将鼠标光标放在变换框的控制手柄外边，光标变为旋转图标，拖曳鼠标将图形旋转到适当的角度，如图 3-125 所示，按 Enter 键确认操作。

步骤 4 新建图层生成“图层 2”。将前景色设为肉色（其 R、G、B 的值分别为 252、227、208）。选择“自定形状”工具，按住 Shift 键的同时，拖曳鼠标绘制图形，并用相同的方法将图形旋转到适当的角度，效果如图 3-126 所示。

步骤 5 在“图层”控制面板中，按住 Ctrl 键的同时，选择“图层 1”和“图层 2”，按 Ctrl+E 组合键合并图层并将其命名为“图案”，如图 3-127 所示。单击“背景”图层左侧的眼睛图标，将“背景”图层隐藏，如图 3-128 所示。

图 3-125

图 3-126

图 3-127

图 3-128

步骤 6 选择“矩形选框”工具，在图像窗口中绘制矩形选区，如图 3-129 所示。选择菜单“编辑 > 定义图案”命令，弹出“图案名称”对话框，设置如图 3-130 所示，单击“确定”按钮。按 Delete 键，删除选区中的图像。按 Ctrl+D 组合键取消选区。单击“背景”图层左侧的眼睛图标，显示出隐藏的图层。

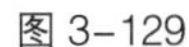

图 3-129

图 3-130

步骤 7 单击“图层”控制面板下方的“创建新的填充或调整图层”按钮，在弹出的菜单中选择“图案”命令，弹出“图案填充”对话框，设置如图 3-131 所示。单击“确定”按钮，图像效果如图 3-132 所示。

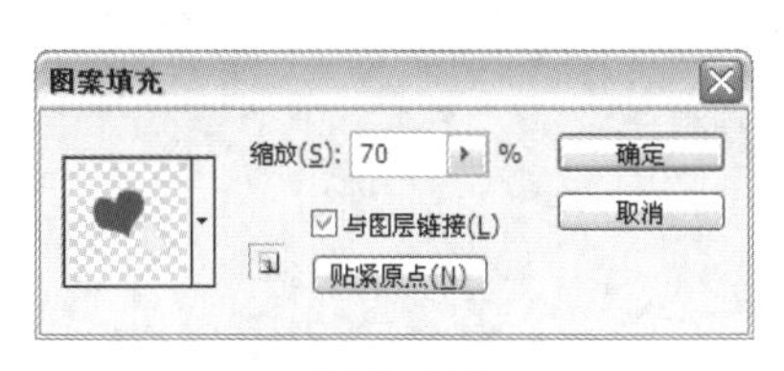

图 3-131

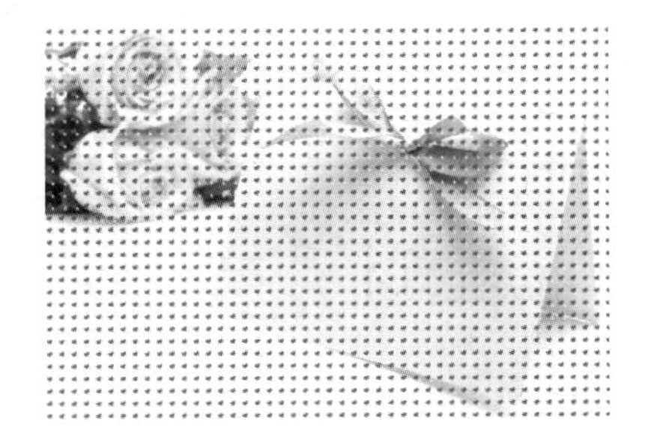

图 3-132

步骤 8 在“图层”控制面板上方，将“图案”图层的“不透明度”选项设为 20%，如图 3-133 所示，效果如图 3-134 所示。

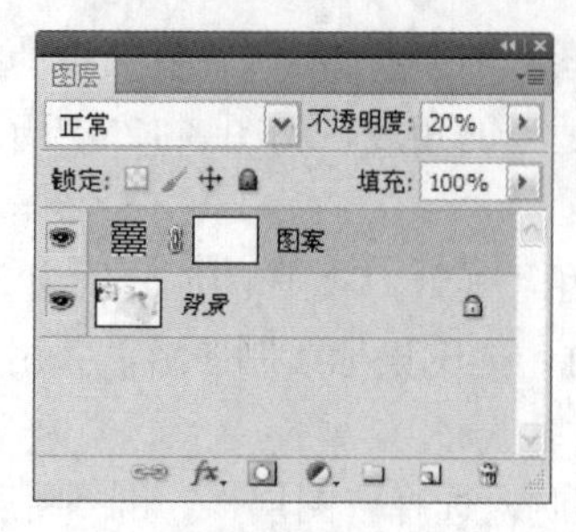

图 3-133

图 3-134

步骤 9 将前景色设为黑色。选择“多边形套索”工具，在图像窗口中拖曳鼠标绘制选区，如图 3-135 所示。按 Ctrl+Shift+I 组合键将选区反选。在“图层”控制面板中单击“图案”图层的蒙版，如图 3-136 所示。按 Alt+Delete 组合键用前景色填充选区，效果如图 3-137 所示。

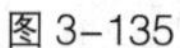

图 3-135

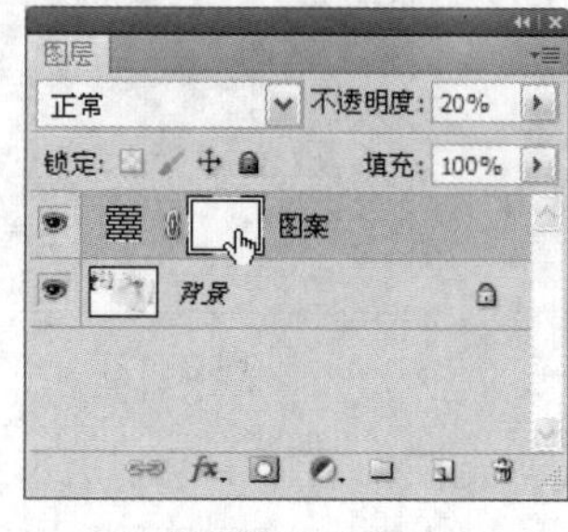

图 3-136

图 3-137

步骤 10 选择“画笔”工具，在属性栏中单击“画笔”选项右侧的按钮，在弹出的面板中选择需要的画笔形状，如图 3-138 所示。在图像窗口中将蝴蝶结上方的图像擦除，效果如图 3-139 所示。

步骤 11 按 Ctrl＋O 组合键，打开光盘中的“Ch03 > 素材 > 制作新婚卡片 > 02”文件。选择“移动”工具，将文字拖曳到图像窗口的适当位置，效果如图 3-140 所示。在“图层”控制面板中生成新图层并将其命名为“文字”。新婚卡片制作完成。

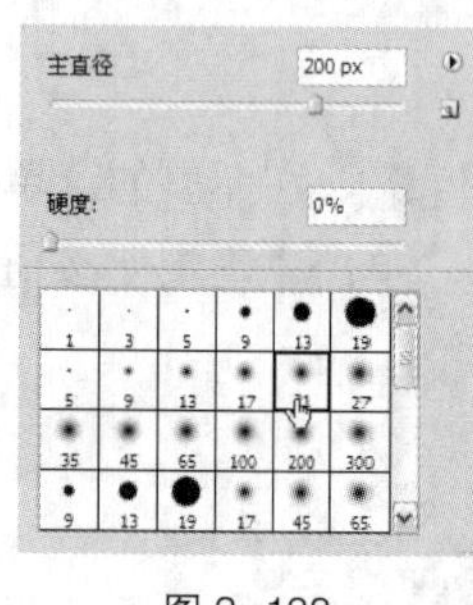

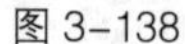

图 3-138

图 3-139

图 3-140

3.3.4 【相关工具】

1. 定义图案

在图像上绘制出要定义为图案的选区，如图 3-141 所示。选择“编辑 > 定义图案”命令，弹出“图案名称”对话框，如图 3-142 所示。单击“确定”按钮，图案定义完成。按 Ctrl+D 组合键取消选区。

图 3–141

图 3–142

选择“编辑 > 填充”命令，弹出“填充”对话框，单击“自定图案”，在弹出的面板中选择新定义的图案，如图 3-143 所示。单击“确定”按钮，图案填充的效果如图 3-144 所示。

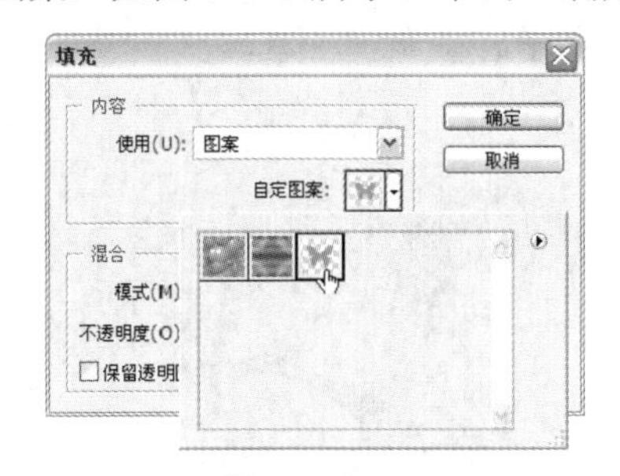

图 3–143

图 3–144

在“填充”对话框的“模式”下拉列表中选择不同的填充模式，如图 3-145 所示。单击“确定”按钮，填充的效果如图 3-146 所示。

图 3–145

图 3–146

2. 描边命令

描边命令：选择“编辑 > 描边”命令，弹出“描边”对话框，如图 3-147 所示。

描边：用于设定边线的宽度和边线的颜色。位置：用于设定所描边线相对于区域边缘的位置，包括内部、居中和居外 3 个选项。混合：用于设置描边模式和不透明度。

制作描边效果：选中要描边的图形并生成选区，效果如图 3-148 所示。选择“编辑 > 描边”命令，弹出“描边”对话框，如图 3-149 所示，在对话框中进行设置，单击“确定”按钮。按 Ctrl+D 组合键取消选区，图形描边的效果如图 3-150 所示。

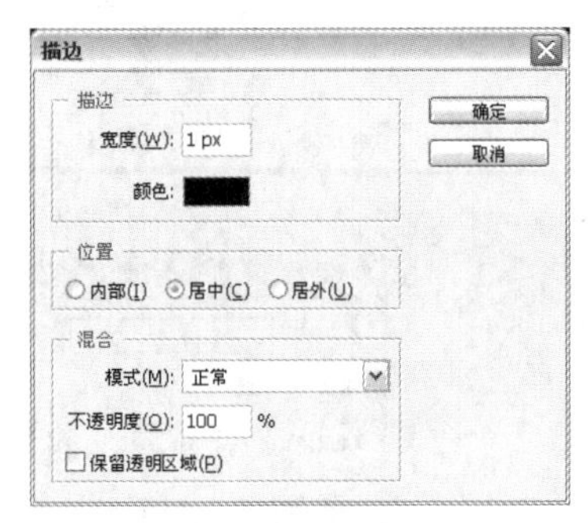

图 3–147

图 3–148

描边

图 3–149

图 3–150

如果在“描边”对话框中将“模式”选项设置为“差值”，如图 3-151 所示，单击“确定”按钮，按 Ctrl+D 组合键取消选区，描边效果如图 3-152 所示。

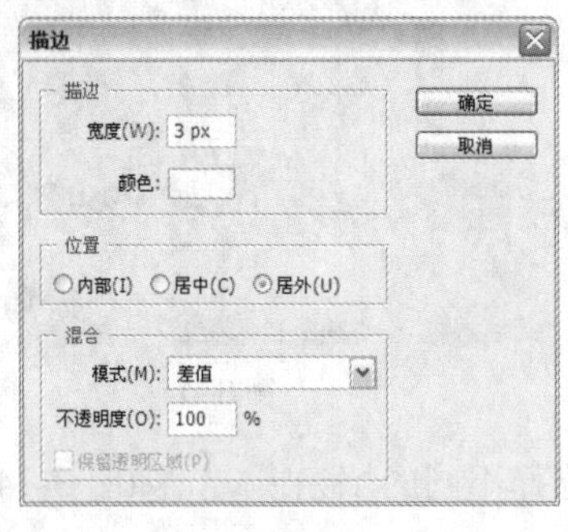

图 3–151

图 3–152

3. 填充图层

当需要新建填充图层时，选择“图层 > 新建填充图层”命令，或单击“图层”控制面板下方的“创建新的填充和调整图层”按钮 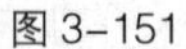，弹出填充图层的 3 种方式，如图 3-153 所示。选择其中的一种方式，将弹出“新建图层”对话框，如图 3-154 所示。单击“确定”按钮，将根据选择的填充方式弹出相应的填充对话框。以“渐变填充”为例，如图 3-155 所示，单击“确定”按钮，“图层”控制面板和图像的效果分别如图 3-156 和图 3-157 所示。

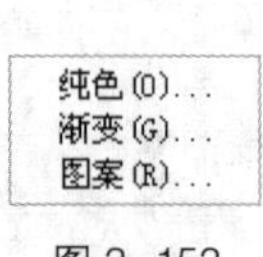

图 3–153

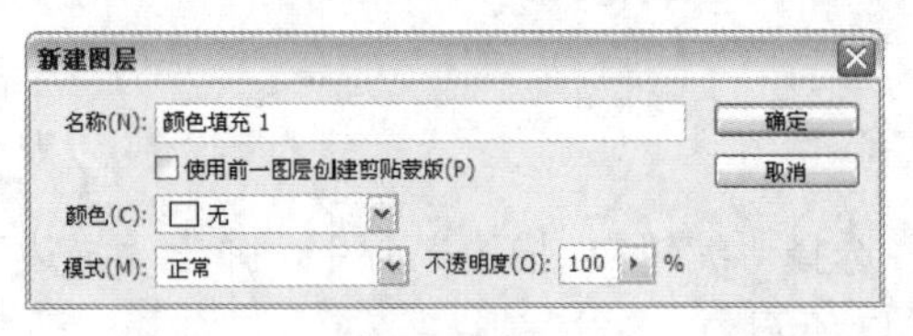

图 3–154

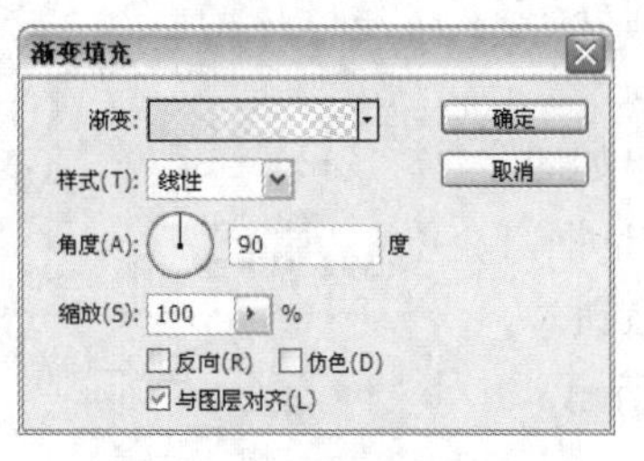

图 3–155

图 3–156

图 3–157

4. 显示和隐藏图层

单击“图层”控制面板中的任意一个图层左侧的眼睛图标即可隐藏该图层。隐藏图层后，单击左侧的空白图标即可显示隐藏的图层。

按住 Alt 键的同时，单击“图层”控制面板中的任意一个图层左侧的眼睛图标，此时，“图层”控制面板中将只显示这个图层，其他图层被隐藏。

3.3.5 【实战演练】绘制时尚人物卡片

使用渐变工具制作背景效果，使用定义图案命令定义背景图案，使用图案填充命令填充图案。（最终效果参看光盘中的“Ch03 > 效果 > 绘制时尚人物卡片”，见图 3-158。）

图 3-158

3.4 综合演练——制作圣诞贺卡

使用自定形状工具、定义图案命令和图案填充命令制作背景底图，使用椭圆选框工具和羽化命令绘制雪人身体，使用钢笔工具、椭圆工具和自定形状工具绘制雪人的其他部分，使用移动工具添加素材图片。（最终效果参看光盘中的“Ch03 > 效果 > 制作圣诞贺卡”，见图 3-159。）

图 3-159

3.5 综合演练——制作春节贺卡

使用自定形状工具、矩形工具、定义图案命令和图案填充命令制作背景底图，使用图层混合模式选项、不透明度选项制作图片融合效果，使用添加图层样式按钮为图片添加特殊效果。（最终效果参看光盘中的“Ch03 > 效果 > 制作春节贺卡”，见图 3-160。）

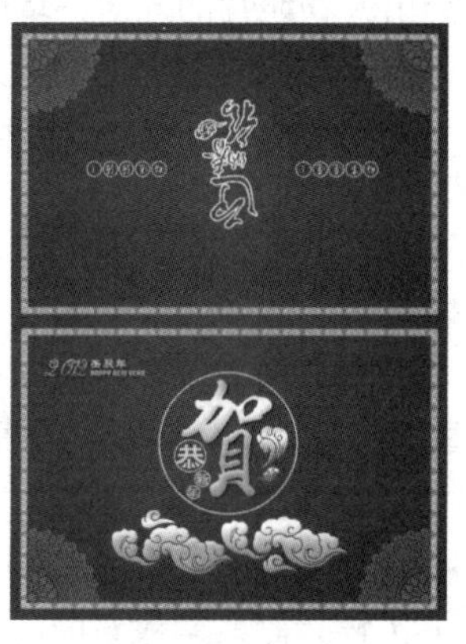

图 3-160

第4章 照片模板设计

使用照片模板可以为照片快速添加图案、文字和特效。照片模板主要用于日常照片的美化处理或影楼的后期设计。本章以制作多个主题的照片模板为例，介绍照片模板的设计方法和制作技巧。

课堂学习目标

- 掌握照片模板的设计思路和设计手法
- 掌握照片模板的制作方法和技巧

4.1 制作幸福恋人照片模板

4.1.1 【案例分析】

幸福恋人照片模板主要是将情侣的亲密照片进行艺术处理，使之产生幸福、温馨的效果。本案例通过对普通生活照片进行加工，从而制作出幸福恋人照片模板，并烘托出恋人间的和谐快乐的氛围。

4.1.2 【设计理念】

在设计制作过程中，通过浅粉色与绿色结合的照片背景体现出清新和谐的氛围。通过使用白色相框将两人框在一起，在突出人物照片的同时，增强设计的整体感。通过对文字进行编辑点明主题。（最终效果参看光盘中的“Ch04 > 效果 > 制作幸福恋人照片模板”，见图 4-1。）

图 4-1

4.1.3 【操作步骤】

1. 修复图片

步骤 1 按 Ctrl+O 组合键，打开光盘中的“Ch04 > 素材 > 制作幸福恋人照片模板 > 01”文件，效果如图 4-2 所示。

步骤 2 在“图层”控制面板中，将“背景”图层拖曳到控制面板下方的“创建新图层”按钮 上进行复制，生成新的图层“背景 副本”。

步骤 3 选择“修补”工具，在图片中需要修复的区域绘制一个选区，如图 4-3 所示。将选

区移动到没有缺陷的图像区域进行修补，按 Ctrl+D 组合键取消选区，效果如图 4-4 所示。

图 4-2

图 4-3

图 4-4

步骤 4 使用相同的方法对图像进行反复修补，效果如图 4-5 所示。选择“仿制图章”工具，按住 Alt 键的同时单击选择取样点，在色彩有偏差的图像周围单击进行修复，效果如图 4-6 所示。

图 4-5

图 4-6

2. 制作图片模糊效果

步骤 1 将“背景 副本”图层拖曳到控制面板下方的“创建新图层”按钮上进行复制，生成新的图层“背景 副本 2”，如图 4-7 所示。选择“滤镜 > 模糊 > 高斯模糊”命令，在弹出的对话框中进行设置，如图 4-8 所示。单击“确定”按钮，效果如图 4-9 所示。

图 4-7

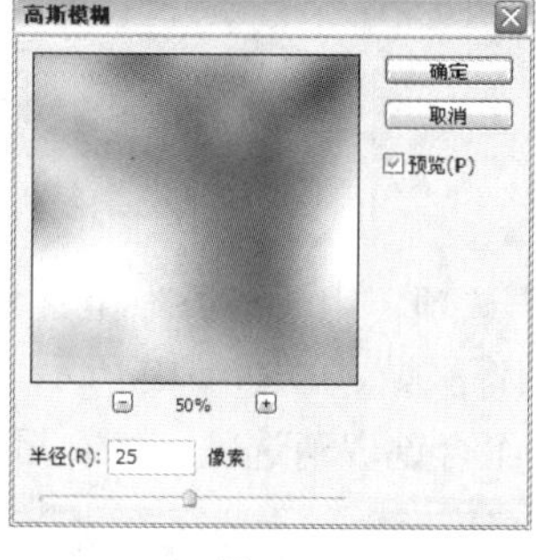

图 4-8

图 4-9

步骤 2 在“图层”控制面板上方，将“背景 副本 2”图层的混合模式选项设为“柔光”，将“不透明度”选项设为 50%，如图 4-10 所示，图像效果如图 4-11 所示。

步骤 3 按 Ctrl+O 组合键，打开光盘中的“Ch04 > 素材 > 制作幸福恋人照片模板 > 02”文件，选择“移动”工具，将图形拖曳到图像窗口中的适当位置，如图 4-12 所示。在“图层”控制面板中生成新图层并将其命名为“装饰”。幸福恋人照片模板制作完成。

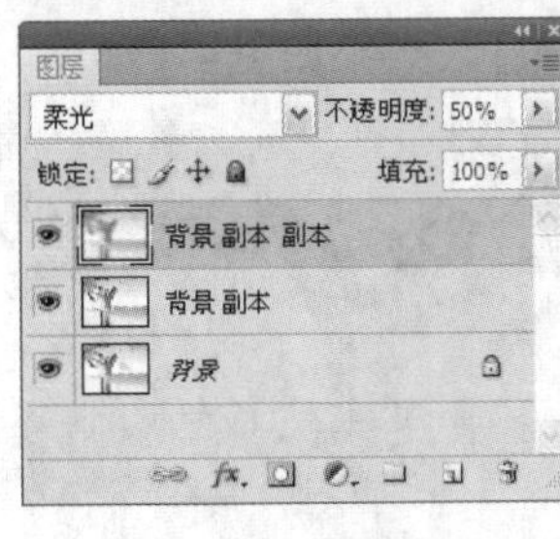

图 4-10

图 4-11

图 4-12

4.1.4 【相关工具】

1. 修补工具

选择"修补"工具或反复按 Shift+J 组合键，其属性栏如图 4-13 所示。

图 4-13

新选区：去除旧选区，绘制新选区。添加到选区：在原有选区的上面再增加新的选区。从选区减去：在原有选区上减去新选区的部分。与选区交叉：选择新旧选区重叠的部分。

用"修补"工具圈选星形图像，如图 4-14 所示。选择修补工具属性栏中的"源"选项，在选区中单击并按住鼠标左键不放，移动鼠标将选区中的图像拖曳到需要的位置，如图 4-15 所示。释放鼠标，选区中的星形被新放置的选区位置的图像所修补，效果如图 4-16 所示。按 Ctrl+D 组合键取消选区，修补后的效果如图 4-17 所示。

图 4-14

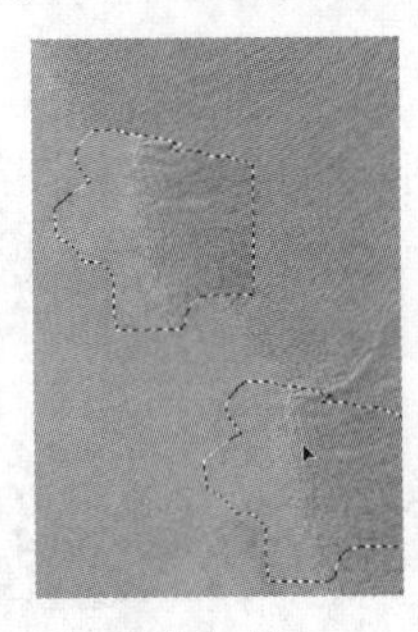

图 4-15

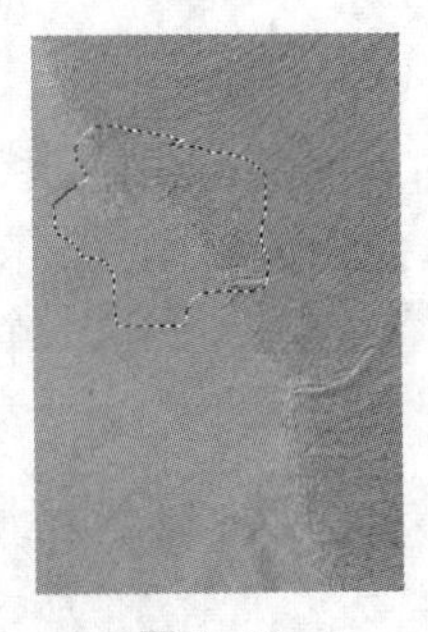

图 4-16

图 4-17

选择修补工具属性栏中的"目标"选项，用"修补"工具圈选图像中的区域，如图 4-18 所示。再将选区拖曳到要修补的星形图像区域，如图 4-19 所示。圈选区域中的图像修补了星形区域的图像，如图 4-20 所示。按 Ctrl+D 组合键取消选区，修补后的效果如图 4-21 所示。

图 4-18

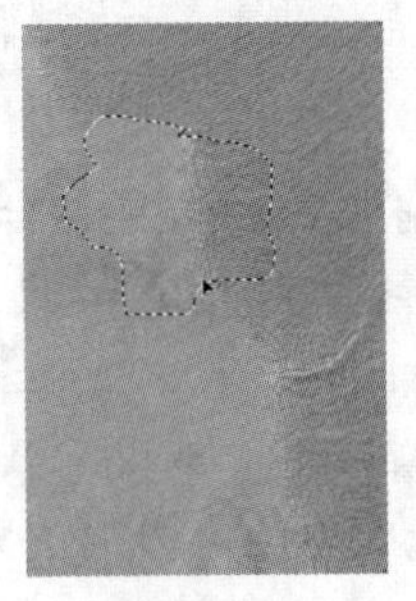

图 4-19

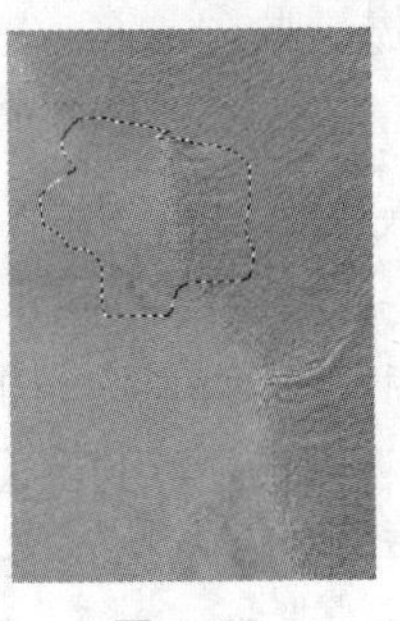

图 4-20

图 4-21

2. 仿制图章工具

仿制图章工具：选择“仿制图章”工具，或反复按 Shift+S 组合键，其属性栏如图 4-22 所示。

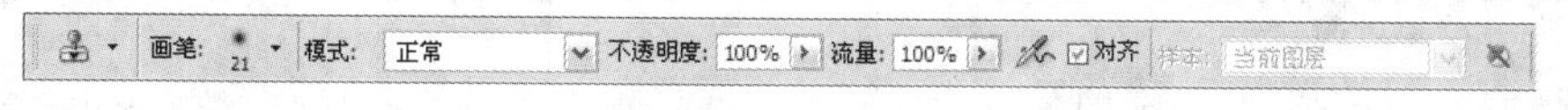

图 4-22

画笔：用于选择画笔。模式：用于选择混合模式。不透明度：用于设定不透明度。流量：用于设定扩散的速度。对齐：用于控制是否在复制时使用对齐功能。

使用仿制图章工具：选择“仿制图章”工具，将“仿制图章”工具放在图像中需要复制图像的位置，按住 Alt 键，鼠标指针变为圆形十字图标，如图 4-23 所示。单击定下取样点，释放鼠标，在合适的位置单击并按住鼠标左键不放拖曳鼠标复制取样点的图像，效果如图 4-24 所示。

图 4-23

图 4-24

3. 红眼工具

选择“红眼”工具或反复按 Shift+J 组合键，其属性栏如图 4-25 所示。

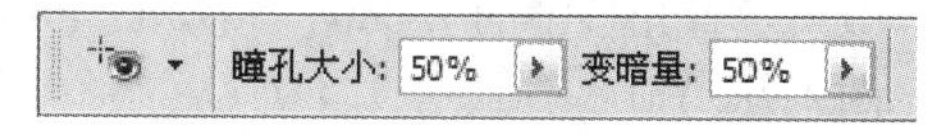

图 4-25

瞳孔大小：用于设置瞳孔的大小。变暗量：用于设置瞳孔的暗度。

4. 模糊滤镜

模糊滤镜可以使图像中过于清晰或对比度过于强烈的区域，产生模糊效果。此外，模糊滤镜也可用于制作柔和阴影。模糊滤镜的子菜单如图 4-26 所示。原图像及应用模糊滤镜组制作的图像效果如图 4-27 所示。

表面模糊...
动感模糊...
方框模糊...
高斯模糊...
进一步模糊
径向模糊...
镜头模糊...
模糊
平均
特殊模糊...
形状模糊...

图 4-26

原图

表面模糊

动感模糊

方框模糊

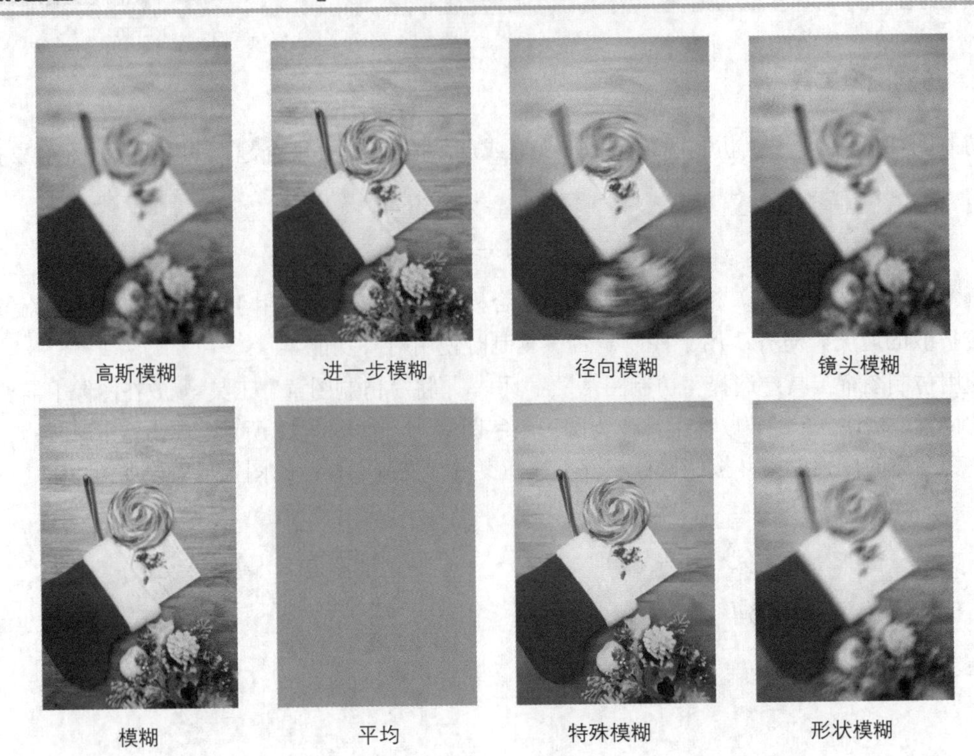

图 4-27

4.1.5 【实战演练】制作大头贴照片模板

使用缩放工具放大人物脸部，使用红眼工具修复红眼。（最终效果参看光盘中的“Ch04 > 效果 > 制作大头贴照片模板”，见图 4-28。）

图 4-28

4.2 制作晨景照片模板

4.2.1 【案例分析】

本案例是为图片公司设计制作的旅游景点晨景照片模板，要求制作出的照片模板真实自然，能体现出清晨万物复苏、生机勃勃之感。

4.2.2 【设计理念】

在设计制作过程中，使用暗黑色的背景展示即将过去的黑夜，使用橘黄色的晨光展示出光明、复苏、开始的意境，通过颜色的对比变化，体现出画面的进深感。（最终效果参看光盘中的“Ch04 > 效果 > 制作晨景照片模板”，见图 4-29。）

图 4–29

4.2.3 【操作步骤】

1. 添加图片纯色效果

步骤 1 按 Ctrl+O 组合键，打开光盘中的“Ch04 > 素材 > 制作晨景照片模板 > 01”文件，效果如图 4-30 所示。单击“图层”控制面板下方的“创建新的填充或调整图层”按钮 ，在弹出的下拉菜单中选择“纯色”命令，在“图层”控制面板中生成“颜色填充 1”图层，同时弹出“拾取实色”对话框，在对话框中进行设置，如图 4-31 所示。单击“确定”按钮，图像效果如图 4-32 所示。

图 4–30

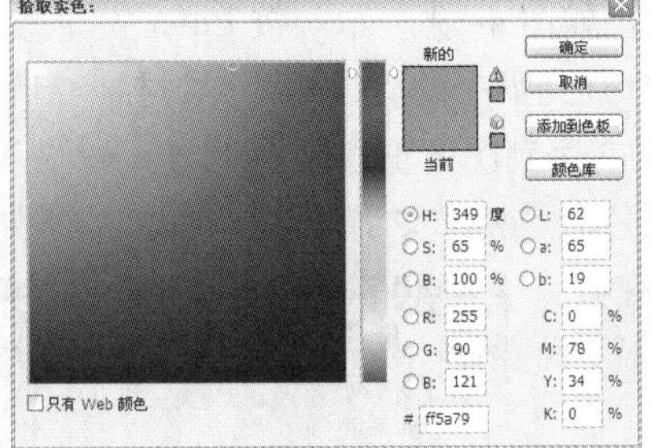

图 4–31

图 4–32

步骤 2 在“图层”控制面板上方，将混合模式设置为“叠加”，如图 4-33 所示。图像效果如图 4-34 所示。

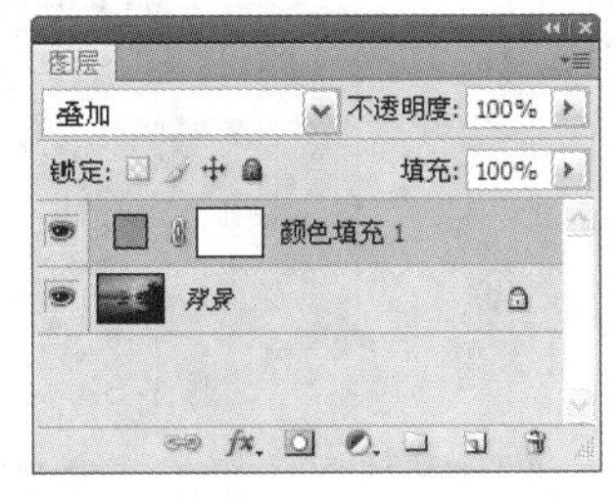

图 4–33

图 4–34

2. 调整图片颜色效果

步骤 1 单击“图层”控制面板下方的“创建新的填充或调整图层”按钮 ，在弹出的下拉菜单中选择“色相/饱和度”命令，在“图层”控制面板中生成“色相/饱和度 1”图层，同时弹出“色相/饱和度”对话框，在对话框中进行设置，如图 4-35 所示。按 Enter 键，图像效果如图 4-36 所示。

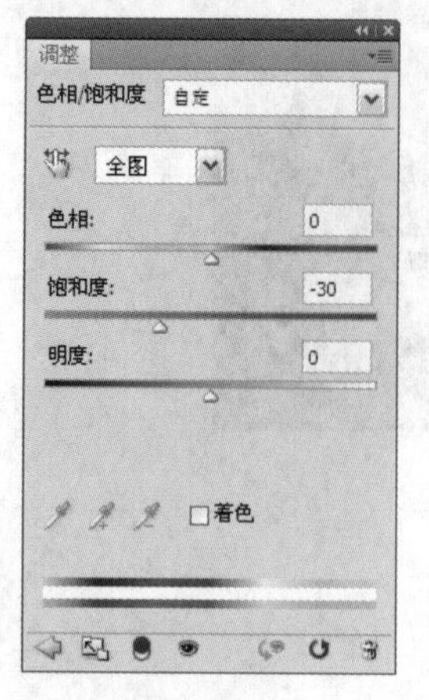

图 4-35

图 4-36

步骤 2 单击“图层”控制面板下方的“创建新的填充或调整图层”按钮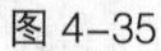，在弹出的下拉菜单中选择“通道混和器”命令，在“图层”控制面板中生成“通道混和器 1”图层，同时弹出“通道混和器”对话框，在对话框中进行设置，如图 4-37 所示。单击“输出通道”选项右侧的按钮，在弹出的下拉列表中选择“绿”，在弹出的相应对话框中进行设置，如图 4-38 所示。单击“输出通道”选项右侧的按钮，在弹出的下拉列表中选择“蓝”，在弹出的相应对话框中进行设置，如图 4-39 所示。按 Enter 键，效果如图 4-40 所示。

步骤 3 按 Ctrl+O 组合键，打开光盘中的“Ch04 > 素材 > 制作晨景照片模板 > 02”文件。选择“移动”工具，拖曳文字到图像窗口的左上方，如图 4-41 所示，在“图层”控制面板中生成新的图层并将其命名为“装饰文字”。晨景照片模板制作完成。

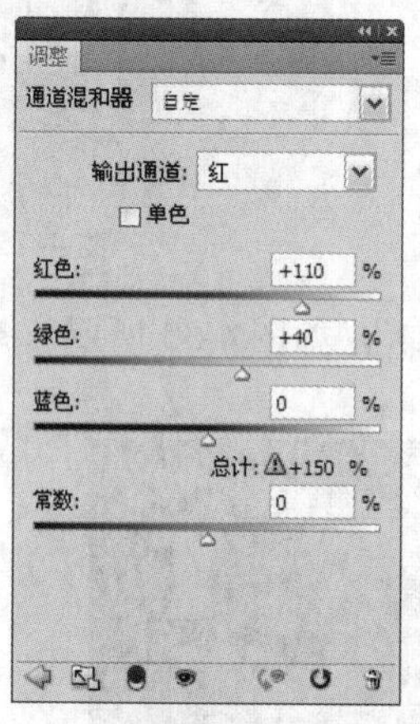

图 4-37

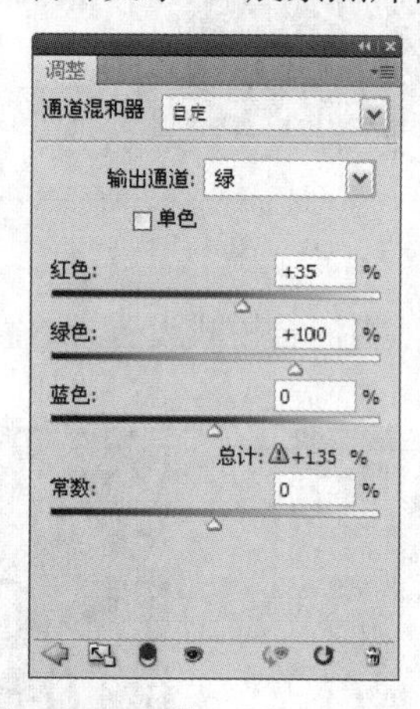

图 4-38

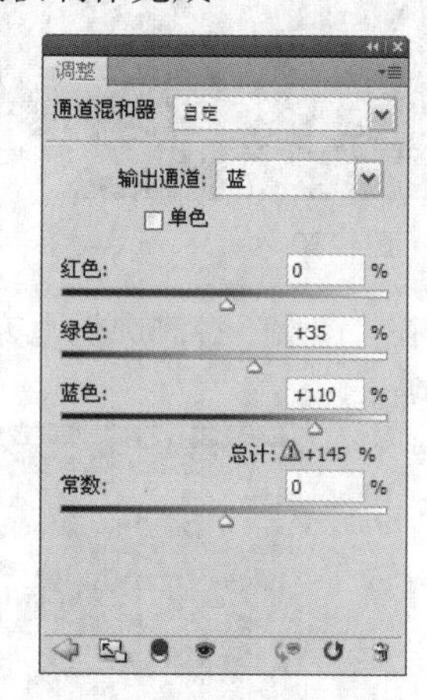

图 4-39

图 4-40

图 4-41

4.2.4 【相关工具】

1. 亮度/对比度

原始图像效果如图 4-42 所示，选择“图像 >调整 > 亮度/对比度”命令，弹出“亮度/对比度”对话框，如图 4-43 所示。在对话框中，可以通过拖曳亮度和对比度滑块来调整图像的亮度和对比度，单击“确定”按钮，调整后的图像效果如图 4-44 所示。“亮度/对比度”命令调整的是整个图像的色彩。

图 4-42

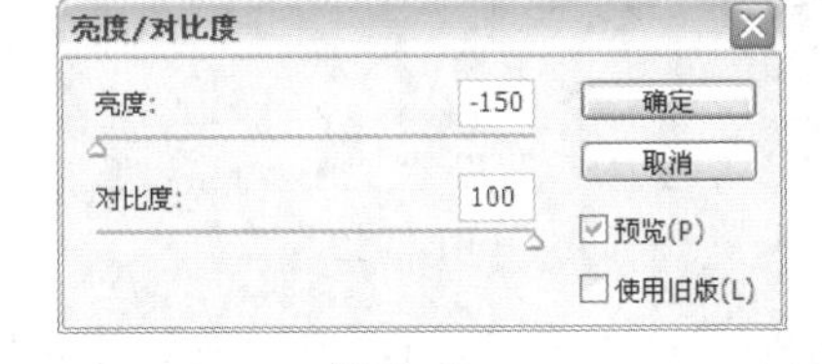

图 4-43

图 4-44

2. 色相/饱和度

原始图像效果如图 4-45 所示，选择“图像 > 调整 > 色相/饱和度”命令，或按 Ctrl+U 组合键，弹出“色相/饱和度”对话框，在对话框中进行设置，如图 4-46 所示。单击“确定”按钮，效果如图 4-47 所示。

图 4-45

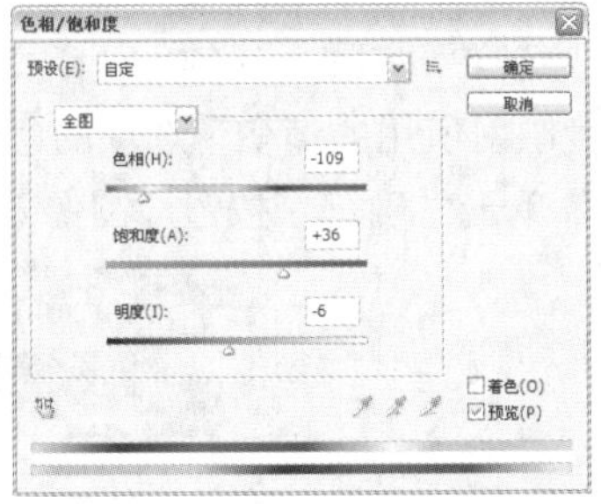

图 4-46

图 4-47

编辑：用于选择要调整的色彩范围，可以通过拖曳各选项中的滑块来调整图像的色相、饱和度和明度。着色：用于在由灰度模式转化而来的色彩模式图像中填加需要的颜色。

原始图像效果如图 4-48 所示，在“色相/饱和度”对话框中进行设置，勾选“着色”复选框，如图 4-49 所示。单击“确定”按钮，效果如图 4-50 所示。

图 4-48

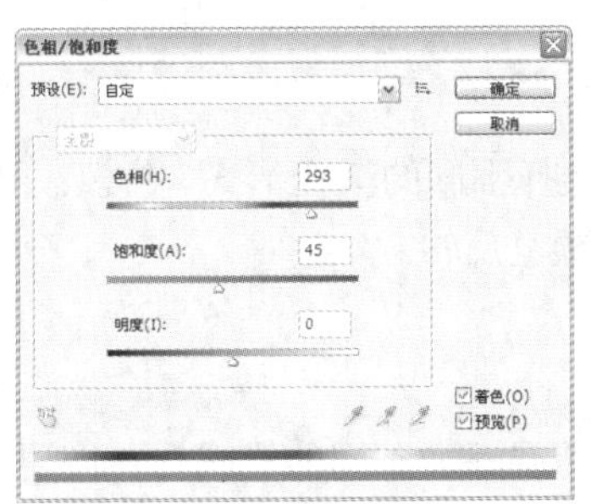

图 4-49

图 4-50

3. 通道混合器

原始图像效果如图 4-51 所示，选择“图像 > 调整 > 通道混合器”命令，弹出“通道混合器”对话框，在对话框中进行设置，如图 4-52 所示.单击“确定”按钮，图像效果如图 4-53 所示。

图 4-51

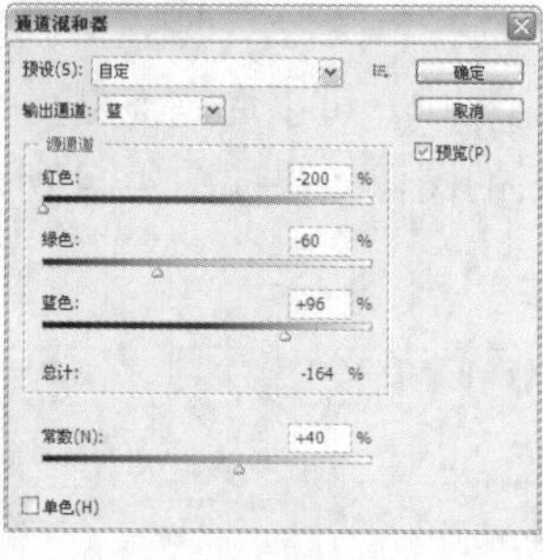

图 4-52

图 4-53

输出通道：可以选取要修改的通道。源通道：通过拖曳滑块来调整图像。常数：也可以通过拖曳滑块来调整图像。单色：可创建灰度模式的图像。

提　示 所选图像的色彩模式不同，则“通道混合器”对话框中的内容也不同。

4. 渐变映射

原始图像效果如图 4-54 所示，选择“图像 > 调整 > 渐变映射”命令，弹出“渐变映射”对话框，如图 4-55 所示。单击“灰度映射所用的渐变”选项的色带，在弹出的“渐变编辑器”对话框中设置渐变色，如图 4-56 所示。单击“确定”按钮，图像效果如图 4-57 所示。

图 4-54

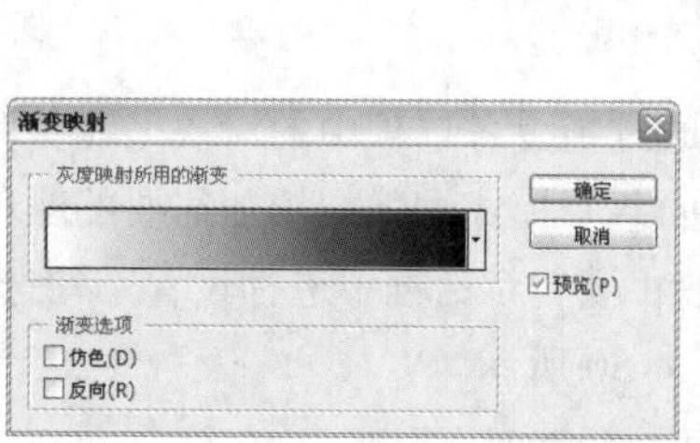

图 4-55

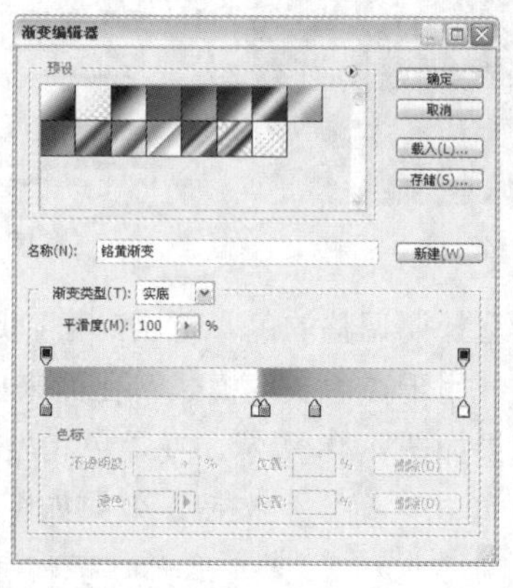

图 4-56

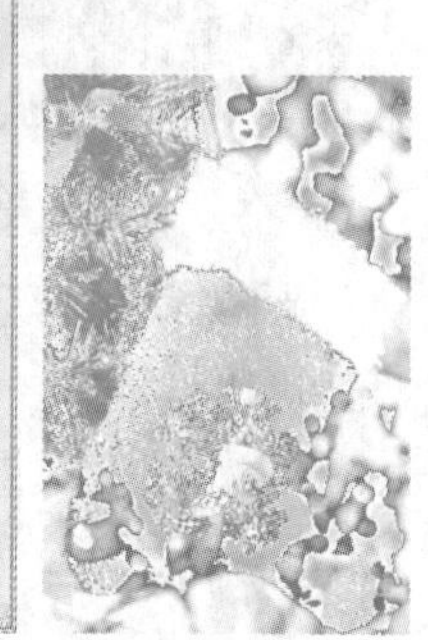

图 4-57

灰度映射所用的渐变：用于选择不同的渐变形式。仿色：用于为转变色阶后的图像增加仿色。反向：用于将转变色阶后的图像颜色反转。

5. 图层的混合模式

图层的混合模式命令用于为图层添加不同的模式，使图层产生不同的效果。在“图层”控制面板中，“设置图层的混合模式”选项 正常 用于设定图层的混合模式，它包含 24 种模式。

打开一幅图像，如图 4-58 所示，“图层”控制面板中的效果如图 4-59 所示。

图 4-58

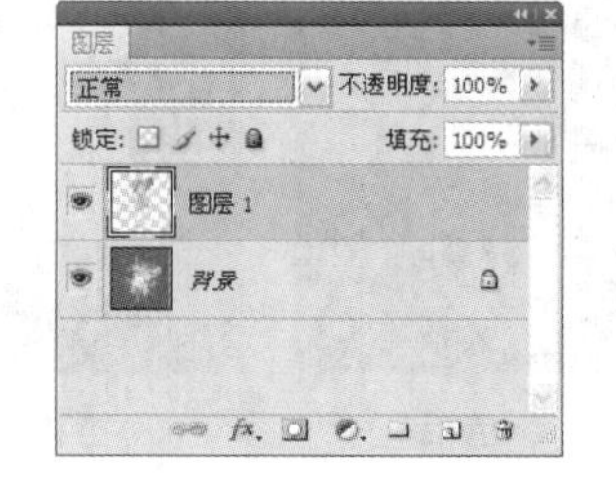

图 4-59

在对“人物”图层应用不同的图层模式后，图像效果如图 4-60 所示。

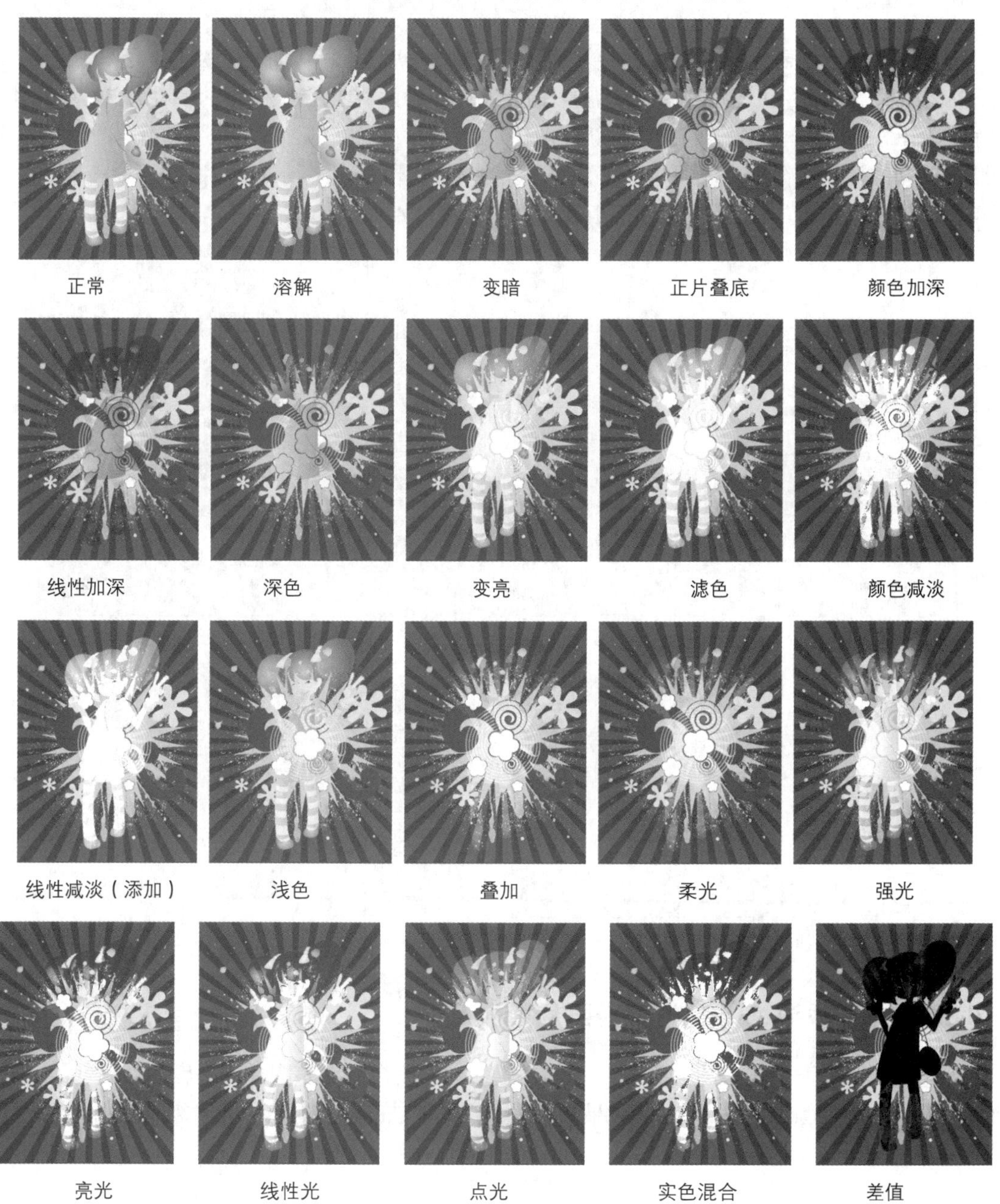

排除　　色相　　饱和度　　颜色　　明度

图 4-60

6. 调整图层

当需要对一个或多个图层进行色彩调整时，选择“图层 > 新建调整图层”命令，或单击“图层”控制面板下方的“创建新的填充或调整图层”按钮 ，弹出调整图层的多种方式，如图 4-61 所示。选择其中的一种方式，将弹出“新建图层”对话框，如图 4-62 所示。选择不同的调整方式，将弹出不同的调整对话框，以调整“色彩平衡”为例，如图 4-63 所示。在对话框中进行设置，然后单击“确定”按钮，“图层”控制面板和图像的效果分别如图 4-64 和图 4-65 所示。

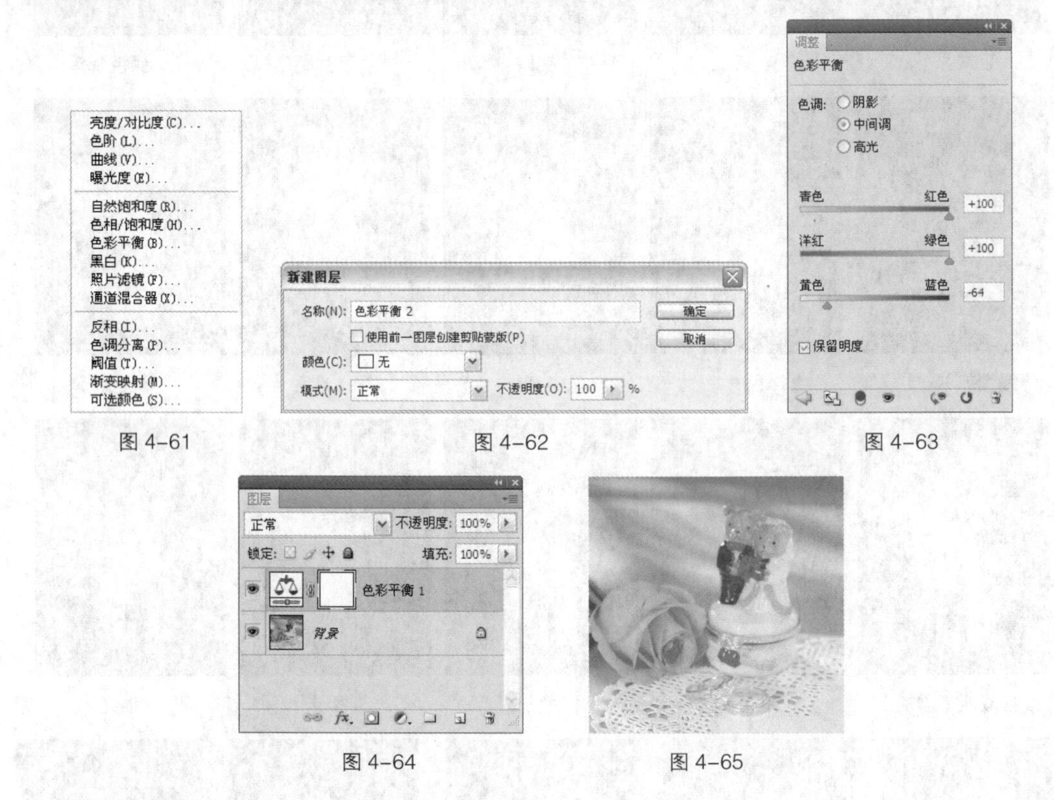

图 4-61　　图 4-62　　图 4-63

图 4-64　　图 4-65

4.2.5 【实战演练】制作秋景照片模板

使用渐变映射命令调整图片的颜色，使用亮度/对比度命令调整图片的亮度和对比度，使用通道混合器调整图片颜色偏差。（最终效果参看光盘中的“Ch04 > 效果 > 制作秋景照片模板”，见图 4-66。）

图 4-66

4.3 制作生活写真照片模板

4.3.1 【案例分析】

本案例是为个人制作的生活写真照片模板，要求通过对普通生活照片的艺术处理体现轻松快乐、幸福温馨的生活氛围。

4.3.2 【设计理念】

在设计制作过程中，通过使用人和植物的合照表达出人与自然和谐、亲密、融洽的温馨感觉，通过棕色背景和人物颜色的艺术处理增加画面的生活气息和欢快氛围。（最终效果参看光盘中的“Ch04 > 效果 > 制作生活写真照片模板”，见图 4-67。）

图 4-67

4.3.3 【操作步骤】

1. 调整人物图片的颜色

步骤 1 按 Ctrl＋O 组合键，打开光盘中的“Ch04 > 素材 > 制作生活写真照片模板 > 01”文件，效果如图 4-68 所示。选择“图像 > 复制”命令，生成 01 副本文件。选择“图像 > 模式 > 灰度”命令，弹出提示对话框，单击“扔掉”按钮，效果如图 4-69 所示。

步骤 2 选择“图像 > 模式 > 位图”命令，弹出“位图”对话框，在对话框中进行设置，如图 4-70 所示。单击“确定”按钮，效果如图 4-71 所示。

图 4-68

图 4-69

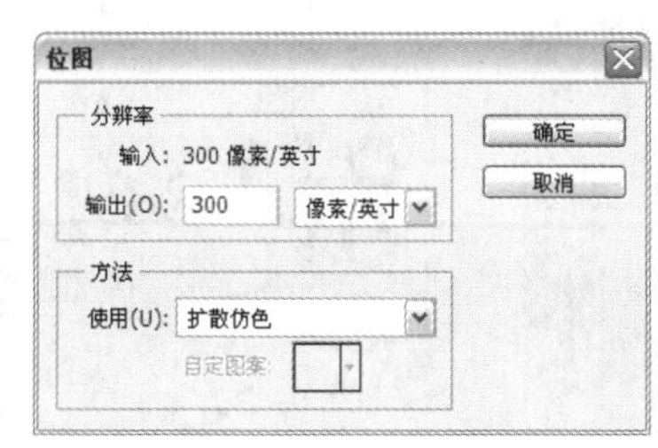

图 4-70

图 4-71

步骤 3 按 Ctrl+A 组合键在图像窗口中生成选区，如图 4-72 所示。按 Ctrl+C 组合键复制图像，在 01 原文件上按 Ctrl+V 组合键粘贴复制的图像，如图 4-73 所示。在“图层”控制面板中生成新的图层，并将其命名为“图片”，如图 4-74 所示。

图 4-72

图 4-73

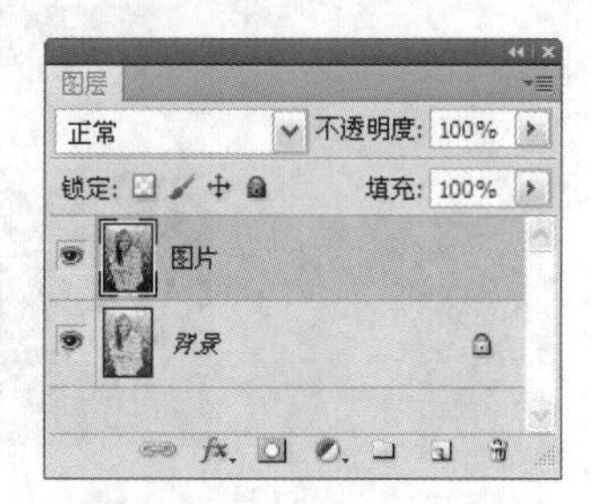

图 4-74

步骤 4 单击“图层”控制面板下方的“创建新的填充或调整图层”按钮 ，在弹出的下拉菜单中选择“色阶”命令，在“图层”控制面板中生成“色阶 1”图层，同时在弹出的“色阶”对话框中进行设置，如图 4-75 所示。单击“确定”按钮，图像效果如图 4-76 所示。

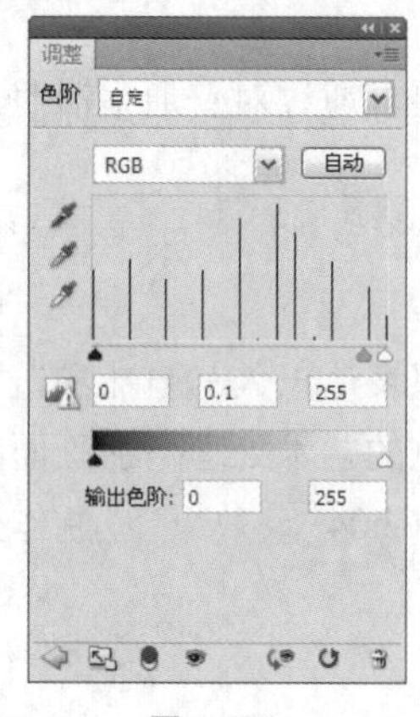

图 4-75

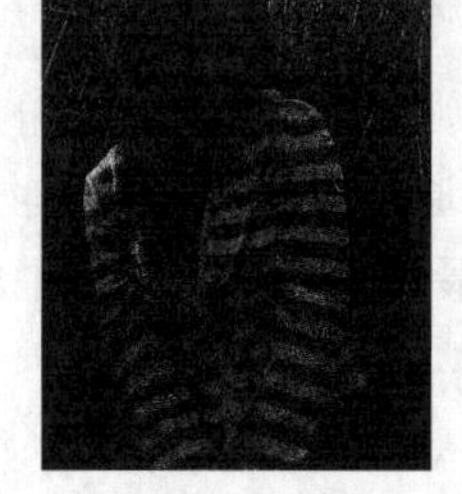

图 4-76

步骤 5 单击“图层”控制面板下方的“创建新的填充或调整图层”按钮 ，在弹出的下拉菜单中选择“渐变映射”命令，在“图层”控制面板中生成“渐变映射 1”图层，同时弹出“渐变映射”对话框，如图 4-77 所示。单击“点按可编辑渐变”按钮 ，弹出“渐变编辑器”对话框，在“位置”文本框中分别输入 1、41、100 这 3 个位置点，依次设置这 3 个位置点颜色的 RGB 值为 1（38、30、155），41（233、150、5），100（248、234、195），如图 4-78 所示。单击“确定”按钮返回到“渐变映射”对话框，再单击“确定”按钮，效果如图 4-79 所示。

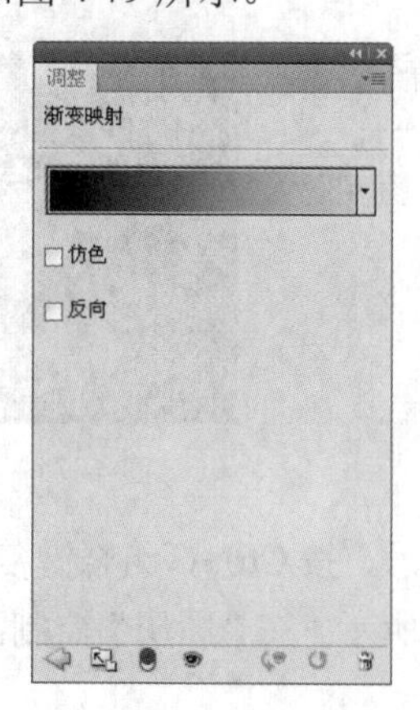

图 4-77

图 4-78

图 4-79

2. 制作复制图像特殊效果

步骤 1 在“图层”控制面板中，将“背景”图层拖曳到控制面板下方的“创建新图层”按钮 上进行复制，生成新的图层“背景副本”，并将其拖曳到所有图层的上方，如图 4-80 所示。按 Shift+Ctrl+U 组合键将图像去色，效果如图 4-81 所示。

图 4-80

图 4-81

步骤 2 选择“滤镜 > 艺术效果 > 干画笔”命令，在弹出的对话框中进行设置，如图 4-82 所示。单击“确定”按钮，效果如图 4-83 所示。

图 4-82

图 4-83

步骤 3 在“图层”控制面板上方，将“背景副本”图层的混合模式设置为“线性光”，如图 4-84 所示，图像效果如图 4-85 所示。

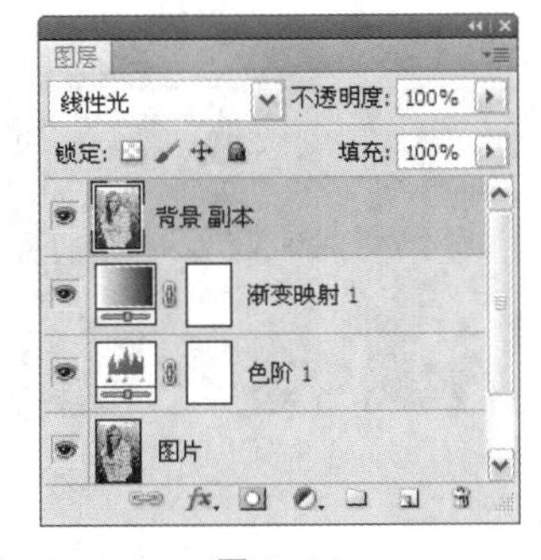

图 4-84

图 4-85

步骤 4 单击“图层”控制面板下方的“创建新的填充或调整图层”按钮，在弹出的下拉菜单中选择“渐变映射”命令，在“图层”控制面板中生成“渐变映射 2”图层，同时弹出“渐变映射”对话框，如图 4-86 所示。单击“点按可编辑渐变”按钮，弹出“渐变编辑器”对话框，在“位置”文本框中分别输入 1、41、100 这 3 个位置点，依次设置这 3 个位置点颜色的 RGB 值为 1（12、6、102），41（233、150、5），100（248、234、195），如图 4-87 所示。单击“确定”按钮返回到“渐变映射”对话框，再单击“确定”按钮，效果如图 4-88 所示。

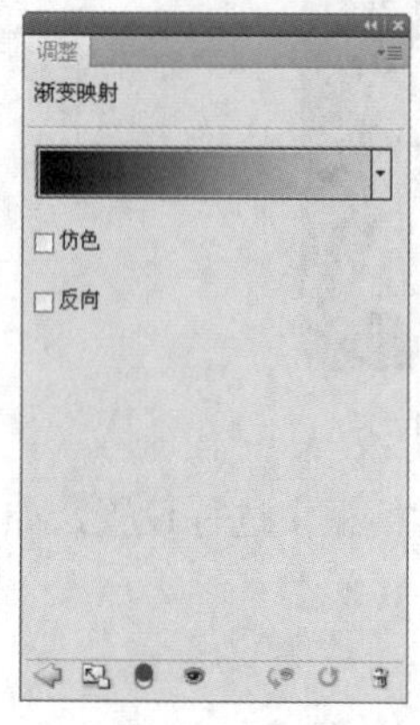

图 4-86

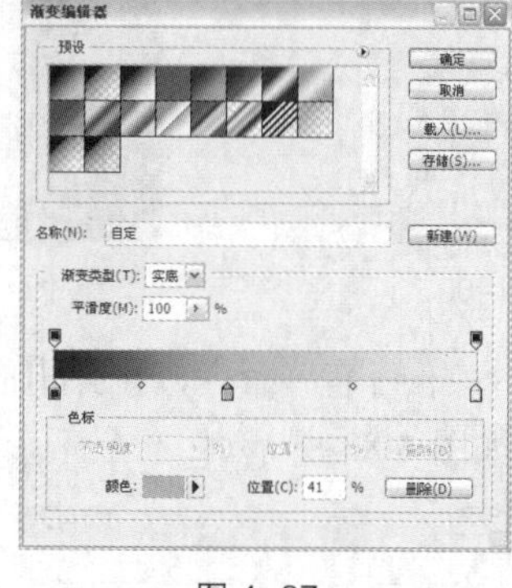

图 4-87

图 4-88

步骤 5 按住 Shift 键的同时，选中“渐变映射 2”图层和“背景 副本”图层，将其拖曳到控制面板下方的“创建新图层”按钮上进行复制，生成新的图层副本，如图 4-89 所示。按住 Alt 键的同时，将鼠标指针放在“渐变映射 2”图层和“背景 副本”图层的中间，鼠标指针变为，单击鼠标，为“渐变映射 2”图层创建剪贴蒙版，效果如图 4-90 所示。在“图层”控制面板上方，将“背景 副本 2”图层的混合模式设置为“变暗”，效果如图 4-91 所示。

步骤 6 将“背景副本 2”图层拖曳到控制面板下方的“创建新图层”按钮上进行复制，生成新的图层“背景副本 3”，将其拖曳到“渐变映射 2 副本”图层的上方，效果如图 4-92 所示。按住 Shift 键的同时，选中“渐变映射 2 副本”图层和“背景 副本 3”图层，将其拖曳到控制面板下方的“创建新图层”按钮上进行复制，生成新的图层副本。选中“渐变映射 2 副本”图层，按 Ctrl+Alt+G 组合键为“渐变映射 2 副本”图层创建剪贴蒙版，图层面板如图 4-93 所示。

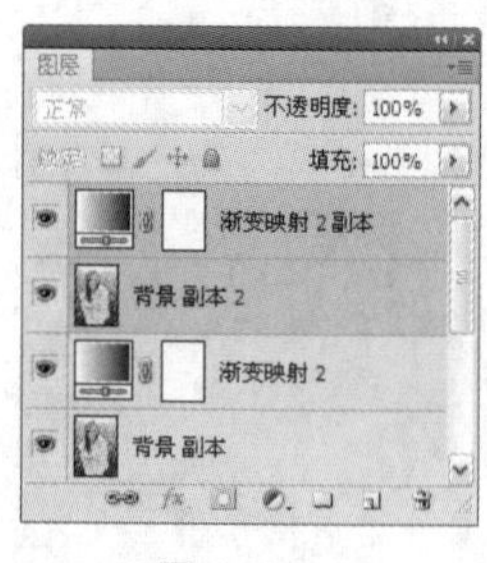

图 4-89

图 4-90

图 4-91

图 4-92

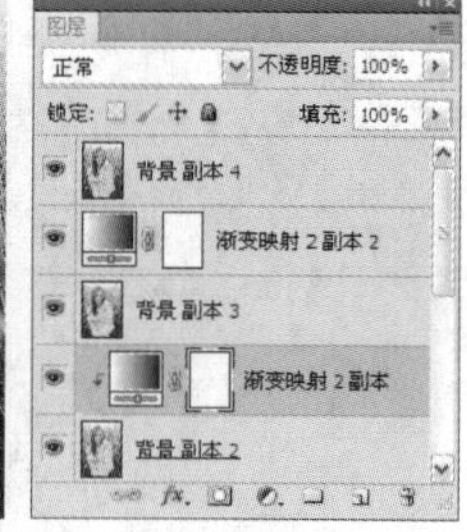

图 4-93

步骤 7 在“图层”控制面板上方，将“背景 副本 4”图层的混合模式设置为“叠加”，如图 4-94

所示。选择“滤镜 > 模糊 > 高斯模糊”命令，在弹出的对话框中进行设置，如图 4-95 所示。单击“确定”按钮，效果如图 4-96 所示。将“渐变映射 2 副本 2”图层拖曳到“背景副本 4”图层的上方，按 Ctrl＋Alt+G 组合键为“渐变映射 2 副本 2”图层创建剪贴蒙版，效果如图 4-97 所示。

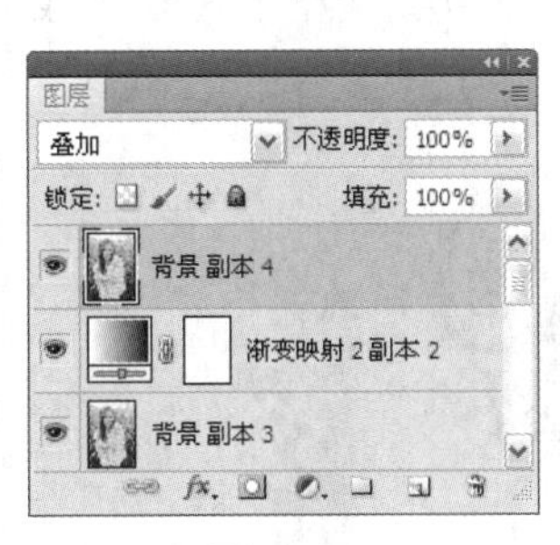

图 4-94

图 4-95

图 4-96

图 4-97

步骤 8 单击“图层”控制面板下方的“创建新的填充或调整图层”按钮 ，在弹出的下拉菜单中选择“曲线”命令，在“图层”控制面板中生成“曲线 1”图层，同时弹出“曲线”对话框。在曲线上单击鼠标添加控制点，将“输入”选项设置为 90，“输出”选项设置为 67；再次单击鼠标添加控制点，将“输入”选项设置为 213，“输出”选项设置为 230，如图 4-98 所示。单击“确定”按钮，效果如图 4-99 所示。

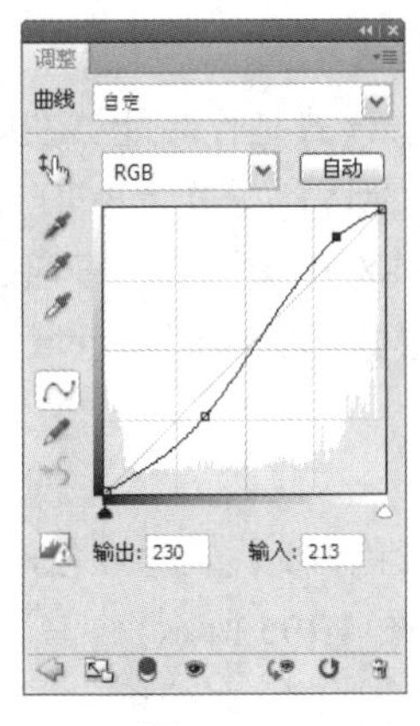

图 4-98

图 4-99

步骤 9 使用相同的方法制作“曲线 1”图层的剪贴蒙版，如图 4-100 所示，图像效果如图 4-101 所示。

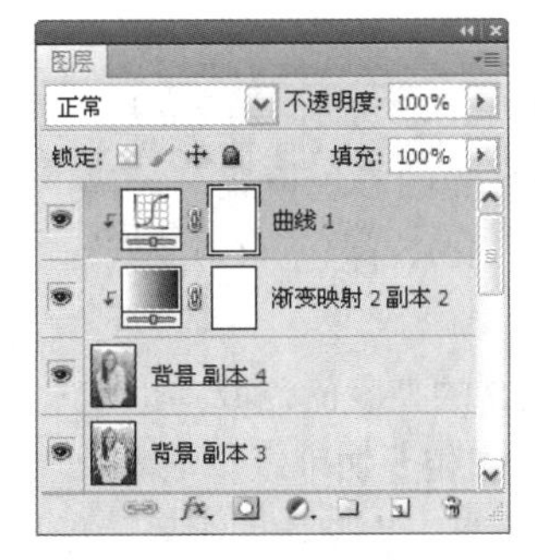

图 4-100

图 4-101

步骤 10 将“背景”图层拖曳到控制面板下方的“创建新图层”按钮 上进行复制，生成新的图层“背景副本 5”。将其拖曳到所有图层的上方，将混合模式设置为“颜色”，“不透明度”选项设为 50%，如图 4-102 所示，效果如图 4-103 所示。

步骤 11 按 Ctrl+O 组合键，打开光盘中的“Ch04 > 素材 > 制作个性写真照片模板 > 02”文件，将文字拖曳到图像窗口的适当位置，效果如图 4-104 所示，在“图层”控制面板中生成新的图层并将其命名为“文字”。生活写真照片模板制作完成。

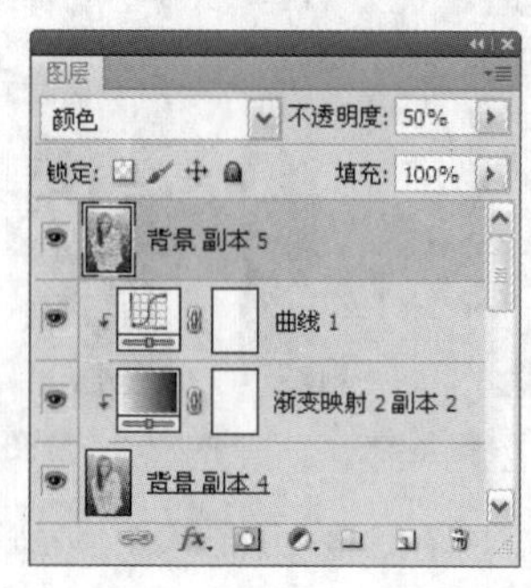

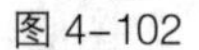
图 4-102

图 4-103

图 4-104

4.3.4 【相关工具】

1. 图像的色彩模式

Photoshop CS4 中提供了多种色彩模式，这些色彩模式是作品能够在屏幕和印刷品上成功表现的重要保障。在这些色彩模式中，经常使用到的有 CMYK 模式、RGB 模式、Lab 模式以及 HSB 模式。另外，还有索引模式、灰度模式、位图模式、双色调模式、多通道模式等。这些模式都可以在“图像 > 模式”菜单中进行选择，每种色彩模式都有不同的色域，并且各个模式之间可以转换。下面将介绍主要的色彩模式。

◎ CMYK 模式

CMYK 代表印刷上用的 4 种油墨颜色：C 代表青色，M 代表洋红色，Y 代表黄色，K 代表黑色。CMYK 颜色控制面板如图 4-105 所示。

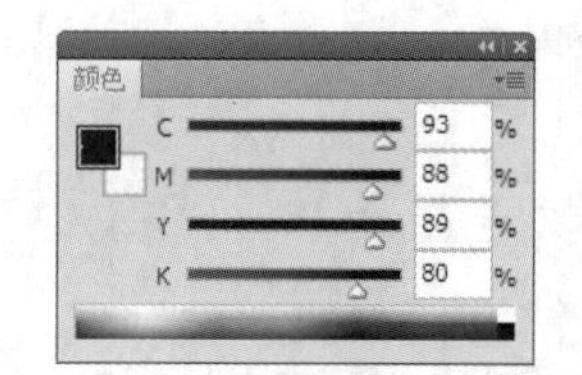

图 4-105

CMYK 模式在印刷时应用了色彩学中的减法混合原理，即减色色彩模式，它是图片、插图和其他 Photoshop 作品中比较常用的一种印刷方式。由于在印刷中通常都要进行四色分色，因此需要出四色胶片，然后再进行印刷。

◎ RGB 模式

与 CMYK 模式不同，RGB 模式是一种加色模式，它通过红、绿、蓝 3 种色光相叠加而形成更多的颜色。RGB 是色光的彩色模式，一幅 24 位的 RGB 图像有 3 个色彩信息的通道：红色（R）、绿色（G）和蓝色（B）。RGB 颜色控制面板如图 4-106 所示。

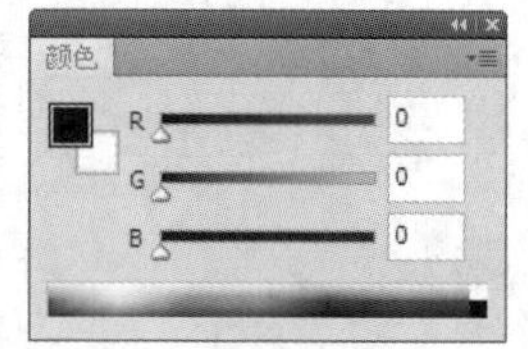

图 4-106

每个通道都有 8 位的色彩信息，即一个 0～255 的亮度值色域。也就是说，每一种色彩都有 256 个亮度水平级。3 种色彩相叠加可以有 256×256×256=1670 万种可能的颜色。这 1670 万种颜色足以表现绚丽多彩的世界。

在 Photoshop CS4 中编辑图像时，RGB 模式应是最佳的选择。因为它可以提供全屏幕的多达

24 位的色彩范围，一些计算机领域的色彩专家称之为“True Color（真色彩）”显示。

◎ **灰度模式**

灰度图又叫 8 位深度图，每个像素用 8 个二进制位表示，能产生 2^8（即 256）级灰色调。当一个彩色文件被转换为灰度模式的文件时，所有的颜色信息都将从文件中丢失。尽管 Photoshop CS4 允许将一个灰度文件转换为彩色模式文件，但不可能将原来的颜色完全还原。所以，当要转换灰度模式时，应先做好图像的备份。

与黑白照片一样，一个灰度模式的图像只有明暗值，没有色相和饱和度这两种颜色信息。0%代表白，100%代表黑。其中的 K 值用于衡量黑色油墨的用量，颜色控制面板如图 4-107 所示。

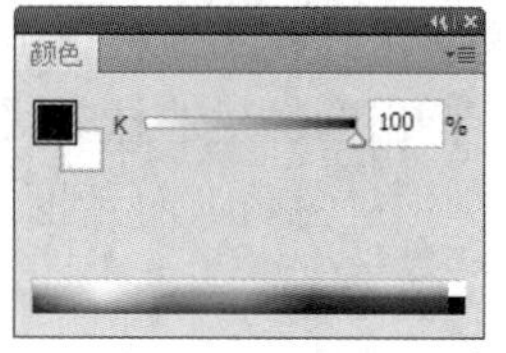

图 4-107

提　示　将彩色模式转换为双色调（Duotone）模式或位图（Bitmap）模式时，必须先转换为灰度模式，然后再由灰度模式转换为双色调模式或位图模式。

2. 色阶

打开一幅图像，如图 4-108 所示。选择“图像 > 调整 > 色阶”命令，或按 Ctrl+L 组合键，弹出“色阶”对话框，如图 4-109 所示。

图 4-108

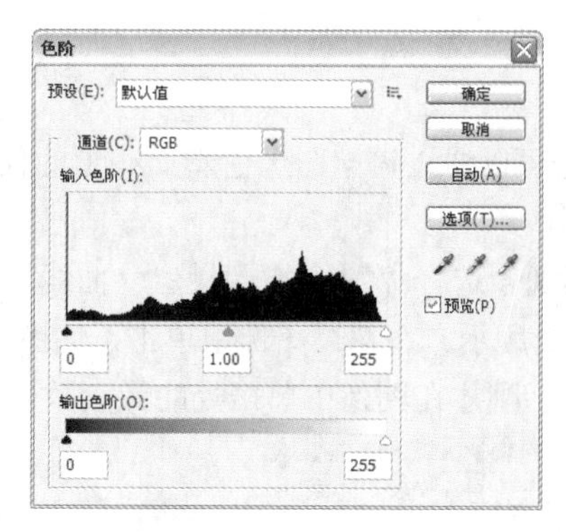

图 4-109

对话框中间是一个直方图，其横坐标为 0~255，表示亮度值，纵坐标为图像的像素数。

通道：可以从其下拉列表中选择不同的颜色通道来调整图像，如果想选择两个以上的色彩通道，要先在“通道”控制面板中选择所需要的通道，再调出“色阶”对话框。

输入色阶：控制图像选定区域的最暗和最亮色彩，通过输入数值或拖曳三角滑块来调整图像。左侧的数值框和黑色滑块用于调整黑色，图像中低于该亮度值的所有像素将变为黑色。中间的数值框和灰色滑块用于调整灰度，其数值范围为 0.1~9.99。其中 1.00 为中性灰度，数值大于 1.00 时，将降低图像中间灰度，数值小于 1.00 时，将提高图像中间灰度。右侧的数值框和白色滑块用于调整白色，图像中高于该亮度值的所有像素将变为白色。

输出色阶：可以通过输入数值或拖曳三角滑块来控制图像的亮度范围。左侧的数值框和黑色滑块用于调整图像的最暗像素的亮度。右侧的数值框和白色滑块用于调整图像的最亮像素的亮度。输出色阶的调整将增加图像的灰度，降低图像的对比度。

自动：可以自动调整图像并设置层次。选项：单击此按钮，将弹出“自动颜色校正选项”对话框，系统将以 0.10%色阶来对图像进行加亮和变暗。

取消：按住 Alt 键，“取消”按钮转换为“复位”按钮，单击此按钮可以将刚调整过的色阶复位还原，可以重新进行设置。 ：分别为黑色吸管工具、灰色吸管工具和白色吸管工具。选中黑色吸管工具，在图像中单击，图像中暗于单击点的所有像素都会变为黑色。用灰色吸管工具在图像中单击，单击点的像素都会变为灰色，图像中的其他颜色也会进行相应的调整。用白色吸管工具在图像中单击，图像中亮于单击点的所有像素都会变为白色。双击任意一个吸管工具，在弹出的颜色选择对话框中设置吸管颜色。预览：勾选此复选框，可以即时显示图像的调整结果。

“色阶”对话框设置及调整色阶后的图像效果，分别如图 4-110 和图 4-111 所示。

图 4-110

图 4-111

3. 曲线

“曲线”命令可以通过调整图像色彩曲线上的任意一个像素点来改变图像的色彩范围。下面将进行具体的讲解。

打开一幅图像，选择“图像 > 调整 > 曲线”命令，或按 Ctrl+M 组合键，弹出“曲线”对话框，如图 4-112 所示。在花朵图像中单击，如图 4-113 所示，“曲线”对话框的图表中会出现一个小方块，它表示刚才在图像中单击处的像素数值，效果如图 4-114 所示。

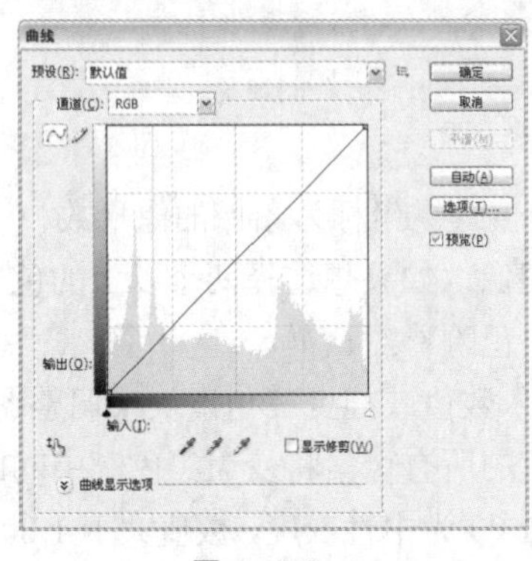

图 4-112

图 4-113

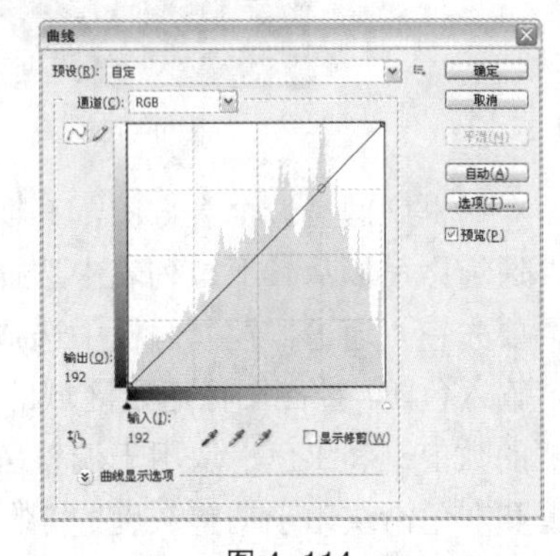

图 4-114

在对话框中，“通道”选项用于选择调整图像的颜色通道。

在图表中的 x 轴为色彩的输入值，y 轴为色彩的输出值。曲线代表了输入和输出色阶的关系。

绘制曲线工具 在默认状态下使用的是 工具，使用它在图表曲线上单击，可以增加控制点，按住鼠标左键不放并拖曳控制点可以改变曲线的形状，拖曳控制点到图表外将删除控制点。使用 工具可以在图表中绘制出任意曲线，单击右侧的“平滑”按钮可使曲线变得光滑。按住 Shift 键使用 工具可以绘制出直线。

输入和输出数值显示的是图表中鼠标指针所在位置的亮度值。

单击“自动”按钮可自动调整图像的亮度。

以下为调整曲线后的图像效果，如图 4-115 和图 4-116 所示。

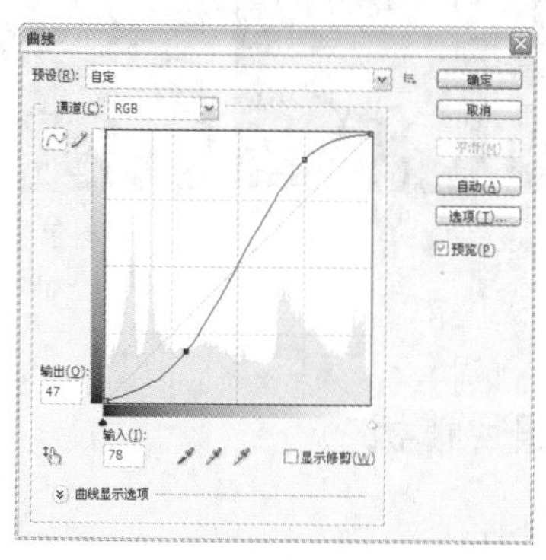

图 4-115

图 4-116

4. 去色

选择“图像 > 调整 > 去色”命令，或按 Shift+Ctrl+U 组合键，可以去掉图像中的色彩，使图像变为灰度图，但图像的色彩模式并不改变。“去色”命令可以对图像中的选区使用，将选区中的图像进行去掉图像色彩的处理。

5. 艺术效果滤镜

艺术效果滤镜在 RGB 颜色模式和多通道颜色模式下才可用，艺术效果滤镜菜单如图 4-117 所示。原图像及应用艺术效果滤镜组制作的图像效果如图 4-118 所示。

壁画...
彩色铅笔...
粗糙蜡笔...
底纹效果...
调色刀...
干画笔...
海报边缘...
海绵...
绘画涂抹...
胶片颗粒...
木刻...
霓虹灯光...
水彩...
塑料包装...
涂抹棒...

图 4-117

原图

壁画

彩色铅笔

粗糙蜡笔

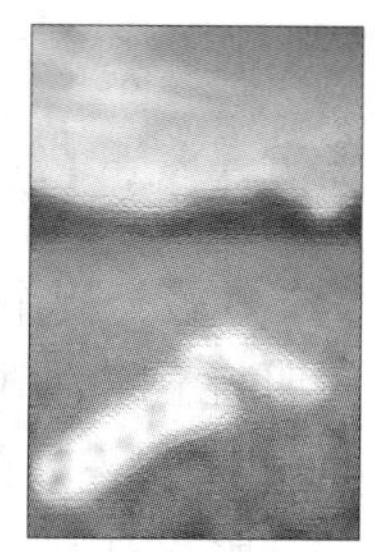

底纹效果

调色刀

干画笔

海报边缘

海绵

绘画涂抹

胶片颗粒

木刻

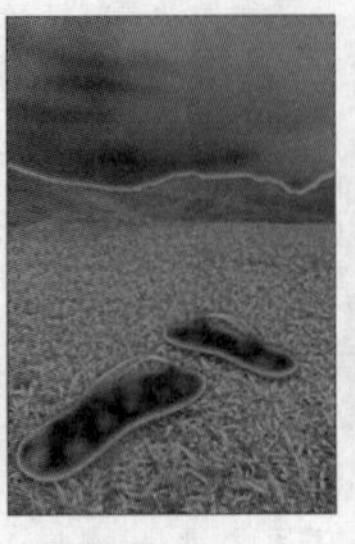

霓虹灯光

水彩

塑料包装

涂抹棒

图 4-118

4.3.5 【实战演练】制作经典怀旧照片模板

使用图像模式命令将图像转换为位图，使用色阶、渐变映射命令调整图片的颜色，使用图层的混合模式制作图片叠加效果。(最终效果参看光盘中的“Ch04 > 效果 > 制作经典怀旧照片模板”，见图 4-119。)

图 4-119

4.4 制作个性写真照片模板

4.4.1 【案例分析】

个性写真是目前最时尚、最流行的一种艺术摄影项目之一。它深受年轻人，尤其是年轻女孩子们的喜爱。本案例要求制作出极具个性的写真照片。

4.4.2 【设计理念】

在设计制作过程中，通过浅色的背景突出主体人物。通过明暗不同的颜色变化体现出岁月的痕迹，构成画面的艺术氛围。(最终效果参看光盘中的“Ch04 > 效果 > 制作个性写真照片模板”，见图 4-120。)

图 4-120

4.4.3 【操作步骤】

步骤 1 按 Ctrl+O 组合键，打开光盘中的“Ch04 > 素材 > 制作个性写真照片模板 > 01”文件，效果如图 4-121 所示。按 Ctrl+Shift+U 组合键将图片去色，效果如图 4-122 所示。

图 4-121

图 4-122

步骤 2 在“图层”控制面板中，将“背景”图层拖曳到控制面板下方的“创建新图层”按钮 上进行复制，生成新的图层“背景副本”。选择“图像 > 调整 > 色彩平衡”命令，在弹出的对话框中进行设置，如图 4-123 所示。选中“高光”单选扭，切换到相应的对话框，选项的设置如图 4-124 所示。选中“阴影”单选扭，切换到相应的对话框，选项的设置如图 4-125 所示。单击“确定”按钮，效果如图 4-126 所示。个性写真照片模板制作完成。

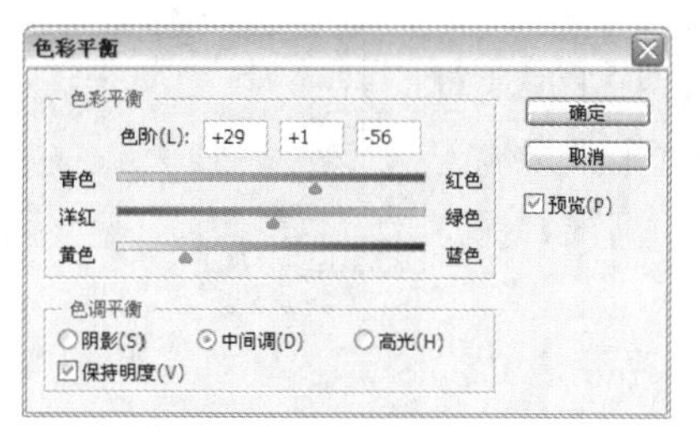

图 4-123

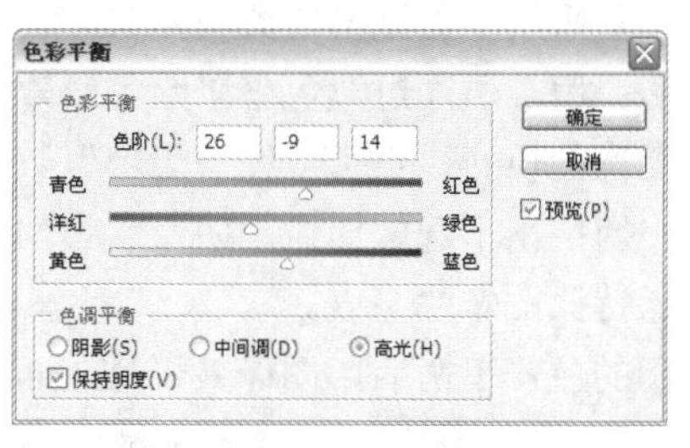

图 4-124

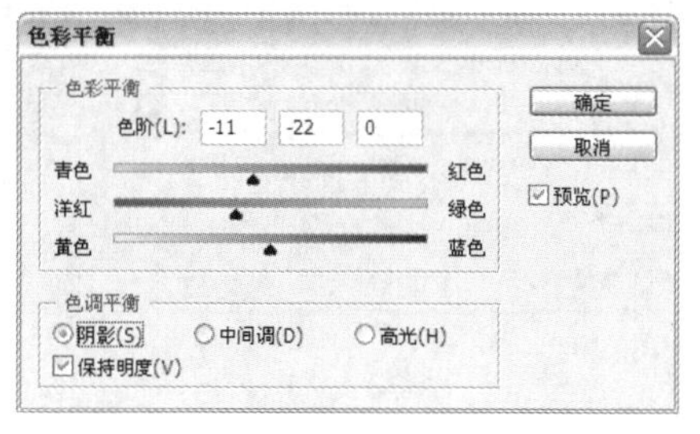

图 4-125

图 4-126

4.4.4 【相关工具】

1. 通道面板

选择“窗口 > 通道”命令，弹出“通道”控制面板，如图 4-127 所示。

在“通道”控制面板中，放置区用于存放当前图像中存在的所有通道。在通道放置区中如果选中的只是其中的一个通道，则只有这个通道处于选中状态，通道上将出现一个深色条。如果想选中多个通道，可以按住 Shift 键的同时再单击其他通道。通道左侧的眼睛图标 用于显示或隐藏颜色通道。在“通道”控制面板的底部有 4 个工具按钮，如图 4-128 所示。

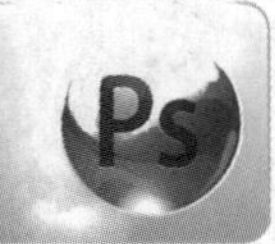

图 4-127

图 4-128

将通道作为选区载入：用于将通道作为选择区域调出。将选区存储为通道：用于将选择区域存入通道中。创建新通道：用于创建或复制新的通道。删除当前通道：用于删除图像中的通道。

2. 色彩平衡

选择"图像 > 调整 > 色彩平衡"命令，或按 Ctrl+B 组合键，弹出"色彩平衡"对话框，如图 4-129 所示。

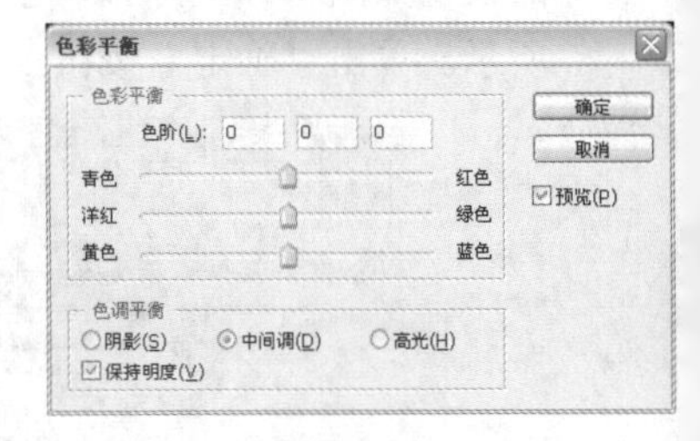

图 4-129

色彩平衡：用于添加过渡色来平衡色彩效果，拖曳滑块可以调整整个图像的色彩，也可以在"色阶"数值框中直接输入数值。色调平衡：用于选取图像的阴影、中间调和高光。保持亮度：用于保持原图像的亮度。

设置不同的色彩平衡后，图像效果如图 4-130 所示。

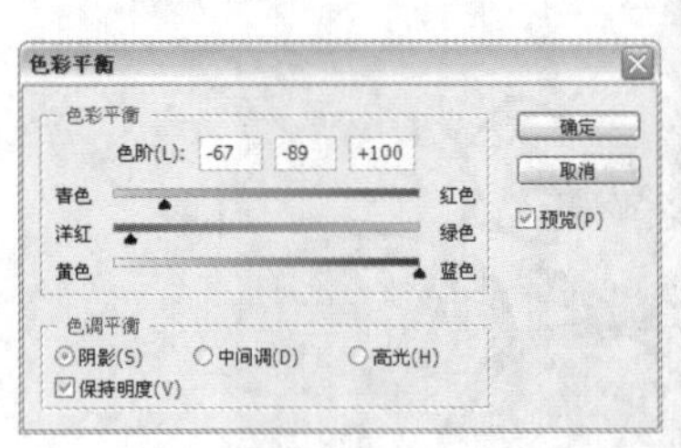

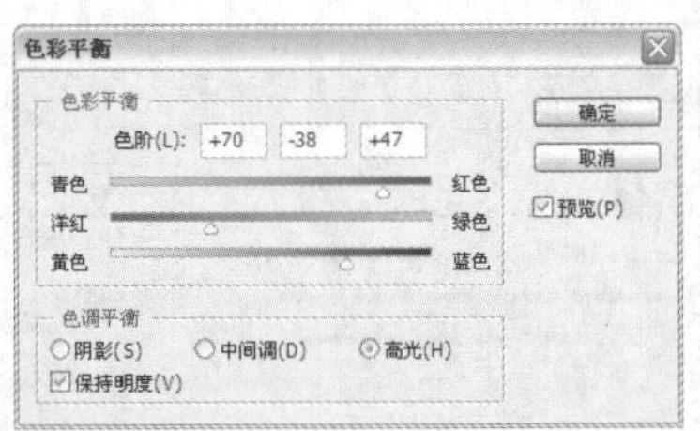

图 4-130

3. 反相

选择"图像 > 调整 > 反相"命令或按 Ctrl+I 组合键，可以将图像或选区的像素反转为其补色，使其出现底片效果。不同色彩模式的图像反相后的效果如图 4-131 所示。

原始图像效果

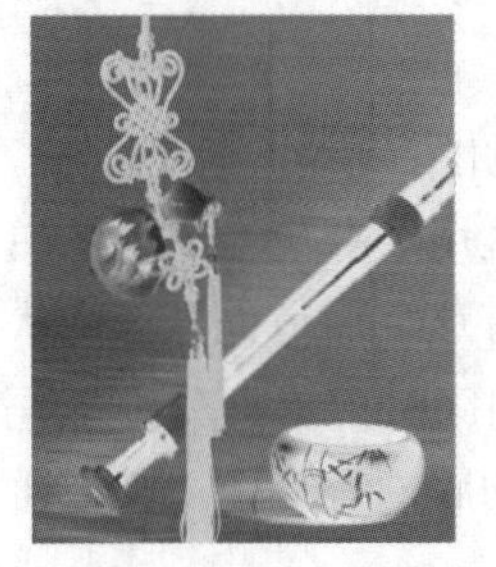

RGB 色彩模式反相后的效果

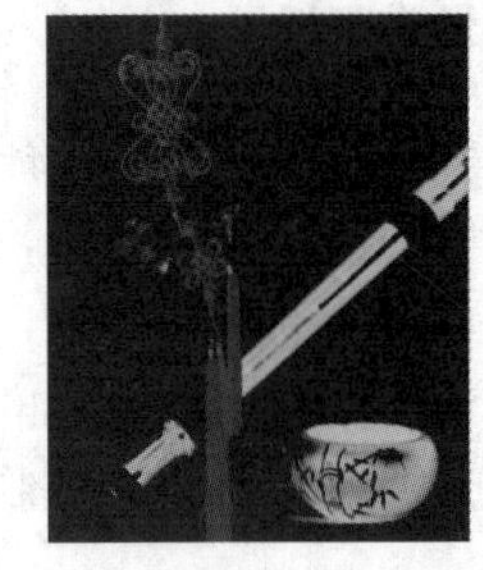

CMYK 色彩模式反相后的效果

图 4-131

提 示 反相效果是对图像的每一个颜色通道进行反相后的合成效果，不同色彩模式的图像反相后的效果是不同的。

4. 图层的剪贴蒙版

创建剪贴蒙版：打开一幅图片，如图 4-132 所示，“图层”控制面板中的效果如图 4-133 所示。按住 Alt 键的同时将鼠标指针放置到“图层 1”和“图层 2”的中间位置，鼠标指针变为形状，如图 4-134 所示。

图 4-132

图 4-133

图 4-134

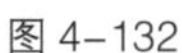

单击鼠标，制作图层的剪贴蒙版，如图 4-135 所示，图像窗口中的效果如图 4-136 所示。用“移动”工具可以随时移动“图层 2”中的花朵图像，效果如图 4-137 所示。

图 4-135

图 4-136

图 4-137

取消剪贴蒙版：如果要取消剪贴蒙版，可以选中剪贴蒙版组中上方的图层，选择“图层 > 释放剪贴蒙版”命令，或按 Alt+Ctrl+G 组合键即可。

4.4.5 【实战演练】制作艺术写真照片模板

使用去色命令将图像去色，使用照片滤镜命令为图片添加颜色，使用木刻滤镜命令调整图片艺术效果。使用曲线命令调整图片颜色，使用文字工具添加主题文字。（最终效果参看光盘中的“Ch04 > 效果 > 制作艺术写真照片模板”，见图 4-138。）

图 4-138

4.5 综合演练——制作个人写真照片模板

使用图层蒙版和画笔工具制作照片的合成效果，使用矩形工具和钢笔工具制作立体效果，使用多边形套索工具和羽化命令制作图形阴影，使用矩形工具和创建剪切蒙版命令制作照片蒙版效果，使用文字工具添加模板文字。（最终效果参看光盘中的“Ch04 > 效果 > 制作个人写真照片模板”，见图 4-139。）

图 4-139

4.6 综合演练——制作童话故事照片模板

使用定义图案命令制作背景效果，使用画笔工具、描边路径命令制作花边效果，使用自定义形状工具和添加图层样式按钮制作装饰图形，使用矩形工具、创建剪贴蒙版命令制作人物图片的剪贴效果，使用文字变形命令、添加图层样式按钮为文字添加特殊效果。（最终效果参看光盘中的“Ch04 > 效果 > 制作童话故事照片模板”，见图 4-140。）

图 4-140

第5章 宣传单设计

宣传单对宣传活动和促销商品有着重要作用。宣传单通过派送、邮递等形式，可以有效地将信息传达给目标受众。本章以制作各种不同类型的宣传单为例，介绍宣传单的设计方法和制作技巧。

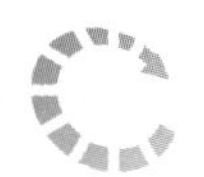

课堂学习目标

- 掌握宣传单的设计思路和手段
- 掌握宣传单的制作方法和技巧

5.1 制作电视购物宣传单

5.1.1 【案例分析】

电视购物是人们通过电视购物节目了解产品的相关信息和主要卖点，进而通过电话连线的方式购买商品的一种消费方式。本例制作的是电视购物的宣传单，要求宣传单合理运用图片和宣传文字，通过独特的设计手法展示节目卖点。

图 5-1

5.1.2 【设计理念】

在设计制作过程中，通过背景图片和人物的结合突出前方的设计主体。通过电视机和文字的结合体现出购买的主要渠道是电视购物。通过多个变形文字介绍宣传主题和主要卖点。（最终效果参看光盘中的“Ch05 > 效果 > 制作电视购物宣传单”，见图 5-1。）

5.1.3 【操作步骤】

1. 添加并编辑内容文字

步骤 1 按 Ctrl+O 组合键，打开光盘中的“Ch05 > 素材 > 制作电视购物宣传单 > 01”文件。图像效果如图 5-2 所示。

步骤 2 将前景色设为黄色（其 R、G、B 的值分别为 252、184、0），选择“横排文字”工具 T，在图像窗口中鼠标光标变为 I 图标，单击并按住鼠标不放，向右下方拖曳鼠标，在图像窗口中拖曳出一个段落文本框，如图 5-3 所示。在文本框中输入文字，并选取文字，在属性栏中选择合适的字体并设置大小，按 Alt+→组合键调整文字到适当的间距。选择菜单“窗口 > 段落”命令，弹出“段落”面板，在段落面板中单击“左对齐文本”按钮，文字效果如图 5-4 所示。

图 5-2

图 5-3

图 5-4

步骤 3 选择“横排文字”工具，选取文字，将鼠标指针放在定界框的外侧，鼠标指针变为↰形状，拖曳控制点旋转定界框，效果如图 5-5 所示。

步骤 4 单击“图层”控制面板下方的“添加图层样式”按钮，在弹出的菜单中选择“投影”命令，在弹出的对话框中进行设置，如图 5-6 所示。单击“确定”按钮，效果如图 5-7 所示。

图 5-5

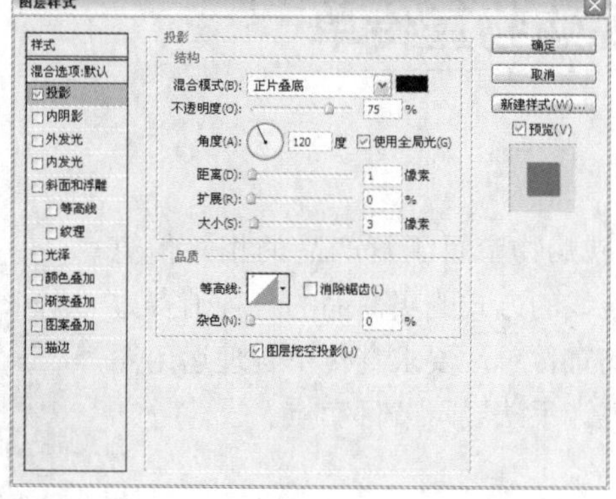

图 5-6

图 5-7

步骤 5 单击属性栏中的“创建文字变形”按钮，在弹出的“变形文字”对话框中进行设置，如图 5-8 所示。单击“确定”按钮，效果如图 5-9 所示。

步骤 6 将前景色设为黑色，选择“横排文字”工具，分别在适当的位置输入需要的文字，并分别选取文字，在属性栏中选择合适的字体并设置文字大小，如图 5-10 所示。在“图层”控制面板中分别生成新的文字图层。

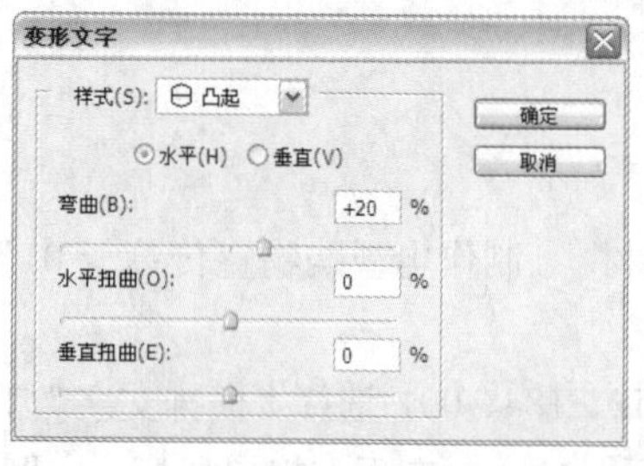

图 5-8

图 5-9

图 5-10

2. 添加并制作宣传语

步骤 1 选择“横排文字”工具 T，在属性栏中选择合适的字体并设置文字大小，在适当的位置输入需要的文字，如图 5-11 所示。单击属性栏中的“创建变形文本”按钮，在弹出的对话框中进行设置，如图 5-12 所示。单击“确定”按钮，效果如图 5-13 所示。在“图层”控制面板中生成新的文字图层。

图 5-11

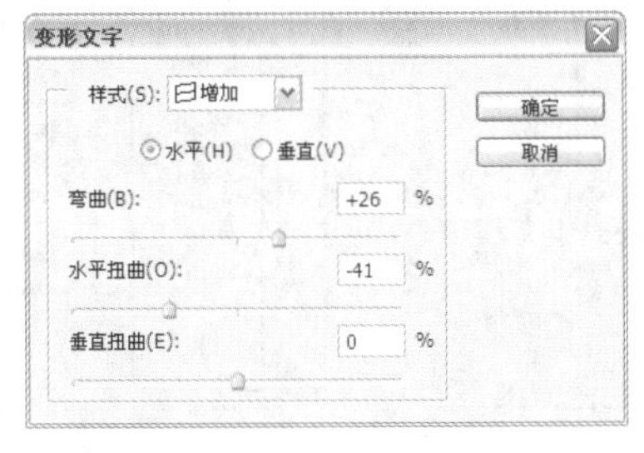

图 5-12

图 5-13

步骤 2 在“图层”控制面板中，单击鼠标右键，在弹出的快捷菜单中选择“栅格化文字”命令，如图 5-14 所示。按住 Ctrl 键的同时，单击“快乐购购”文字图层的缩览图，图像周围生成选区，如图 5-15 所示。

图 5-14

图 5-15

步骤 3 选择“渐变”工具，单击属性栏中的“点按可编辑渐变”按钮，弹出“渐变编辑器”对话框，在“位置”选项中分别输入 0、50、100 这 3 个位置点，分别设置 3 个位置点颜色的 RGB 值为 0（255、2、2），50（255、255、0），100（255、2、2），如图 5-16 所示。在选区上由左至右拖曳渐变色，取消选区后，效果如图 5-17 所示。

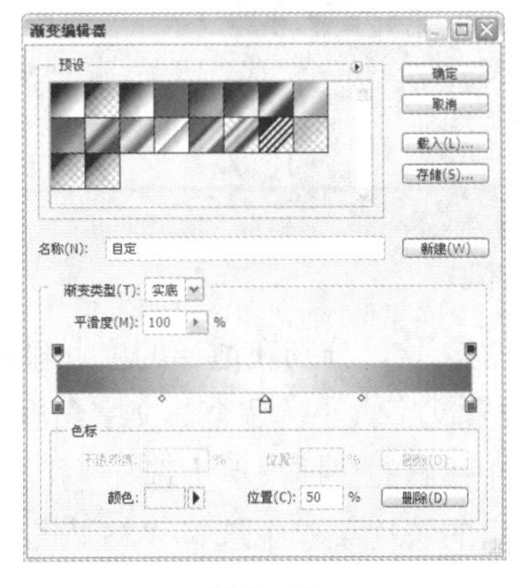

图 5-16

图 5-17

步骤 4 单击“图层”控制面板下方的“添加图层样式”按钮 fx，在弹出的下拉菜单中选择“投影”命令，在弹出的对话框中进行设置，如图 5-18 所示。选择“外发光”选项，切换到相应的对话框，将发光颜色设为白色，其他选项的设置如图 5-19 所示。

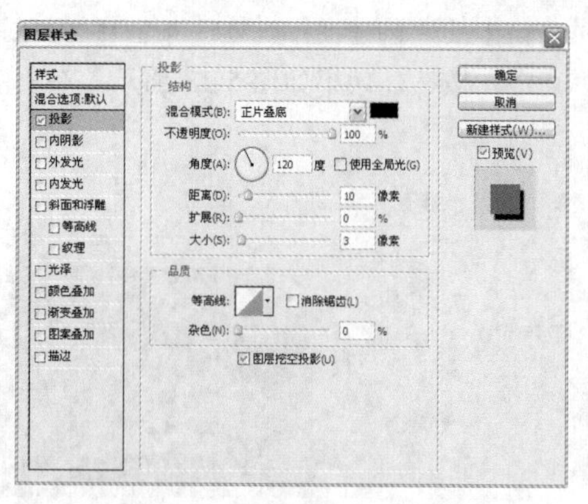

图 5-18

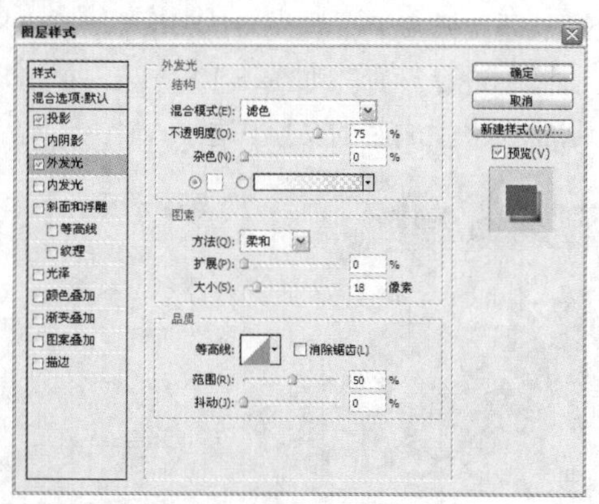

图 5-19

步骤 5 选择“斜面和浮雕”选项，切换到相应的对话框，选项的设置如图 5-20 所示。选择“描边”选项，切换到相应的对话框，将描边颜色设为白色，其他选项的设置如图 5-21 所示。单击“确定”按钮，效果如图 5-22 所示。

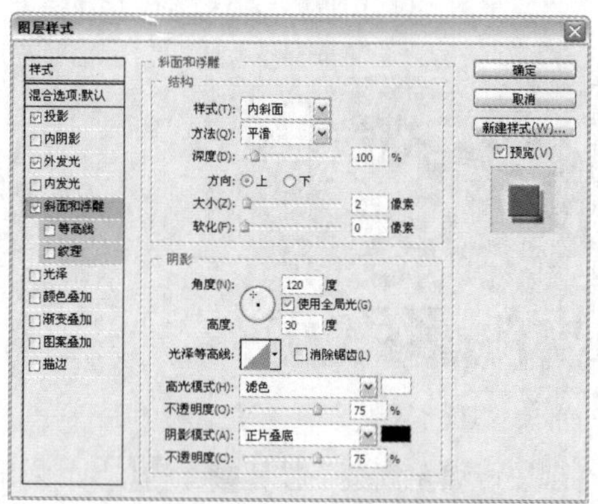

图 5-20

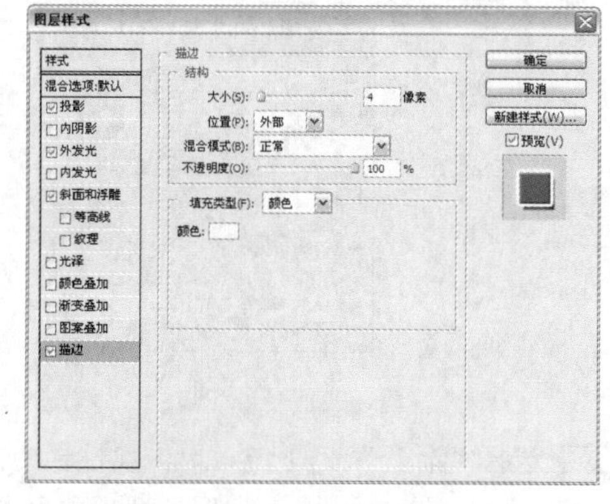

图 5-21

图 5-22

步骤 6 将前景色设为白色。选择“横排文字”工具 T，分别在适当的位置输入需要的文字。分别选取文字，在属性栏中选择合适的字体并设置文字大小，调整其文字角度，如图 5-23 所示。选择“快乐购购”文字图层，单击鼠标右键，在弹出的快捷菜单中选择“拷贝图层样式”命令。选择“Go”文字图层，单击鼠标右键，在弹出的快捷菜单中选择“粘贴图层样式”命令，效果如图 5-24 所示。

图 5-23

图 5-24

步骤 7 选择“生活新主题”文字图层。单击“图层”控制面板下方的“添加图层样式”按钮 fx.，在弹出的下拉菜单中选择“投影”命令，在弹出的对话框中进行设置，如图 5-25 所示。选择“描边”选项，切换到相应的对话框，将描边颜色设为红色（其 R、G、B 的值分别为 243、0、0），其他选项的设置如图 5-26 所示。单击“确定”按钮，效果如图 5-27 所示。电视购物宣传单效果制作完成，如图 5-28 所示。

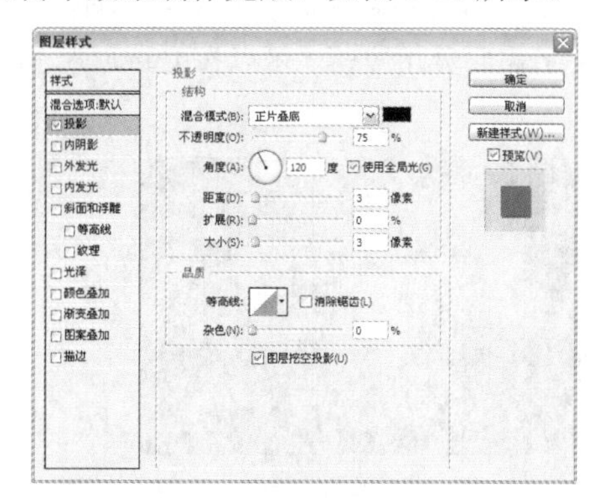

图 5-25

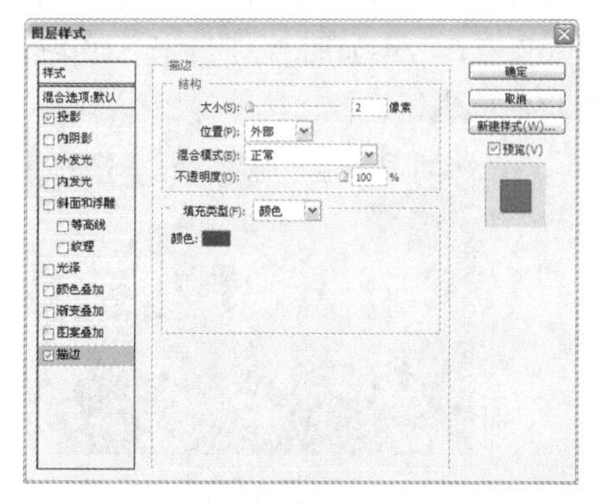

图 5-26

图 5-27

图 5-28

5.1.4 【相关工具】

1. 输入水平、垂直文字

横排文字工具 T：选择“横排文字”工具 T 或按 T 键，其属性栏如图 5-29 所示。

图 5-29

更改文本方向 ：用于选择文字输入的方向。 ：用于设定文字的字体及属性。T 6点：用于设定字体的大小。aa 锐利：用于消除文字的锯齿，包括无、锐利、犀利、浑厚和平滑 5 个选项。：用于设定文字的段落格式，从左到右依次是左对齐、居中对齐和右对齐。：用于设置文字的颜色。创建文字变形：用于对文字进行变形操作。显示/隐藏字符和段落调板：用于打开“段落”和“字符”控制面板。取消所有当前编辑：用于取消对文字的操作。提交所有当前编辑：用于确定对文字的操作。

直排文字工具：可以在图像中建立垂直文本，其属性栏和横排文字工具属性栏的功能基本相同。

2. 输入段落文字

将“横排文字”工具移动到图像窗口中，鼠标指针变为图标。单击并按住鼠标左键不放，拖曳鼠标在图像窗口中创建一个段落定界框，如图 5-30 所示。插入点显示在定界框的左上角，段落定界框具有自动换行的功能，如果输入的文字较多，当文字遇到定界框时会自动换到下一行显示。输入文字，效果如图 5-31 所示。如果输入的文字需要分出段落，可以按 Enter 键进行操作，还可以对定界框进行旋转、拉伸等操作。

图 5-30

图 5-31

3. 编辑段落文字的定界框

输入文字后还可对段落文字的定界框进行编辑。将鼠标指针放在定界框的控制点上，鼠标指针变为形状，如图 5-32 所示。拖曳控制点可以按需要缩放定界框，如图 5-33 所示。如果按住 Shift 键的同时拖曳控制点，可以成比例地拖曳定界框。

将鼠标指针在定界框的外侧，鼠标指针变为形状，此时拖曳控制点可以旋转定界框，如图 5-34 所示。按住 Ctrl 键的同时将鼠标指针放在定界框的外侧，鼠标指针变为形状，拖曳鼠标可以改变定界框的倾斜度，如图 5-35 所示。

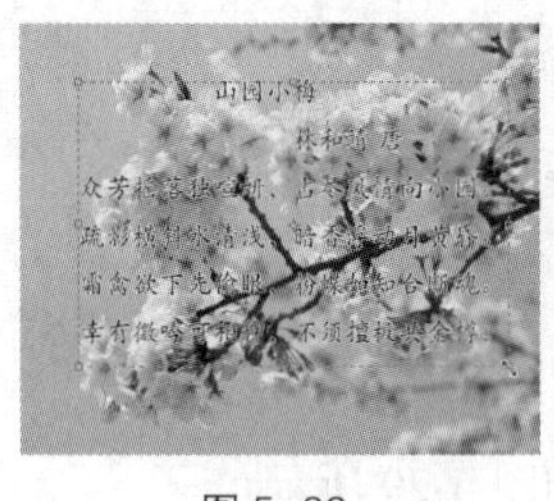

图 5-32

图 5-33

图 5-34

图 5-35

4. 字符面板

“字符”控制面板用于编辑文本字符。选择“窗口 > 字符”命令，弹出“字符”控制面板，如图 5-36 所示。

图 5-36

在“字符”控制面板中，第 1 栏选项用于设置字符的字体和样式；第 2 栏选项用于设置字符的大小、行距、字距和单个字符所占横向空间的大小；第 3 栏选项用于设置字符垂直方向的长度、水平方向的长度；第 4 栏用于设置角标、字符颜色；第 5 栏按钮用于设置字符的形式；第 6 栏选项用于设置字典和消除字符的锯齿。

单击字体选项 右侧的 按钮，在弹出的下拉列表中可以选择字体。在设置字体大小选项 的数值框中直接输入数值，或单击选项右侧的 按钮，在弹出的下拉列表中选择字体大小。在垂直缩放选项 的数值框中直接输入数值，可以调整字符的高度，如图 5-37 所示。

数值为 100%时的文字效果

数值为 150%时的文字效果

数值为 200%时的文字效果

图 5-37

在设置行距选项 的数值框中直接输入数值，或单击选项右侧的 按钮，在弹出的下拉列表中选择需要的行距数值，可以调整文本段落的行距，效果如图 5-38 所示。

数值为 24 时的文字效果

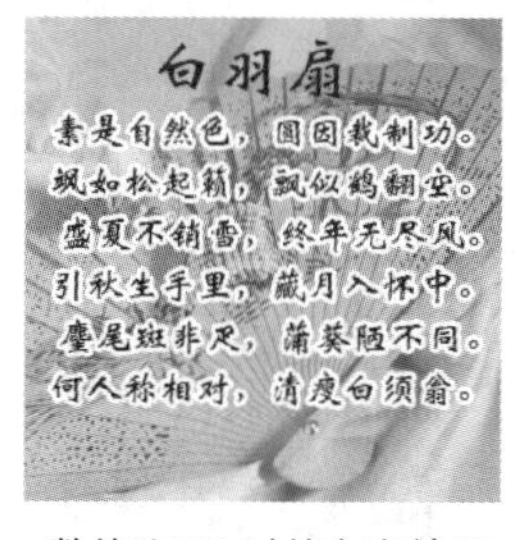

数值为 30 时的文字效果

数值为 36 时的文字效果

图 5-38

在水平缩放选项 的数值框中输入数值，可以调整字符的宽度，效果如图 5-39 所示。

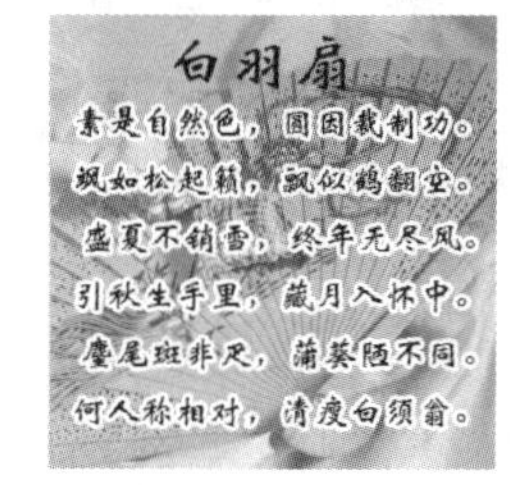

数值为 100%时的文字效果

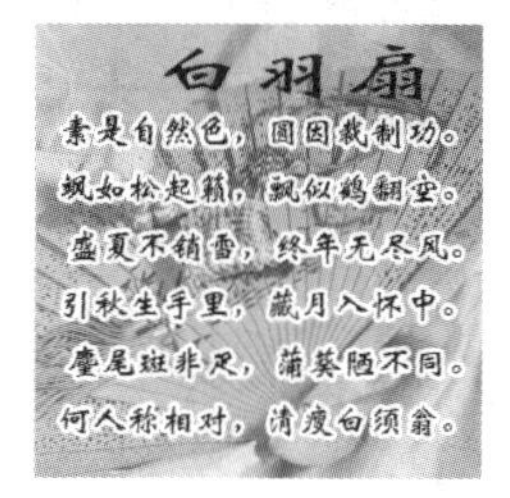

数值为 150%时的文字效果

数值为 200%时的文字效果

图 5-39

在设置所选字符的比例间距选项 0% 的下拉列表中选择百分比数值，可以对所选字符的比例间距进行细微的调整，效果如图 5-40 所示。

数值为 0%时的文字效果

数值为 100%时的文字效果

图 5-40

在设置所选字符的字距调整选项 0 的数值框中直接输入数值，或单击选项右侧的按钮，在弹出的下拉列表中选择字距数值，可以调整文本段落的字距。输入正值时字距加大，输入负值时字距缩小，效果如图 5-41 所示。

数值为 0 时的效果

数值为 200 时的效果

数值为-100 时的效果

图 5-41

使用横排文字工具在两个字符间单击，插入光标，在设置两个字符间的字距选项 0 的数值框中输入数值，或单击选项右侧的按钮，在弹出的下拉列表中选择需要的字距数值。输入正值时字符的间距加大，输入负值时字符的间距缩小，效果如图 5-42 所示。

数值为 0 时的文字效果

数值为 200 时的文字效果

数值为-200 时的文字效果

图 5-42

选中字符，在设置基线偏移选项 0点 的文本框中直接输入数值，可以调整字符上下移动。输入正值时，水平字符上移，直排的字符右移；输入负值时，水平字符下移，直排的字符左移，效果如图 5-43 所示。

选中字符

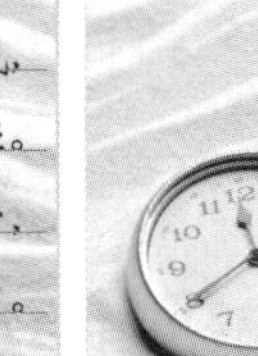

数值为 20 时的文字效果

数值为-20 时的文字效果

图 5-43

在设置文本颜色图标 颜色: 上单击，弹出“选择文本颜色”对话框，在对话框中设置需要的颜色后单击“确定”按钮，改变文字的颜色。

设定字符形式：从左到右依次为“仿粗体”按钮、“仿斜体”按钮、“全部大写字母”按钮、“小型大写字母”按钮、“上标”按钮、“下标”按钮、“下画线”按钮、“删除线”按钮。单击需要的形式按钮，不同的形式效果如图 5-44 所示。

正常效果　仿粗体效果　仿斜体效果

全部大写字母效果　小型大写字母效果　上标效果

下标效果　下画线效果　删除线效果

图 5-44

单击语言设置选项 美国英语 右侧的按钮，在弹出的其下拉列表中选择需要的字典。选择字典主要用于拼写检查和连字的设定。

消除锯齿的方法选项 浑厚 可以选择无、锐化、明晰、强和平滑 5 种消除锯齿的方法中的 1 种。

5. 段落面板

图 5-45

“段落”控制面板用于编辑文本段落。选择“窗口 > 段落”命令，弹出“段落”控制面板，如图 5-45 所示。

：用于调整文本段落中每行的方式，从左到右依次为左对齐文本、居中对齐文本、右对齐文本。：用于调整段落的对齐方式，从左到右依次为最后一行左对齐、最后一行居中对齐、最后一行右对齐。全部对齐：用于设置整个段落中的行两端对齐。左缩进：在文本框中输入数值可以设置段落左端的缩进量。右缩进：在文本框中输入数值可以设置段落右端的缩进量。首行缩进：在文本框中输入数值可以设置段落第 1 行的左端缩进量。段前添加空格：在文本框中输入数值可以设置当前段落与前一段落的距离。段后添加空格：在文本框中输入数值可以设置当前段落与后一段落的距离。避头尾法则设置、间距组合设置：用于设置段落的样式。连字：用于确定文字是否与连字符连接。

6. 文字变形

用户可以根据需要对文字进行各种变形。在图像中输入文字，如图 5-46 所示。单击文字工具属性栏中的“创建文字变形”按钮，弹出“变形文字”对话框，如图 5-47 所示。在“样式”选项的下拉列表中包含多种文字的变形效果，如图 5-48 所示。

图 5-46

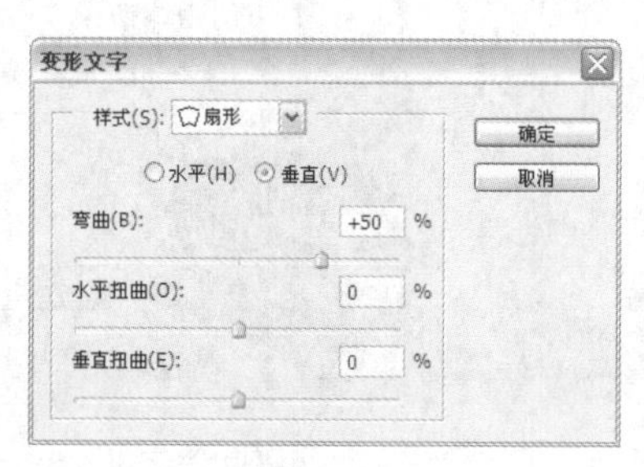

图 5-47

图 5-48

文字的多种变形效果如图 5-49 所示。

扇形

下弧

上弧

拱形

凸起

贝壳

花冠

旗帜

波浪

鱼形

增加

鱼眼

膨胀

挤压

扭转

图 5–49

如果要修改文字的变形效果，可以调出“变形文字”对话框，在对话框中重新设置样式或更改当前应用样式的数值。

如果要取消文字的变形效果，可以调出“变形文字”对话框，在“样式”选项的下拉列表中选择“无”。

7. 合并图层

“向下合并”命令用于向下合并图层。单击“图层”控制面板右上方的图标，在弹出式菜单中选择“向下合并”命令，或按 Ctrl+E 组合键即可向下合并图层。

“合并可见图层”命令用于合并所有可见层。单击“图层”控制面板右上方的图标，在弹出式菜单中选择“合并可见图层”命令，或按 Shift+Ctrl+E 组合键即可合并所有可见层。

“拼合图像”命令用于合并所有的图层。单击“图层”控制面板右上方的图标，在弹出式菜单中选择“拼合图像”命令。

5.1.5 【实战演练】制作比萨宣传单

使用多边形套索工具、渐变工具、定义图案命令和图案填充命令绘制背景效果，使用横排文字工具和创建文字变形命令制作立体文字，使用添加图层样式按钮为图片添加特殊效果，使用钢笔工具、椭圆工具绘制装饰图形。（最终效果参看光盘中的“Ch05 > 效果 > 制作比萨宣传单”，见图 5-50。）

图 5-50

5.2 制作水果产品宣传单

5.2.1 【案例分析】

水果不但含有丰富的营养且能够帮助消化，还有降血压、减缓衰老、皮肤保养等保健作用，深受人们的喜爱。本案例制作的是水果产品宣传单，设计要体现出丰富的水果种类和便宜的价

格。

5.2.2 【设计理念】

在设计制作过程中，通过背景的大面积橙色表现出明亮、清爽之感。使用 S 形区分隔画面并将水果照片串联起来，突出宣传的主体。放射状图形和气泡突出前方的水果，形成视觉焦点。最后使用文字介绍产品信息和主题。（最终效果参看光盘中的“Ch05 > 效果 > 制作水果产品宣传单”，见图 5-51。）

图 5-51

5.2.3 【操作步骤】

1. 添加装饰线条和图形

步骤 1 按 Ctrl+O 组合键，打开光盘中的“Ch05 > 素材 > 制作水果产品宣传单 > 01”文件，如图 5-52 所示。新建图层并将其命名为“多边形”。将前景色设为黄色（其 R、G、B 值分别为 255、204、0）。选择“多边形”工具，在属性栏中将“边”选项设为 8，按住 Shift 键的同时，在图像窗口中绘制多边形，如图 3-53 所示。

图 5-52

图 5-53

步骤 2 单击“图层”控制面板下方的“添加图层样式”按钮 fx，在弹出的下拉菜单中选择“投影”命令，在弹出的对话框中进行设置，如图 5-54 所示。选择“描边”选项，切换到相应的对话框，将描边颜色设为白色，其他选项的设置如图 5-55 所示。单击“确定”按钮，效果如图 5-56 所示。

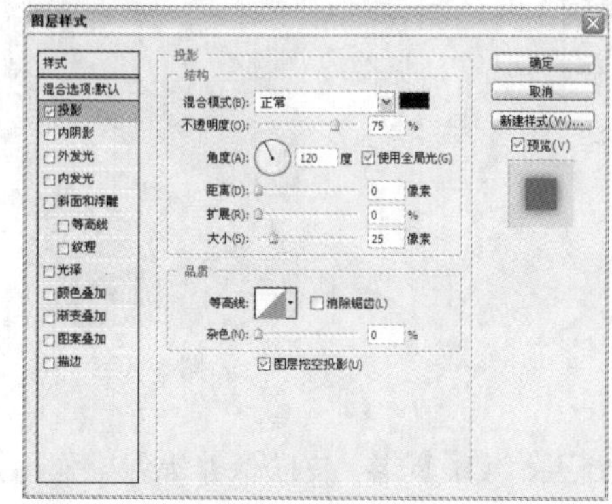

图 5-54

图 5-55

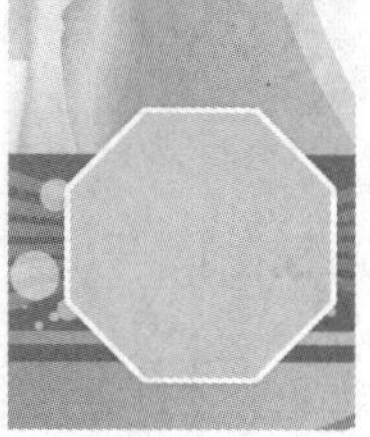

图 5-56

步骤 3 新建图层并将其命名为“虚线”。将前景色设为橙色（其 R、G、B 值分别为 236、162、0），选择“画笔”工具，在属性栏中单击“画笔”选项右侧的按钮，弹出画笔选择面板，单击面板右上方按钮，在弹出的菜单中选择“方头画笔”选项，弹出提示对话框，单击“追加”按钮，在画笔选择面板中选择需要的画笔形状，如图 5-57 所示。单击属性栏中的“切换画笔调板”按钮，选项的设置如图 5-58 所示。按住 Shift 键的同时绘制多条线，如图 5-59 所示。

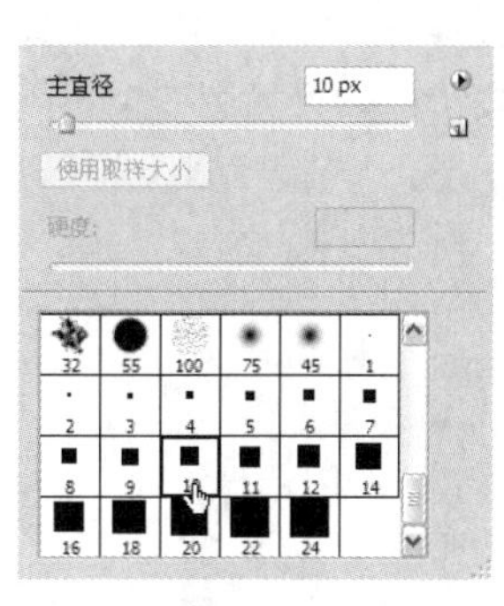

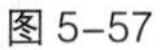
图 5-57

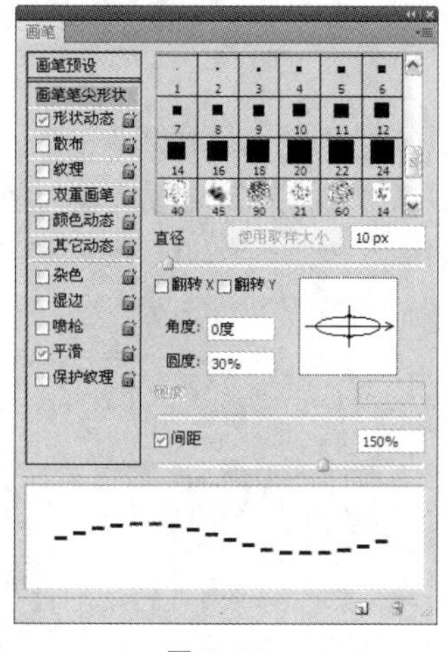

图 5-58

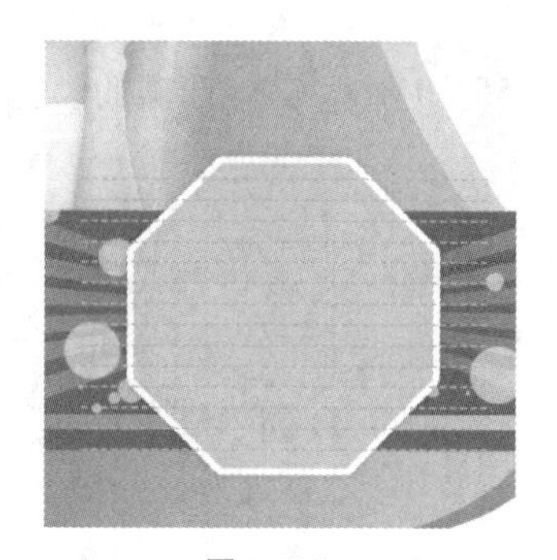

图 5-59

步骤 4 按 Ctrl+J 组合键复制图形，生成新的副本图层。按 Ctrl+T 组合键，图像周围出现变换框，单击鼠标右键，在弹出的快捷菜单中选择“旋转 90 度（顺时针）”命令，旋转图像，按 Enter 键确认操作，如图 5-60 所示。

步骤 5 在“图层”控制面板中，按住 Ctrl 键的同时选择“虚线”图层和“虚线 副本”图层，单击鼠标右键，在弹出的快捷菜单中选择“创建剪贴蒙板”命令，图像效果如图 5-61 所示。

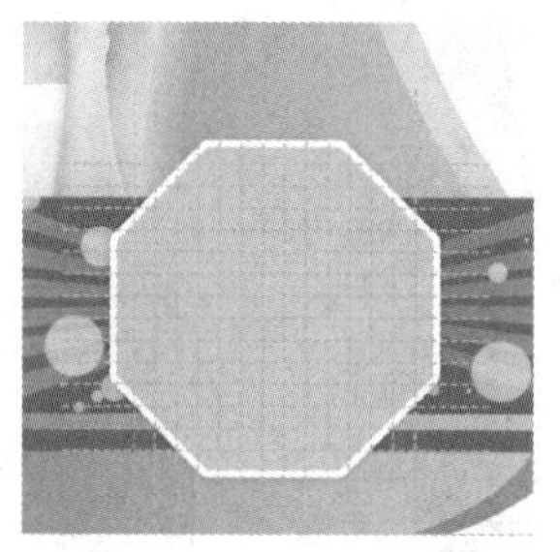

图 5-60

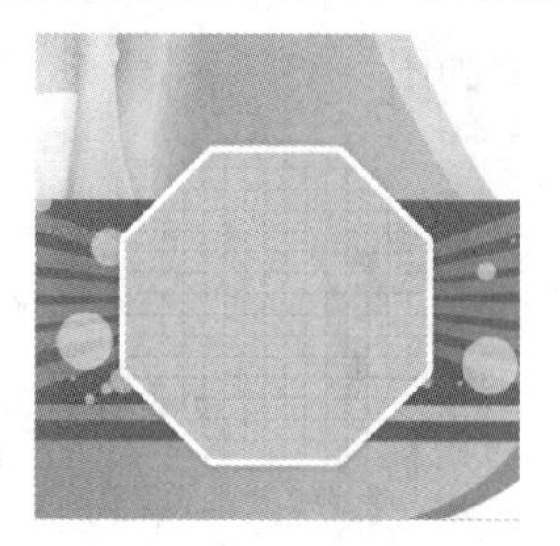

图 5-61

步骤 6 在“图层”控制面板中，选择“虚线 副本”图层，按住 Shift 键的同时选择“多边形”图层，将其之间的图层选中。选择“移动”工具，按住 Alt 键的同时多次拖曳图形到适当的位置，复制多个图形，并调整其大小，效果如图 5-62 所示。在“图层”控制面板中生成多个副本图层。

步骤 7 按 Ctrl＋O 组合键，打开光盘中的“Ch05 > 素材 > 制作水果产品宣传单 > 02”文件。选择“移动”工具，拖曳 02 图片到图像窗口中的适当位置，在“图层”控制面板中生成新的图层并将其命名为“杨桃”，效果如图 5-63 所示。

图 5-62

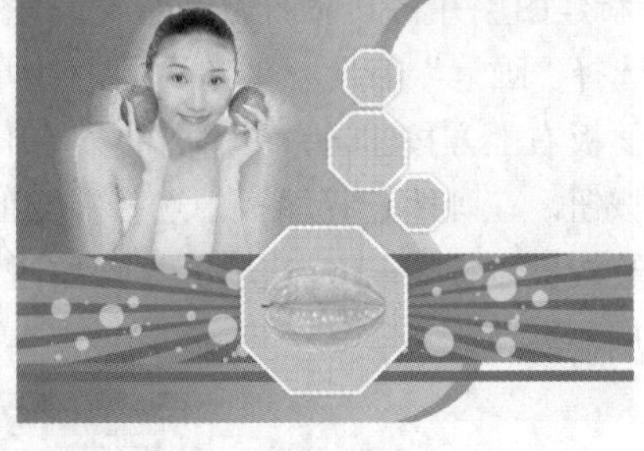

图 5-63

步骤 8 单击“图层”控制面板下方的“添加图层样式”按钮 fx.，在弹出的下拉菜单中选择“外发光”命令，弹出“外发光”对话框。将外发光颜色设为淡黄色（其 R、G、B 值分别为 255、255、190），其他选项的设置如图 5-64 所示。单击“确定”按钮，效果如图 5-65 所示。

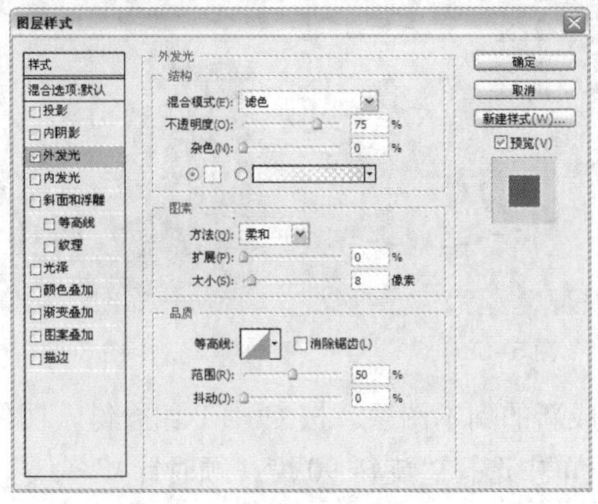

图 5-64

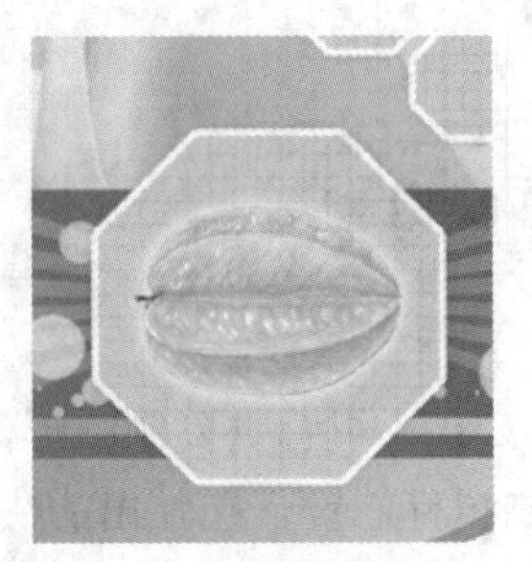

图 5-65

步骤 9 按住 Ctrl 键的同时，单击“杨桃”图层缩览图，图像周围出现选区，如图 5-66 所示。选择“选择 > 修改 > 扩展”命令，在弹出的对话框中进行设置，如图 5-67 所示。单击“确定”按钮，效果如图 5-68 所示。

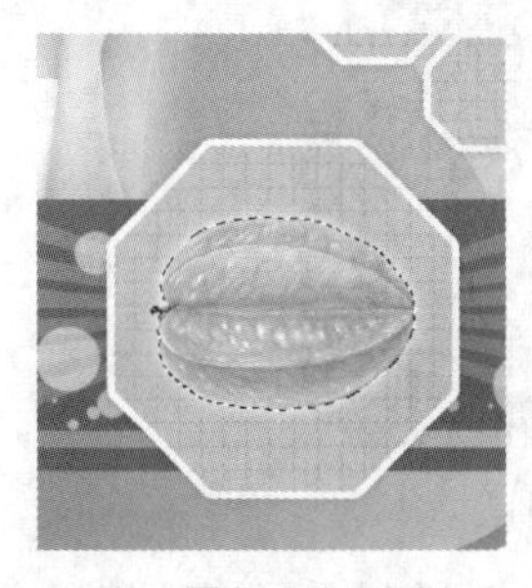

图 5-66

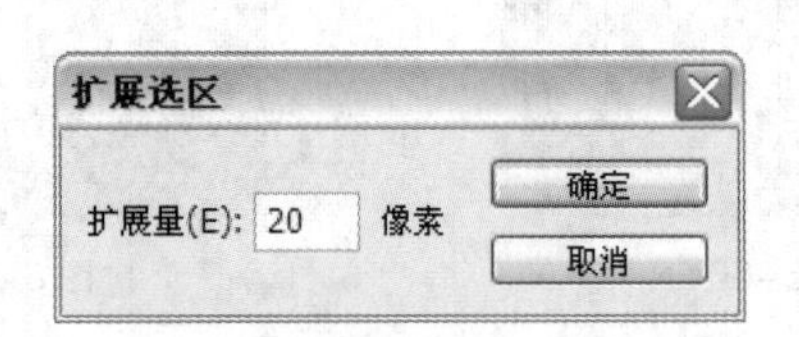

图 5-67

图 5-68

步骤 10 选择“通道”控制面板，单击控制面板下方的“创建新通道”按钮，生成新的 Alpha1 通道，如图 5-69 所示。按 Ctrl+Delete 组合键用背景色填充选区，取消选区后的效果如图 5-70 所示。

步骤 11 选择“滤镜 > 像素化 > 彩色半调”命令，在弹出的对话框中进行设置，如图 5-71 所示。单击“确定”按钮，效果如图 5-72 所示。单击“通道”控制面板下方的“将通道作为选区载入”按钮。在“图层”控制面板中新建图层并将其命名为“纹理”，拖曳到“杨桃”图层的下方。

图 5-69

图 5-70

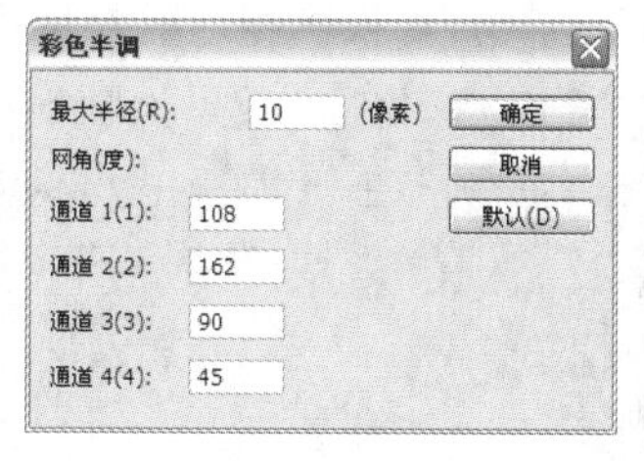

图 5-71

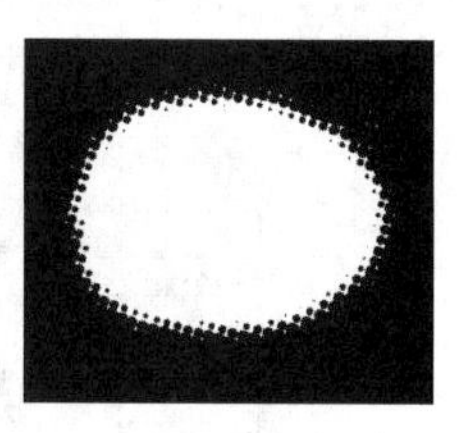

图 5-72

步骤 12 将前景色设为白色。按 Alt+Delete 组合键用前景色填充选区，取消选区后的效果如图 5-73 所示。

步骤 13 选择“杨桃”图层。按 Ctrl＋O 组合键，打开光盘中的“Ch05 > 素材 > 制作水果店宣传单 > 03、04、05”文件。选择“移动”工具，分别将 03、04、05 图片拖曳到图像窗口的适当位置，并调整其大小，效果如图 5-74 所示。在“图层”控制面板中分别生成新图层并将其命名为“桑葚”、“石榴”、“草莓”。

步骤 14 选择“杨桃”图层，单击鼠标右键，在弹出的菜单中选择“拷贝图层样式”命令。选择“桑葚”图层，按住 Shift 键的同时选择“草莓”图层，将其之间图层同时选中，单击鼠标右键，在弹出的菜单中选择“粘贴图层样式”命令，效果如图 5-75 所示。

图 5-73

图 5-74

图 5-75

2. 添加宣传文字

步骤 1 将前景色设为绿色（其 R、G、B 值分别为 11、121、0）。选择“横排文字”工具 T，在属性栏中选择合适的字体并设置文字大小，输入文字并选取文字，按 Ctrl+T 组合键弹出“字符”面板，选项的设置如图 5-76 所示，效果如图 5-77 所示。

步骤 2 单击“图层”控制面板下方的“添加图层样式”按钮 fx，在弹出的下拉菜单中选择“投影”命令，在弹出的对话框中进行设置，如图 5-78 所示。

图 5-76

图 5-77

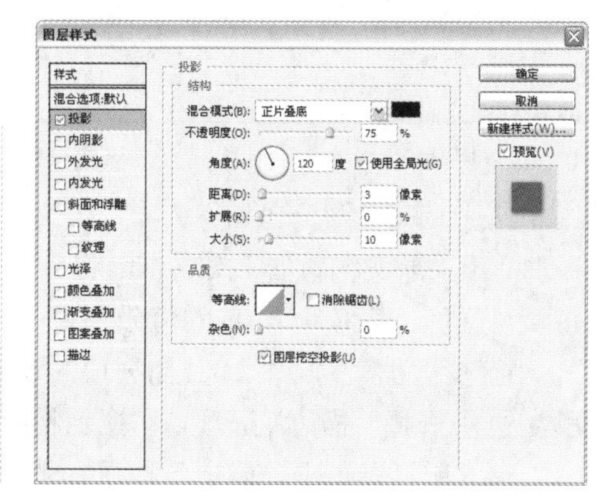

图 5-78

步骤 3 选择“描边”选项，切换到相应的对话框。将描边颜色设为白色，其他选项的设置如图 5-79 所示。单击“确定”按钮，效果如图 5-80 所示。

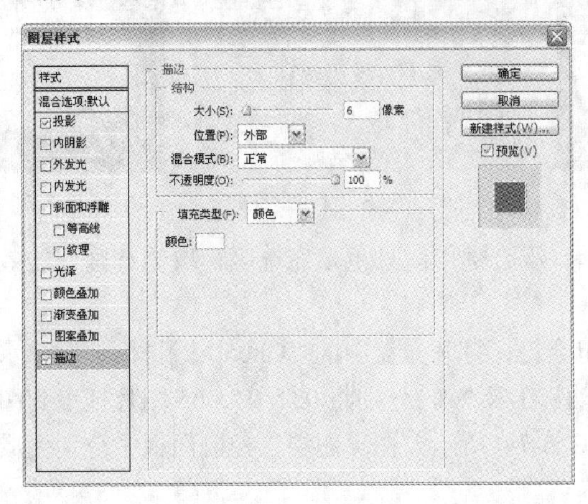

图 5-79

图 5-80

步骤 4 按 Ctrl+O 组合键，打开光盘中的“Ch05 > 素材 > 制作水果店宣传单 > 06”文件。选择“移动”工具，将 06 图片拖曳到图像窗口的适当位置，效果如图 5-81 所示。在“图层”控制面板中生成新图层并将其命名为“花纹”。

步骤 5 将前景色设为红色（其 R、G、B 的值分别为 198、80、1）。选择“横排文字”工具 T，在属性栏中选择合适的字体并设置大小，输入需要的文字，并选取文字，按 Alt+→组合键调整文字到适当的间距，效果如图 5-82 所示。在“图层”控制面板中生成新的文字图层。

步骤 6 单击“图层”控制面板下方的“添加图层样式”按钮 fx，在弹出的菜单中选择“投影”命令，在弹出的对话框中进行设置，如图 5-83 所示。

图 5-81

图 5-82

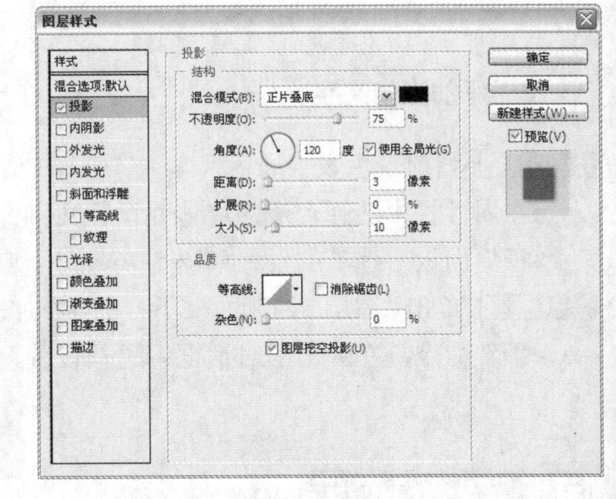

图 5-83

步骤 7 选择“渐变叠加”选项，切换到相应的对话框，单击“点按可编辑渐变”按钮，弹出“渐变编辑器”对话框，将叠加颜色设为从红色（其 R、G、B 的值分别为 182、39、0）到黄色（其 R、G、B 的值分别为 243、154、0），如图 5-84 所示。单击“确定”按钮，返回“渐变叠加”对话框，其他选项的设置如图 5-85 所示。

步骤 8 选择“描边”选项，切换到相应的对话框，将描边颜色设为白色，其他选项的设置如图 5-86 所示。单击“确定”按钮，效果如图 5-87 所示。

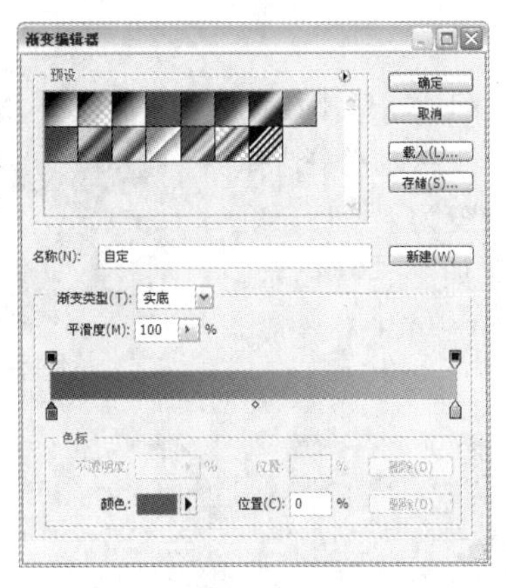

图 5-84

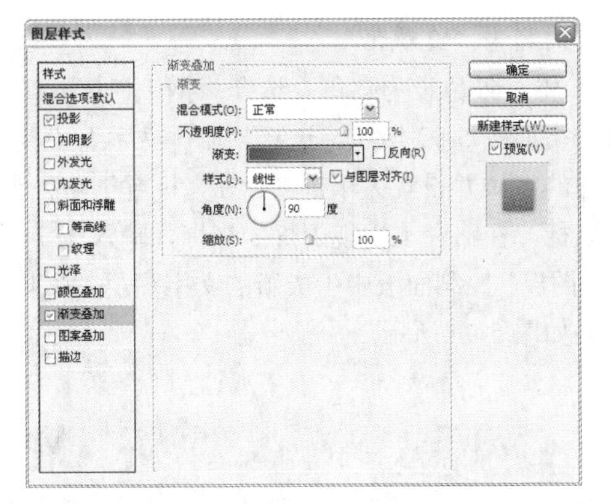

图 5-85

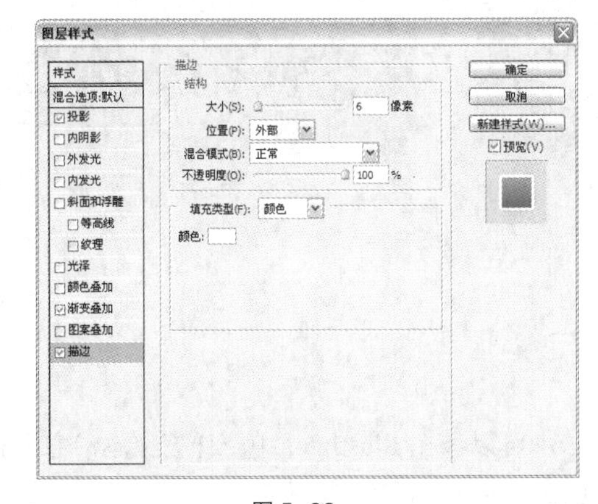

图 5-86

图 5-87

步骤 9 将前景色设为红色（其 R、G、B 值分别为 148、0、4），选择“横排文字”工具 T，分别输入文字并选取需要的文字，在属性栏中选择合适的字体并设置大小。选择文字“本店最新…”将颜色填充为棕色（其 R、G、B 值分别为 178、77、2），效果如图 5-88 所示。在控制面板中分别生成新的文字图层。

步骤 10 按 Ctrl+O 组合键，打开光盘中的“Ch05 > 素材 > 制作水果产品宣传单 > 07”文件，将 07 图片拖曳到图像窗口中，效果如图 5-89 所示。在“图层”控制面板中生成新的图层并将其命名为“小图标”。选择“移动”工具，按住 Alt 键的同时多次拖曳图形到适当的位置，复制多个图形，效果如图 5-90 所示。在“图层”控制面板中生成多个副本图层。

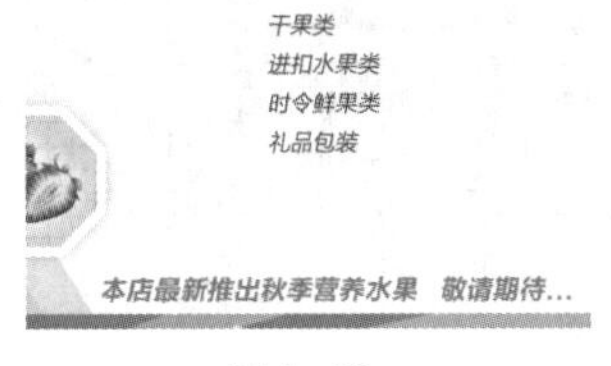

图 5-88

✔ 干果类
进扣水果类
时令鲜果类
礼品包装

图 5-89

✔ 干果类
✔ 进扣水果类
✔ 时令鲜果类
✔ 礼品包装

图 5-90

步骤 11 按 Ctrl+O 组合键，打开光盘中的“Ch05 > 素材 > 制作水果产品宣传单 > 08”文件，将 08 图片拖曳到图像窗口中，效果如图 5-91 所示。在“图层”控制面板中生成新的图层并将其命名为“红飘带”。

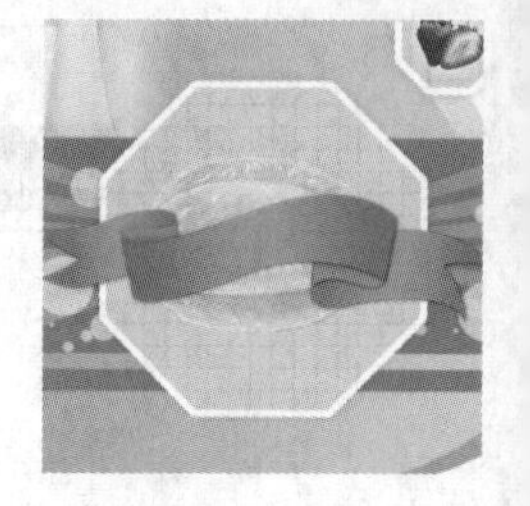

图 5-91

步骤 12 将前景色设为白色。选择“钢笔”工具，在图像窗口中绘制路径，如图 5-92 所示。选择“横排文字”工具 T，在属性栏中选择合适的字体并设置大小，将鼠标光标置于路径上时会变为图标，单击鼠标，在路径上出现闪烁的光标，输入文字，效果如图 5-93 所示。在“图层”控制面板中生成新的文字图层。水果产品宣传单制作完成，效果如图 5-94 所示。

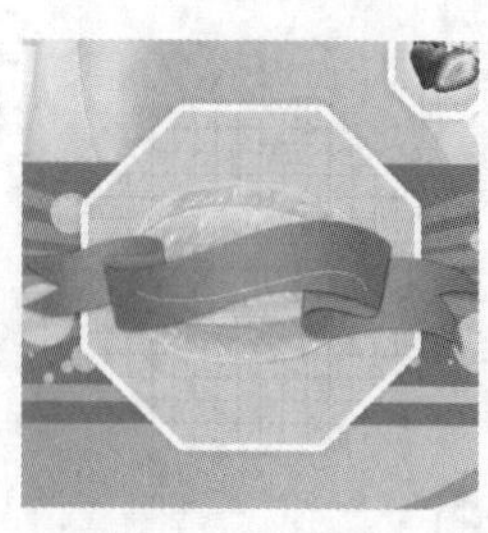

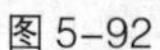

图 5-92

图 5-93

图 5-94

5.2.4 【相关工具】

1. 路径文字

Photoshop CS4 提供了新的文字排列方法，可以像在 Illustrator 中一样把文本沿着路径放置，Photoshop CS4 中沿着路径排列的文字还可以在 Illustrator 中直接编辑。

◎ 在路径上创建文字

选择“钢笔”工具，在图像中绘制一条路径，如图 5-95 所示。选择“横排文字”工具 T，将鼠标指针放在路径上，鼠标指针变为图标，如图 5-96 所示，单击路径出现闪烁的光标，此处为输入文字的起始点。输入的文字会沿着路径的形状进行排列，效果如图 5-97 所示。

文字输入完成后，在“路径”控制面板中会自动生成文字路径层，如图 5-98 所示。取消“视图 > 显示额外内容”命令的选中状态，可以隐藏文字路径，如图 5-99 所示。

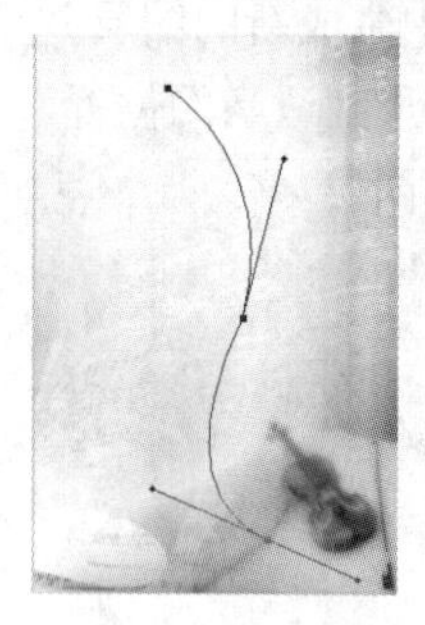

图 5-95

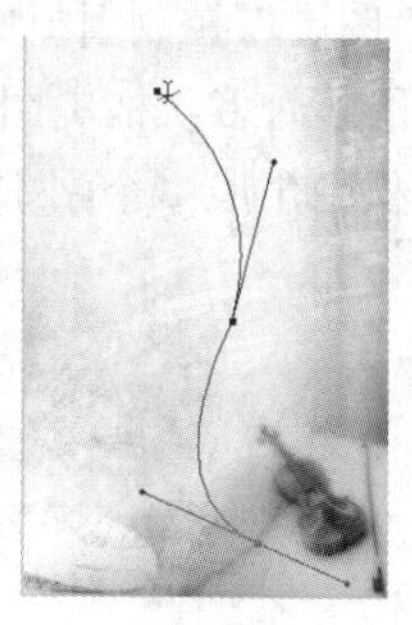

图 5-96

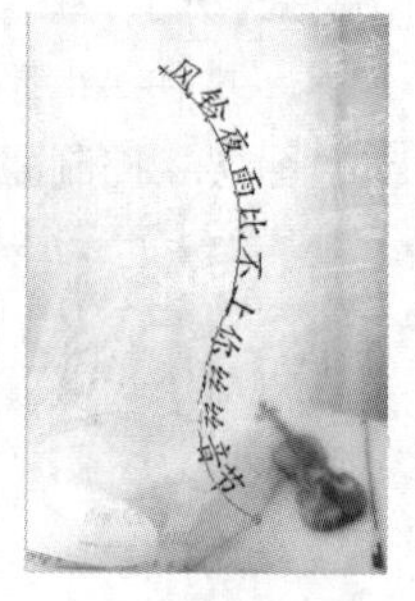

图 5-97

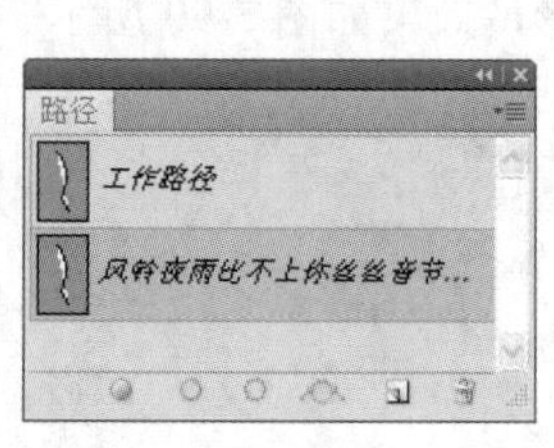

图 5-98

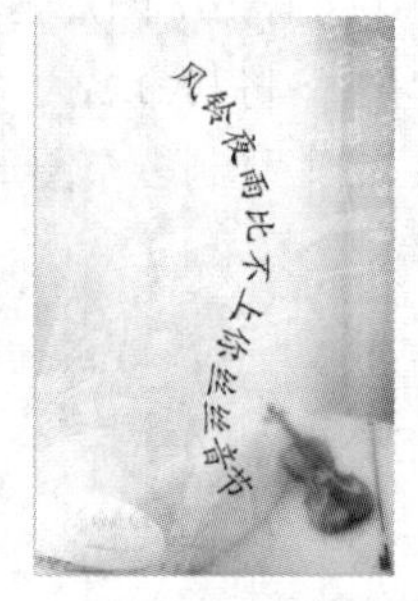

图 5-99

提 示 “路径”控制面板中的文字路径层与“图层”控制面板中相对的文字图层是相互链接的，删除文字图层时，文字的路径层会被自动删除，删除其他工作路径不会对文字的排列有影响。如果要修改文字的排列形状，需要对文字路径进行修改。

◎ 在路径上移动文字

选择“路径选择”工具，将鼠标指针放置在文字上，鼠标指针显示为图标，如图 5-100 所示。单击并沿着路径拖曳鼠标，可以移动文字，效果如图 5-101 所示。

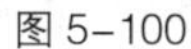
图 5-100

图 5-101

◎ 在路径上翻动文字

选择“路径选择”工具，将鼠标指针放置在文字上，鼠标指针显示为图标，如图 5-102 所示。将文字向路径内部拖曳，可以沿路径翻转文字，效果如图 5-103 所示。

◎ 修改路径绕排文字的形态

创建了路径绕排文字后，同样可以编辑文字绕排的路径。选择“直接选择”工具，在路径上单击，路径上显示出控制手柄，拖曳控制手柄可以修改路径的形状，如图 5-104 所示。文字会按照修改后的路径进行排列，效果如图 5-105 所示。

图 5-102

图 5-103

图 5-104

图 5-105

2. 像素化滤镜

像素化滤镜用于将图像分块或平面化。像素化滤镜的菜单如图 5-106 所示。应用像素化滤镜组中的滤镜制作的图像效果如图 5-107 所示。

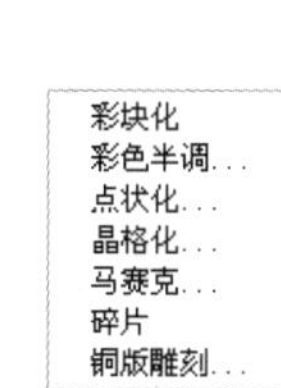

图 5-106

原图

彩块化

彩色半调

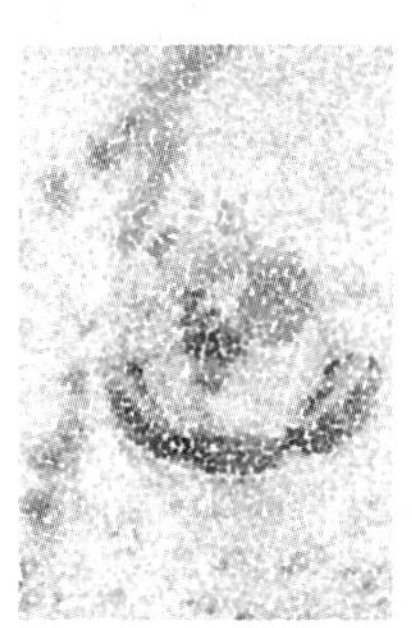
点状化

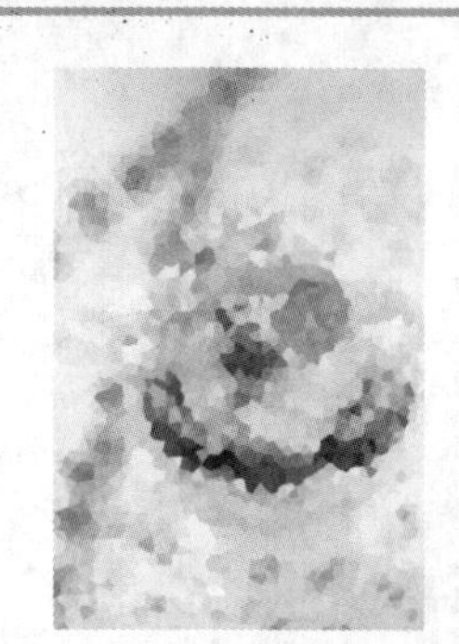
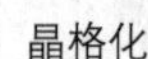
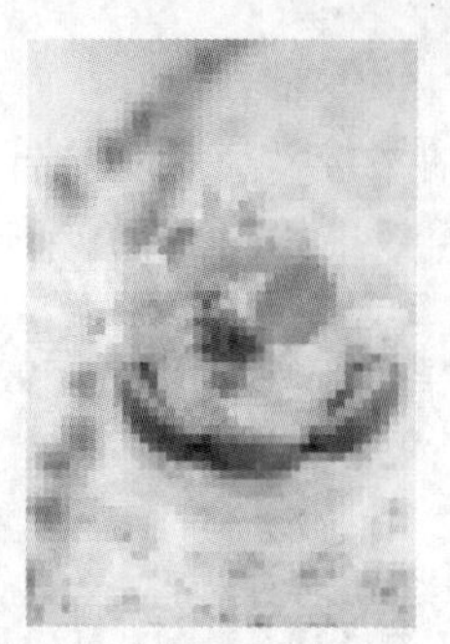
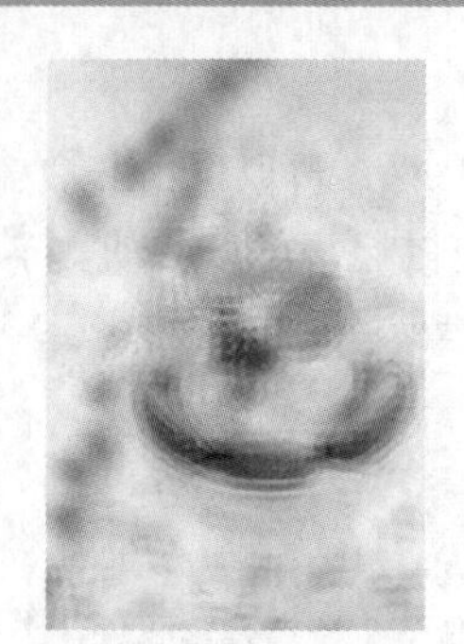
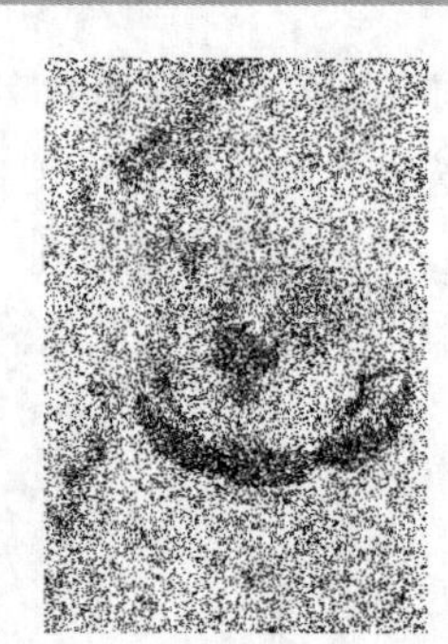

晶格化　马赛克　碎片　铜版雕刻

图 5-107

5.2.5 【实战演练】制作金融宣传单

使用横排文字工具输入需要的文字，使用字符面板调整字距和行距，使用文字变形命令制作文字变形效果。（最终效果参看光盘中的“Ch05 > 效果 > 制作金融宣传单”，见图 5-108。）

图 5-108

5.3 制作购物宣传单

5.3.1 【案例分析】

购物是现在都市人时尚休闲必不可少的一部分。购物宣传单是商家扩大销售、提高营业额的重要宣传手段。本案例是为百货公司制作的购物宣传单，要求能体现出时尚休闲的购物氛围和超值的购物优惠。

5.3.2 【设计理念】

在设计制作过程中，通过不同明度的粉色展示出温馨素雅的购物氛围，使用人物图片和装饰图形展示出百货公司现代、时尚的购物理念和文化；通过经过艺术处理的文字揭示出宣传的主题和购物信息。（最终效果参看光盘中的“Ch05 > 效果 > 制作购物宣传单”，见图 5-109。）

图 5-109

5.3.3 【操作步骤】

步骤 1 按 Ctrl＋O 组合键，打开光盘中的“Ch05 > 素材 > 制作购物宣传单 > 01”文件。选择“横排文字”工具 T，在属性栏中选择合适的字体并设置文字大小，如图 5-110 所示。在“图层”控制面板中生成新的文字图层。

步骤 2 选择“图层 > 栅格化 > 文字”命令，将文字图层转换为图像图层。

步骤 3 选择“套索”工具，在“彩”字上方绘制选区，如图 5-112 所示。按 Delete 键将选区中的图像删除。按 Ctrl+D 组合键取消选区。

图 5-110

图 5-111

图 5-112

步骤 4 新建图层并将其命名为“形状”。选择“钢笔”工具，选中属性栏中的“路径”按钮，在图像窗口中绘制路径，如图 5-113 所示。按 Ctrl+Enter 组合键将路径转换为选区，选择“渐变”工具，单击属性栏中的“点按可编辑渐变”按钮，弹出“渐变编辑器”对话框，在“预设”选项组中选择“蓝，红，黄渐变”选项，如图 5-114 所示，单击“确定”按钮。选中属性栏中的“径向渐变”按钮，按住 Shift 键的同时，在图像窗口中从左至右拖曳渐变色，取消选区后的效果如图 5-115 所示。

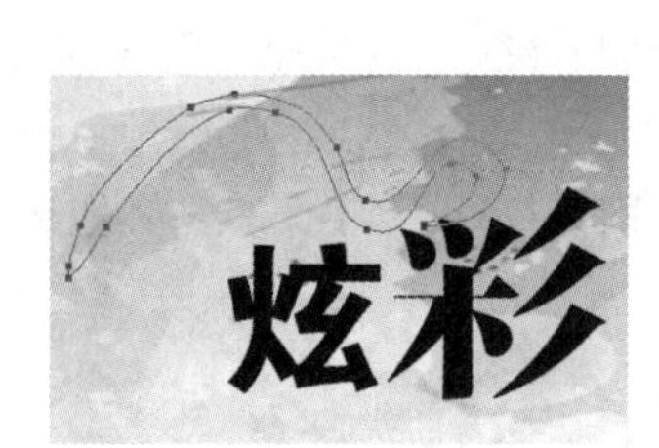

图 5-113

图 5-114

图 5-115

步骤 5 按住 Ctrl 键的同时，在“图层”控制面板中单击“炫彩”图层的图层缩览图，在文字图像周围生成选区。选择“矩形选框”工具，在选区中单击鼠标右键，在弹出的快捷菜单中选择“建立工作路径”命令，在弹出的“建立工作路径”对话框中进行设置，如图 5-116 所示，单击“确定”按钮。选择“直接选取”工具，选择“炫”字需要的节点并拖曳到适当的位置，效果如图 5-117 所示。

步骤 6 按 Ctrl+Enter 组合键将路径转换为选区。选择“渐变”工具，按住 Shift 键的同时，在图像窗口中从左至右拖曳渐变色，取消选区后的效果如图 5-118 所示。

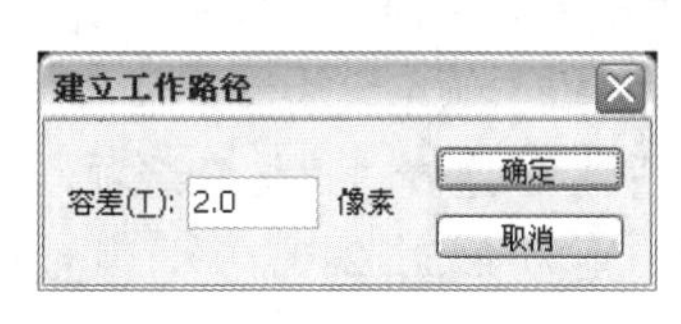

图 5-116

图 5-117

图 5-118

步骤 7 单击“图层”控制面板下方的“添加图层样式”按钮，在弹出的下拉菜单中选择“投影”选项，弹出“投影”对话框，将投影颜色设为深蓝色（其 R、G、B 的值分别为 42、3、

103），其他选项的设置如图 5-119 所示。单击“确定”按钮，效果如图 5-120 所示。

步骤 8 在“图层”控制面板中选中“炫彩”文字图层，单击鼠标右键，在弹出的快捷菜单中选择“拷贝图层样式”命令。选中“形状”图层，单击鼠标右键，在弹出的快捷菜单中选择“粘贴图层样式”命令，效果如图 5-121 所示。选择“横排文字”工具 T，分别在属性栏中选择合适的字体并设置文字大小，分别输入需要的蓝色文字（其 R、G、B 的值分别为 0、120、254），如图 5-122 所示。在“图层”控制面板中分别生成新的文字图层。

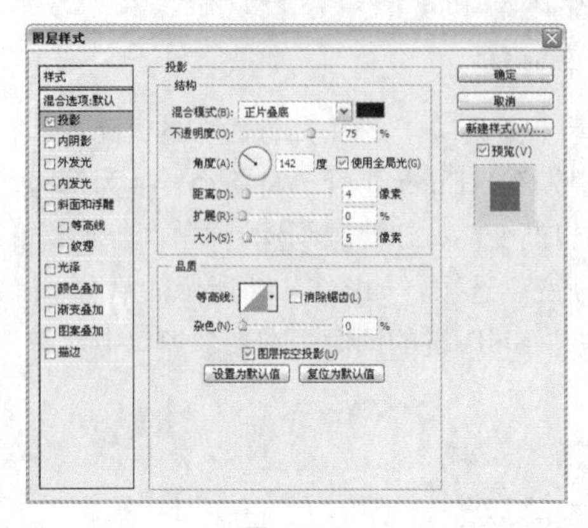

图 5-119

图 5-120

图 5-121

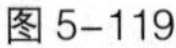

图 5-122

步骤 9 选中“7”文字图层，单击“图层”控制面板下方的“添加图层样式”按钮 fx，在弹出的下拉菜单中选择“投影”选项，弹出“投影”对话框，将投影颜色设为深红色（其 R、G、B 的值分别为 94、29、0），其他选项的设置如图 5-123 所示。选择“描边”选项，弹出“描边”对话框，将描边颜色设为黄色（其 R、G、B 的值分别为 255、240、0），其他选项的设置如图 5-124 所示，单击“确定”按钮，效果如图 5-125 所示。

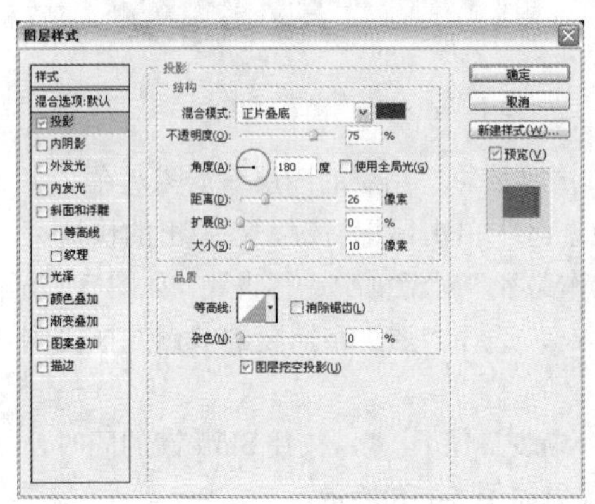

图 5-123

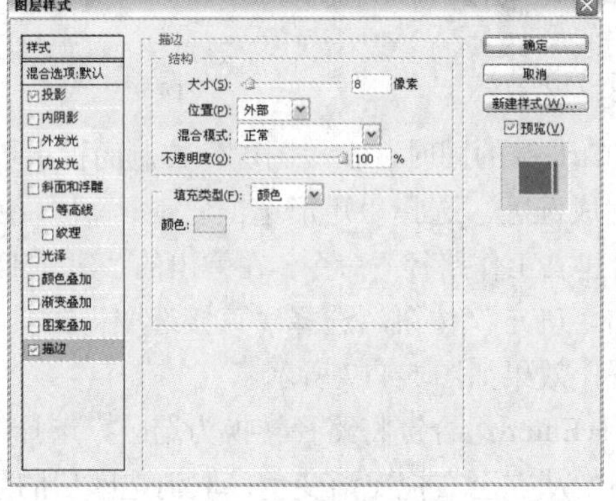

图 5-124

图 5-125

步骤 10 选中“月”文字图层。单击“图层”控制面板下方的“添加图层样式”按钮 fx，在弹出的下拉菜单中选择“投影”选项，弹出“投影”对话框，将投影颜色设为深红色（其 R、G、B 的值分别为 94、29、0），其他选项的设置如图 5-126 所示。选择“描边”选项，弹出“描边”对话框，将描边颜色设为黄色（其 R、G、B 的值分别为 255、240、0），其他选项的设置如图 5-127 所示。单击“确定”按钮，效果如图 5-128 所示。

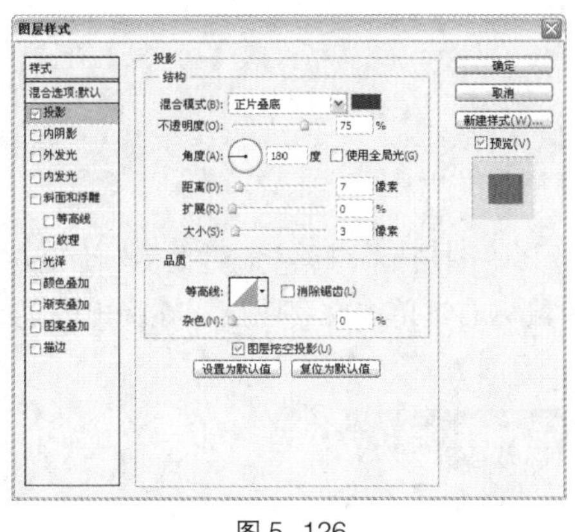

图 5-126

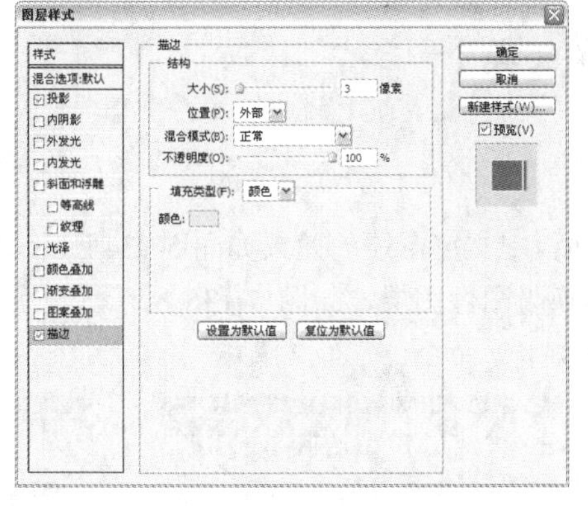

图 5-127

图 5-128

步骤 11 选择“横排文字”工具 T，在属性栏中选择合适的字体并设置文字大小，输入需要的红色文字（其 R、G、B 的值分别为 162、3、70），在“图层”控制面板中生成新的文字图层。用上述所讲的方法对刚刚输入的文字进行编辑，效果如图 5-129 所示。

步骤 12 单击“图层”控制面板下方的“添加图层样式”按钮 fx，在弹出的下拉菜单中选择“投影”选项，弹出“投影”对话框，将投影颜色设为黄色（其 R、G、B 的值分别为 255、228、0），其他选项的设置如图 5-130 所示。单击“确定”按钮，效果如图 5-131 所示。

图 5-129

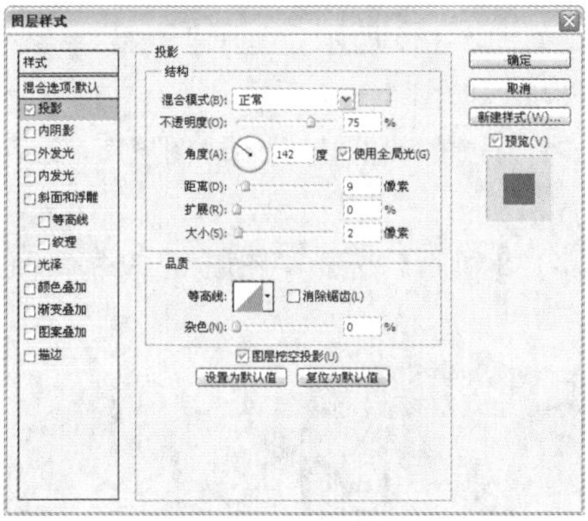

图 5-130

图 5-131

步骤 13 选择“横排文字”工具 T，在属性栏中选择合适的字体并设置文字大小，输入需要的黑色文字，如图 5-132 所示。在“图层”控制面板中生成新的文字图层。

步骤 14 按 Ctrl+O 组合键，打开光盘中的“Ch05> 素材 > 制作购物宣传单 > 02”文件。选择“移动”工具，拖曳文字到图像窗口的下方，效果如图 5-133 所示。在“图层”控制面板中生成新的图层并将其命名为“文字”。购物宣传单制作完成。

图 5-132

图 5-133

5.3.4 【相关工具】

1. 栅格化文字

“图层”控制面板中文字图层的效果如图 5-134 所示，选择“图层 > 栅格化 > 文字”命令，可以将文字图层转换为图像图层，如图 5-135 所示。也可用鼠标右键单击文字图层，在弹出的菜单中选择“栅格化文字”命令。

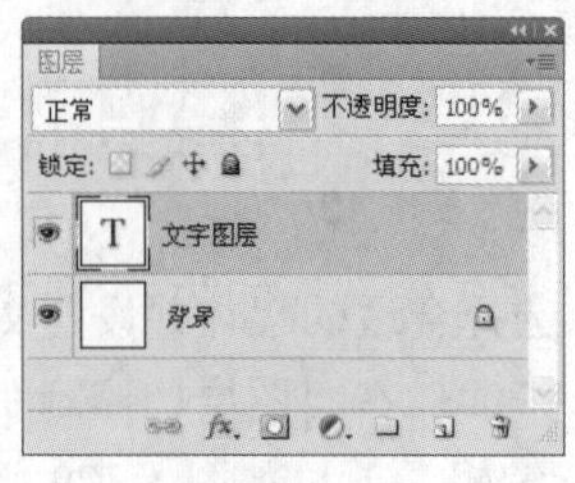

图 5-134

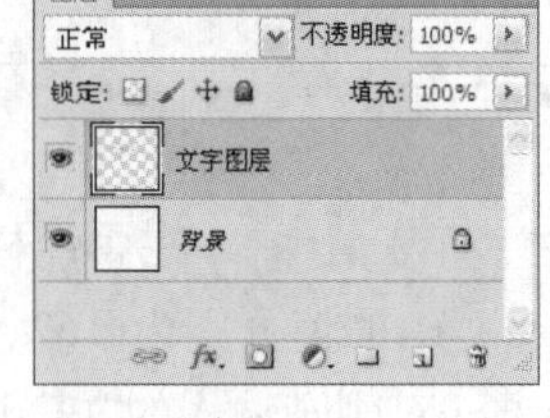

图 5-135

2. 点文字与段落文字、路径、形状的转换

◎ **点文字与段落文字的转换**

在图像中建立点文字图层，如图 5-136 所示。选择“图层 > 文字 > 转换为段落文本”命令，将点文字图层转换为段落文字图层，如图 5-137 所示。

要将建立的段落文字图层转换为点文字图层，选择“图层 > 文字 > 转换为点文本”命令即可。

◎ **将文字转换为路径**

在图像中输入文字，如图 5-138 所示。选择“图层 > 文字 > 创建工作路径”命令，将文字转换为路径，如图 5-139 所示。

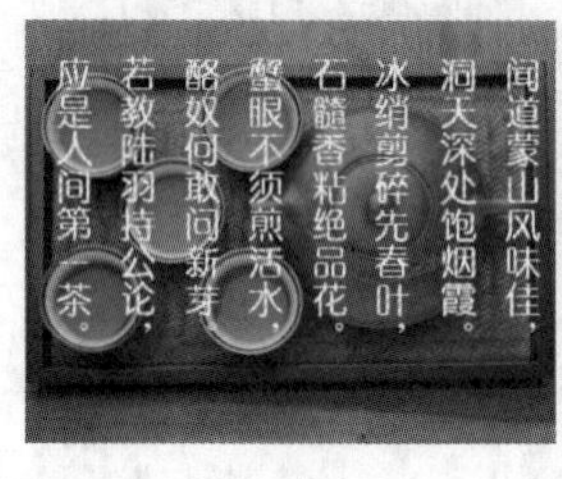

图 5-136

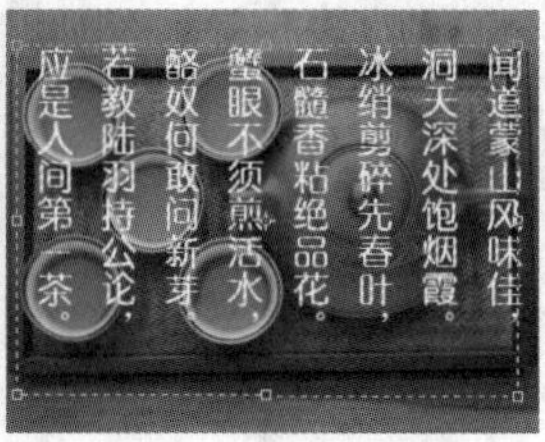

图 5-137

图 5-138

图 5-139

◎ **将文字转换为形状**

在图像中输入文字，如图 5-140 所示。选择“图层 > 文字 > 转换为形状”命令，将文字转换为形状，如图 5-141 所示。在“图层”控制面板中文字图层被形状路径图层所代替，如图 5-142 所示。

图 5-140

图 5-141

图 5-142

5.3.5 【实战演练】制作牙膏宣传单

使用亮度/对比度命令调整人物图片的颜色，使用横排文字工具、钢笔工具和添加图层样式命令制作宣传语，使用扩展命令和渐变工具制作宣传语底图，使用横排文字工具和描边命令添加小标题。（最终效果参看光盘中的“Ch05 > 效果 > 制作牙膏宣传单”，见图 5-143。）

图 5-143

5.4 综合演练——制作酒吧宣传单

使用画笔工具、风滤镜命令和不透明度选项制作背景底图，使用扩展选区命令制作人物描边，使用投影命令为图片添加投影效果，使用文字工具输入宣传性文字。（最终效果参看光盘中的“Ch05 > 效果 > 制作酒吧宣传单”，见图 5-144。）

图 5-144

5.5 综合演练——制作饮料产品宣传单

使用外发光命令为巧克力图片添加发光效果，使用椭圆选框工具、羽化选区命令制作图片投影效果，使用直排文字工具输入标题文字，使用描边命令为文字添加描边效果。（最终效果参看光盘中的“Ch05 > 效果 > 制作饮料产品宣传单”，见图 5-145。）

图 5-145

第6章 广告设计

广告以多种形式出现在城市中，它是城市商业发展的写照。广告一般通过电视、报纸、霓虹灯等媒体来发布。好的广告能强化视觉冲击力，抓住观众的视线。本章以制作多种题材的广告为例，介绍广告的设计方法和制作技巧。

课堂学习目标

- 掌握广告的设计思路和表现手段
- 掌握广告的制作方法和技巧

6.1 制作戒指广告

6.1.1 【案例分析】

即将步入婚姻殿堂的情侣一定想要为心爱之人购买爱情信物，而结婚钻戒就是最好的爱情信物。在结婚钻戒海报设计上要营造出温馨浪漫的气氛，表达出对爱情的忠贞和对未来美好生活的向往。

6.1.2 【设计理念】

在设计思路上，通过淡紫色的背景和装饰花形的融合展现出浪漫优雅的氛围，同时散发出含蓄婉约的气质。时尚人物的添加给人讲究、洗练之感。使用两颗装饰心形衬托出两枚戒指，既突出结婚钻戒的漂亮款式和材质，又揭示出心心相印的爱情主题。最后通过设计的文字点明钻戒的系列主题。（最终效果参看光盘中的“Ch06 > 效果 > 制作戒指广告”，见图 6-1。）

图 6–1

6.1.3 【操作步骤】

1. 制作背景图像

步骤 1 按 Ctrl+O 组合键，打开光盘中的“Ch06 > 素材 >制作戒指广告> 01、02”文件，如图 6-2 所示。选择“移动”工具，将人物图片拖曳到图像窗口中适当的位置并调整其大小，效果如图 6-3 所示。在“图层”控制面板中生成新的图层并将其命名为“人物”。

图 6–2

图 6–3

步骤 2 单击“图层”控制面板下方的“添加图层样式”按钮 fx，在弹出的菜单中选择“外发光”命令，弹出对话框，选项的设置如图 6-4 所示。单击“确定”按钮，效果如图 6-5 所示。

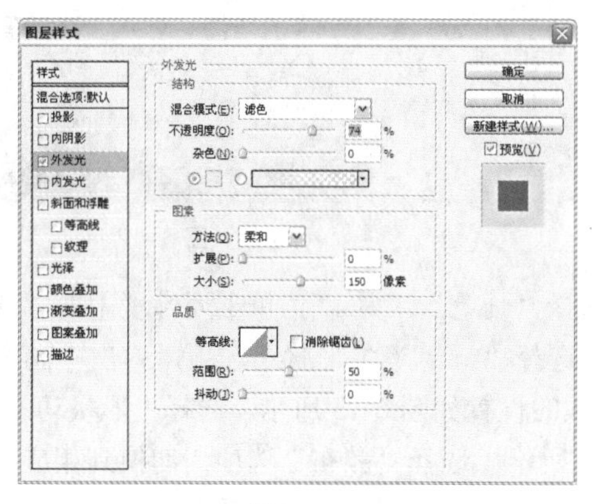

图 6–4

图 6–5

步骤 3 单击“图层”控制面板下方的“创建新组”按钮，生成新的图层组并将其命名为“戒指”。新建图层生成“图层 1”。将前景色设为白色。选择“自定形状”工具，单击属性栏中的“形状”选项，弹出“形状”面板，在“形状”面板中选中图形“红心形卡”，如图 6-6 所示。选中属性栏中的“填充像素”按钮，在图像窗口中拖曳鼠标绘制图形，如图 6-7 所示。在“图层”控制面板上方，将“图层 1”图层的“填充”选项设为 0%。

图 6–6

步骤 4 单击“图层”控制面板下方的“添加图层样式”按钮 fx，在弹出的菜单中选择“内发光”命令，弹出对话框，将发光颜色设为白色，其他选项的设置如图 6-8 所示。单击“确定”按钮，效果如图 6-9 所示。

图 6-7

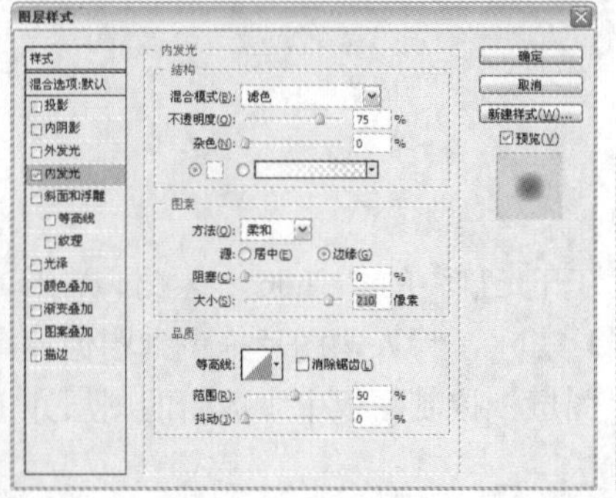

图 6-8

图 6-9

步骤 5 新建图层生成“图层 2”。按住 Shift 键的同时，用鼠标单击“图层 1”图层，将需要的图层同时选取，按 Ctrl+E 组合键合并图层并将其命名为“心形”，如图 6-10 所示。

步骤 6 选择“滤镜 > 模糊 > 高斯模糊”命令，在弹出的对话框中进行设置，如图 6-11 所示。单击“确定”按钮，效果如图 6-12 所示。

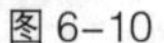

图 6-10

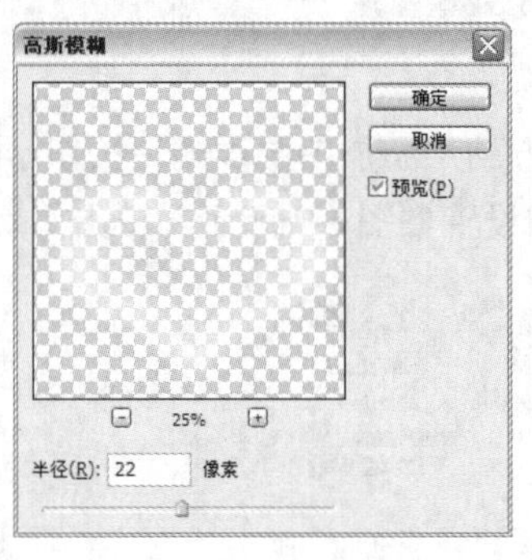

图 6-11

图 6-12

步骤 7 新建图层并将其命名为“画笔 1”。选择“画笔”工具，单击属性栏中的“切换画笔面板”按钮，弹出“画笔”控制面板，选择“画笔笔尖形状”选项，弹出“画笔笔尖形状”面板，选择“尖角 30”画笔，其他选项的设置如图 6-13 所示。选择“形状动态”选项，切换到相应的面板中进行设置，如图 6-14 所示。选择“散布”选项，切换到相应的面板中进行设置，如图 6-15 所示。在心形周围拖曳鼠标绘制图形，效果如图 6-16 所示。

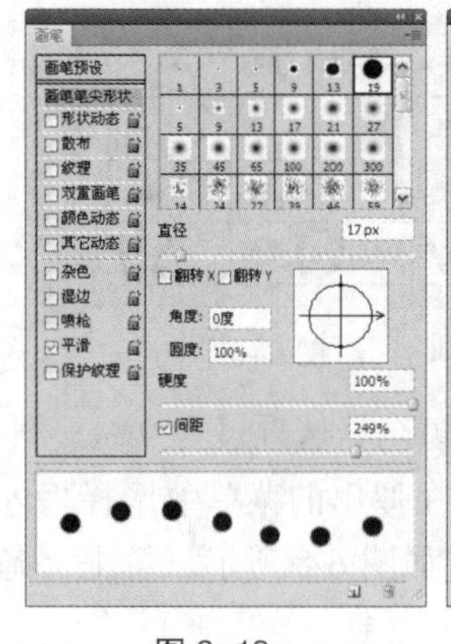

图 6-13

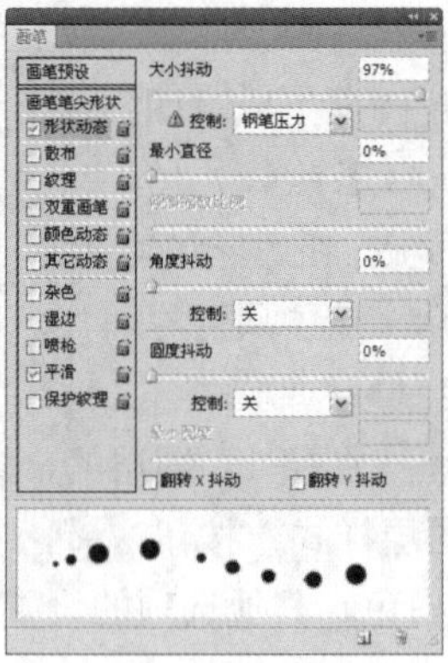

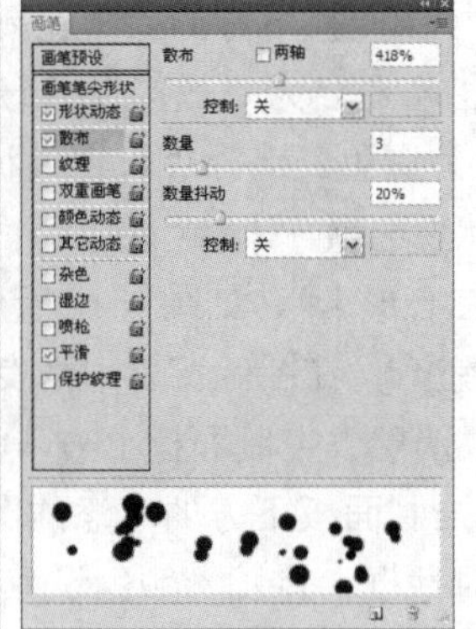

图 6-14

图 6-15

图 6-16

步骤 8 新建图层并将其命名为“画笔 2”。选择“画笔”工具，在图像窗口中拖曳鼠标绘制图形，效果如图 6-17 所示。在属性栏中将“不透明度”选项设为 50%，再次拖曳鼠标，绘制出的效果如图 6-18 所示。

步骤 9 新建图层并将其命名为“画笔 3”。将前景色设为黑色。选择“画笔”工具，在心形周围再次拖曳鼠标绘制图形，效果如图 6-19 所示。

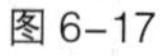
图 6-17

图 6-18

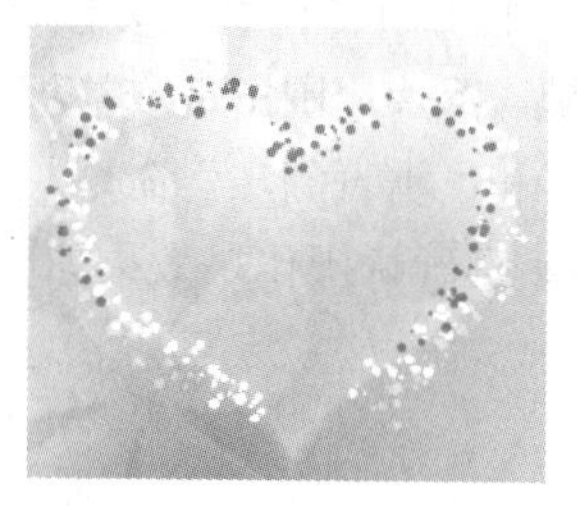

图 6-19

步骤 10 按住 Shift 键的同时，用鼠标单击“画笔 1”图层，将其同时选取，按 Ctrl+E 组合键合并图层并将其命名为“水晶心”。在“图层”控制面板上方，将“水晶心”图层的混合模式选项设为“叠加”，图像效果如图 6-20 所示。

步骤 11 按住 Shift 键的同时，用鼠标单击“心形”图层，将两个图层同时选取。按 Ctrl+T 组合键，图形周围出现变换框，将鼠标指针放在变换框的控制手柄附近，鼠标指针变为旋转图标，拖曳鼠标将图形旋转到适当的角度，按 Enter 键确定操作，效果如图 6-21 所示。

图 6-20

图 6-21

步骤 12 将选中的图层拖曳到控制面板下方的“创建新图层”按钮上进行复制，生成新的副本图层，如图 6-22 所示。

步骤 13 按 Ctrl+T 组合键，图形周围出现变换框，将鼠标指针放在变换框控制手柄的附近，鼠标指针变为旋转图标，拖曳鼠标将图形旋转到适当的角度并调整其大小，按 Enter 键确定操作，效果如图 6-23 所示。

图 6-22

图 6-23

2. 添加并编辑图片

步骤 1 按 Ctrl+O 组合键，打开光盘中的“Ch06 > 素材 >制作戒指广告> 03”文件。选择“移动”工具，将戒指图片拖曳到图像窗口中适当的位置，如图 6-24 所示。在“图层”控制面板中生成新的图层并将其命名为“戒指”。

步骤 2 按 Ctrl+J 组合键复制“戒指”图层，生成新的图层并将其命名为“投影”。按 Ctrl+T 组合键，图片周围出现变换框，在变制框中单击鼠标右键，在弹出的快捷菜单中选择“水平翻转”和“垂直翻转”命令，将图像水平并垂直翻转，向下拖曳翻转的图片到适当的位置，按 Enter 键确认操作，效果如图 6-25 所示。

图 6-24

图 6-25

步骤 3 按住 Ctrl 键的同时，单击“投影”图层的缩览图，图像周围生成选区，如图 6-26 所示。将前景色设为黑色，按 Alt+Delete 组合键用前景色填充选区，按 Ctrl+D 组合键取消选区，效果如图 6-27 所示。

图 6-26

图 6-27

步骤 4 在“图层”控制面板中，将“投影”图层拖曳到“戒指”图层的下方，效果如图 6-28 所示。将“投影”图层的“不透明度”选项设为 19%，如图 6-29 所示，图像效果如图 6-30 所示。

图 6-28

图 6-29

图 6-30

步骤 5 单击“图层”控制面板下方的“添加图层蒙版”按钮，为“投影”图层添加蒙版，如图 6-31 所示。选择“渐变”工具，单击属性栏中的“点按可编辑渐变”按钮，弹出“渐变编辑器”对话框，将渐变色设为从黑色到白色，并在图像窗口中拖曳渐变色，如图 6-32 所示。松开鼠标左键，效果如图 6-33 所示。

图 6-31

图 6-32

图 6-33

步骤 6 按住 Shift 键的同时，用鼠标单击“戒指”图层，将其同时选取，拖曳到控制面板下方的“创建新图层”按钮上进行复制，生成新的副本图层，如图 6-34 所示。选择“移动”工具，在图像窗口中拖曳复制的图片到适当的位置并调整其大小，效果如图 6-35 所示。单击“戒指”图层组左侧的三角形图标，将“戒指”图层组中的图层隐藏。

图 6-34

图 6-35

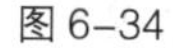

3. 添加介绍性文字

步骤 1 将前景色设为深紫色（其 R、G、B 的值分别为 54、48、71）。选择“横排文字”工具，在图像窗口中输入需要的文字。选取文字，在属性栏中选择合适的字体并设置文字大小，效果如图 6-36 所示。在“图层”控制面板中生成新的文字图层。

步骤 2 保持文字选取状态。按 Ctrl+T 组合键，弹出“字符”面板，单击面板中的“仿粗体”按钮将文字加粗，其他选项的设置如图 6-37 所示。按 Enter 键确认操作，取消文字选取状态，效果如图 6-38 所示。

图 6-36

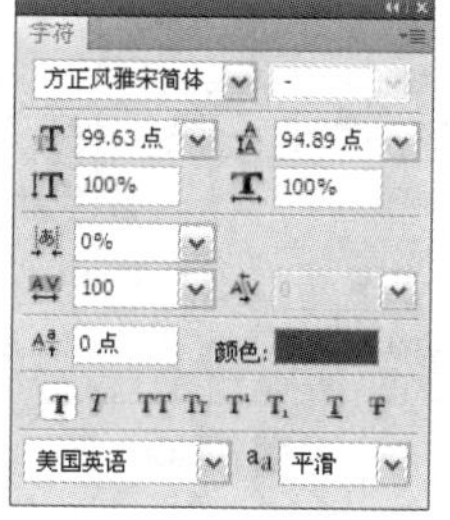

图 6-37

图 6-38

步骤 3 选择“横排文字”工具 T，在适当的位置输入需要的文字。选取文字，在属性栏中选择合适的字体并设置文字大小，效果如图 6-39 所示。在“图层”控制面板中生成新的文字图层。

步骤 4 选择“横排文字”工具 T，在文字右侧输入需要的文字并选取文字，在属性栏中选择合适的字体并设置文字大小，在“图层”控制面板中生成新的文字图层。在“字符”面板中，单击“仿粗体”按钮 T 将文字加粗，并将“设置所选字符的字距调整” AV 0 选项设置为 100，按 Enter 键确认操作，效果如图 6-40 所示。

图 6-39

图 6-40

步骤 5 选择“横排文字”工具 T，在文字下方再次输入需要的文字。选取文字，在属性栏中选择合适的字体并设置文字大小，效果如图 6-41 所示。在“图层”控制面板中生成新的文字图层。在“字符”面板中，单击“仿粗体”按钮 T 将文字加粗，按 Enter 键确认操作，效果如图 6-42 所示。

图 6-41

图 6-42

步骤 6 选择“横排文字”工具 T，在适当的位置输入需要的文字并选取文字，在属性栏中选择合适的字体并设置文字大小，效果如图 6-43 所示。在“图层”控制面板中分别生成新的文字图层。在“字符”面板中，单击“仿粗体”按钮 T 将文字加粗，其他选项的设置如图 6-44 所示，按 Enter 键确认操作。戒指广告制作完成，效果如图 6-45 所示。

图 6-43

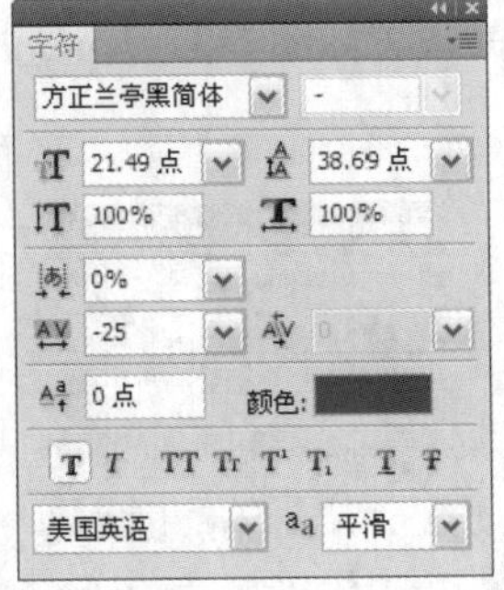

图 6-44

图 6-45

CHAPTER 6

6.1.4 【相关工具】

1. 添加图层蒙版

使用控制面板中的按钮或快捷键：单击“图层”控制面板下方的“添加图层蒙版”按钮 可以创建一个图层的蒙版，如图 6-46 所示。按住 Alt 键的同时单击“图层”控制面板下方的“添加图层蒙版”按钮 ，可以创建一个遮盖图层全部的蒙版，如图 6-47 所示。

选择“图层 > 图层蒙版 > 显示全部”命令，可显示图层中的全部图像。选择“图层 > 图层蒙版 > 隐藏全部”命令，可将图层中的图像全部遮盖。

2. 隐藏图层蒙版

按住 Alt 键的同时单击图层蒙版缩览图，图像窗口中的图像将被隐藏，只显示图层蒙版缩览图中的效果，如图 6-48 所示，“图层”控制面板中的效果如图 6-49 所示。按住 Alt 键的同时，再次单击图层蒙版缩览图，将恢复图像窗口中的图像效果。按住 Alt+Shift 组合键的同时，单击图层蒙版缩览图，将同时显示图像和图层蒙版中的内容。

图 6-46

图 6-47

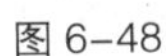
图 6-48

图 6-49

3. 图层蒙版的链接

在“图层”控制面板中，图层缩览图与图层蒙版缩览图之间存在链接图标。当图层图像与蒙版关联时，移动图像时蒙版会同步移动，单击链接图标将不显示此图标，可以分别对图像与蒙版进行操作。

4. 应用及删除图层蒙版

在“通道”控制面板中双击“枫叶蒙版”通道，弹出“图层蒙版显示选项”对话框，如图 6-50 所示，在对话框中可以对蒙版的颜色和不透明度进行设置。

选择“图层 > 图层蒙版 > 停用”命令或按住 Shift 键的同时单击“图层”控制面板中的图层蒙版缩览图，图层蒙版被停用，如图 6-51 所示，图像将全部显示，效果如图 6-52 所示。按住 Shift 键的同时再次单击图层蒙版缩览图，将恢复图层蒙版效果。

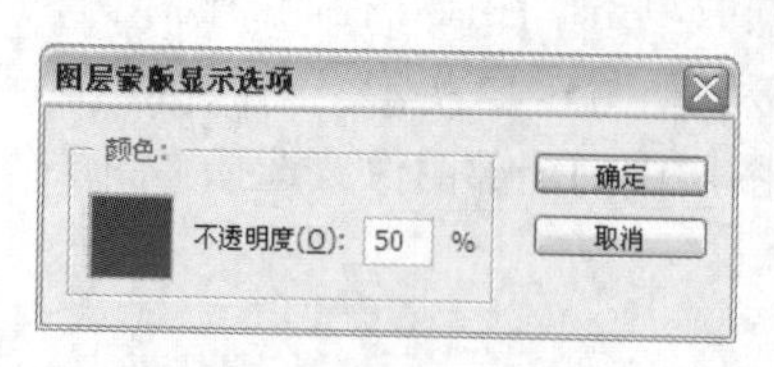

图 6-50

图 6-51

图 6-52

选择“图层 > 图层蒙版 > 删除”命令，或在图层蒙版缩览图上单击鼠标右键，在弹出的快捷菜单中选择“删除图层蒙版”命令，可以将图层蒙版删除。

5. 替换颜色

替换颜色命令能够将图像中的颜色进行替换。原始图像效果如图 6-53 所示，选择“图像 > 调整 > 替换颜色”命令，弹出“替换颜色”对话框。用吸管工具在花朵图像中吸取要替换的红色，单击“替换”选项组中的“结果”选项的颜色图标，弹出“选择目标颜色”对话框，将要替换的颜色设置为黄色，设置“替换”选项组的色相、饱和度和明度选项，如图 6-54 所示。单击“确定”按钮，红色的花朵被替换为黄色，效果如图 6-55 所示。

图 6-53

图 6-54

图 6-55

选区：用于设置“颜色容差”的数值，数值越大，吸管工具取样的颜色范围越大，在“替换”选项组中调整图像颜色的效果越明显。选中“选区”单选项可以创建蒙版。

6.1.5 【实战演练】制作房地产广告

使用图层蒙版和画笔工具擦除不需要的花车背景效果，使用外发光命令为建筑添加外发光效果，使用动感模糊滤镜命令制作楼房的背景模糊效果，使用横排文字工具添加宣传性文字。（最终效果参看光盘中的“Ch06 > 效果 > 制作房地产广告”，见图 6-56。）

图 6-56

6.2 制作运动鞋广告

6.2.1 【案例分析】

运动鞋是为人们参加运动或旅游而设计制造的，是休闲运动的必备品。运动鞋不仅舒适、美观，而且能起到避免运动伤害、增强运动功能、提高运动成绩的作用。本案例是为体育用品公司制作的运动鞋广告，要求展现出不断进取、超越自我的精神。

6.2.2 【设计理念】

在设计制作过程中，通过背景中的不断延伸的天空和道路展现出广阔无垠的天地和不断前进的动力。使用地球和穿在脚上的运动鞋表现出自信、自强和超越自我的精神。使用文字点明主题，展示出创造新纪录的勇气，整体设计直观、大方，主题突出。（最终效果参看光盘中的“Ch06 > 效果 > 制作运动鞋广告”，见图 6-57。）

图 6–57

6.2.3 【操作步骤】

1. 制作背景图像

步骤 1　按 Ctrl+O 组合键，打开光盘中的“Ch06 > 素材 > 制作运动鞋广告 > 01”文件，效果如图 6-58 所示。将“背景”图层拖曳到控制面板下方的“创建新图层”按钮上进行复制，生成新的图层“背景 副本”，如图 6-59 所示。单击“背景 副本”图层左侧的眼睛图标将该图层隐藏。

图 6–58

图 6–59

步骤 2 选中“背景”图层。选择“滤镜 > 画笔描边 > 喷溅”命令，在弹出的对话框中进行设置，如图 6-60 所示。单击“确定”按钮，图像效果如图 6-61 所示。

图 6-60

图 6-61

步骤 3 在“图层”控制面板中选中并显示“背景 副本”图层。单击控制面板下方的“添加图层蒙版”按钮，为“背景 副本”图层添加蒙版。在控制面板上方，将该图层的混合模式选项设为“强光”，如图 6-62 所示，效果如图 6-63 所示。

步骤 4 选择“渐变”工具，单击属性栏中的“点按可编辑渐变”按钮，弹出“渐变编辑器”对话框，在“位置”文本框中分别输入 0、25、50、75、100 几个位置点，分别设置这几个位置点颜色的 RGB 值为 0（0、0、0），25（147、151、151），50（255、255、255），75（147、151、151），100（0、0、0），如图 6-64 所示，单击“确定”按钮。选中属性栏中的“线性渐变”按钮，按住 Shift 键的同时在图像窗口中从上至下拖曳填充渐变色，效果如图 6-65 所示。

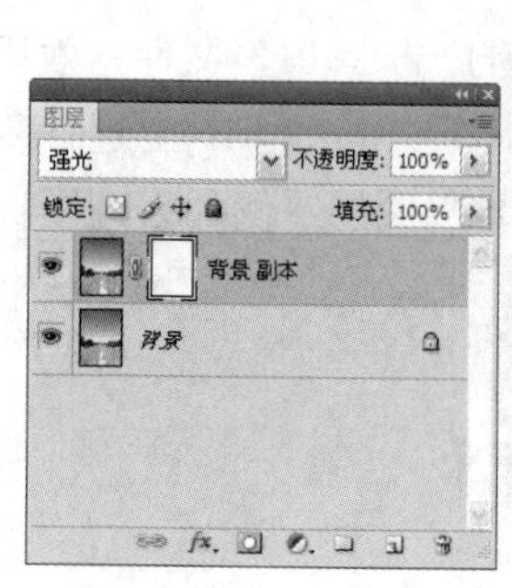

图 6-62

图 6-63

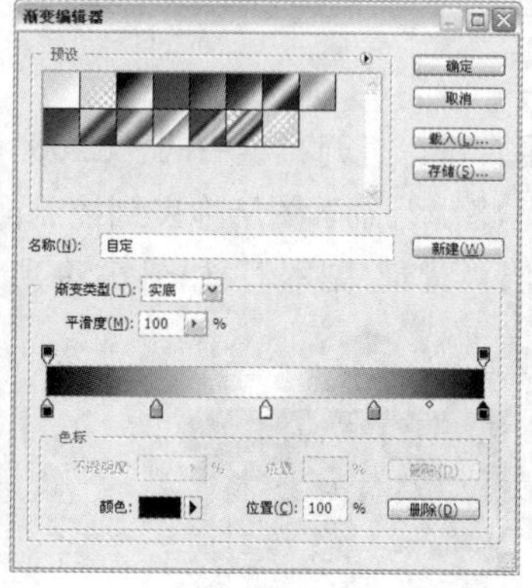

图 6-64

图 6-65

2. 绘制装饰图形

步骤 1 新建图层并将其命名为“形状”。选择“套索”工具，在图像窗口中绘制一个不规则选区，效果如图 6-66 所示。将前景色设为棕色（其 R、G、B 的值分别为 113、70、46）。按 Alt+Delete 组合键用前景色填充选区，按 Ctrl+D 组合键取消选区，效果如图 6-67 所示。

图 6-66

图 6-67

步骤 2 选择“滤镜 > 纹理 > 纹理化”命令，在弹出的对话框中进行设置，如图 6-68 所示。单击“确定”按钮，效果如图 6-69 所示。

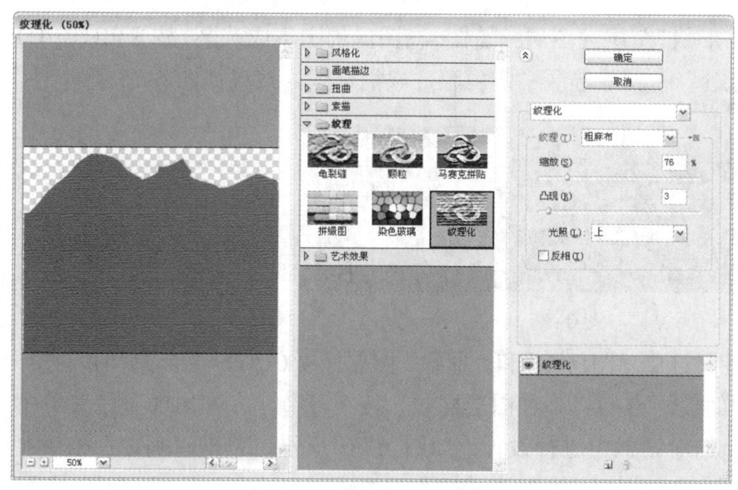

图 6-68

图 6-69

步骤 3 在“图层”控制面板中，按住 Ctrl 键的同时，单击“形状”图层的图层缩览图，在图形周围生成选区。新建图层生成“图层 1”。选择“选择 > 修改 > 收缩”命令，弹出“收缩选区”对话框，选项的设置如图 6-70 所示。单击“确定”按钮，效果如图 6-71 所示。

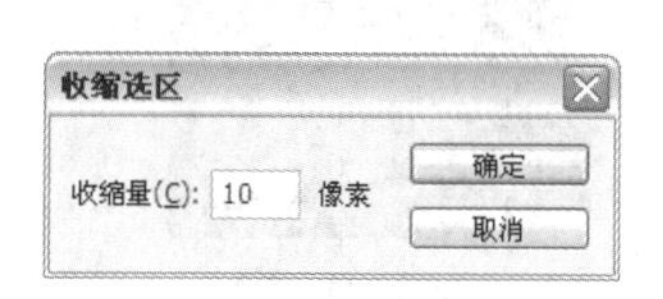

图 6-70

图 6-71

步骤 4 选择“画笔”工具，单击属性栏中的“切换画笔调板”按钮，弹出“画笔”控制面板，选择“画笔笔尖形状”选项，在弹出的面板中进行设置，如图 6-72 所示。选择“形状动态”选项，在弹出的面板中进行设置，如图 6-73 所示。选择“散布”选项，在弹出的面板中进行设置，如图 6-74 所示。按 Shift+Ctrl+I 组合键将选区反选，在图像窗口中绘制图形，取消选区。

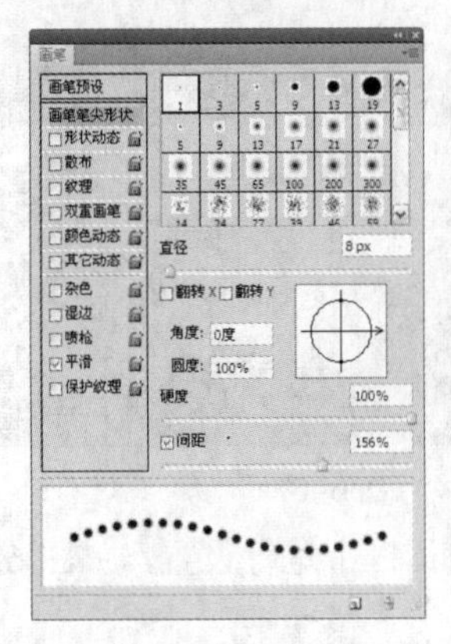

图 6–72

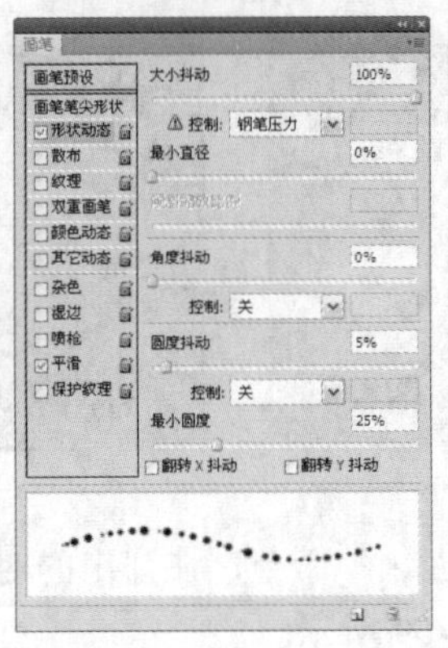

图 6–73

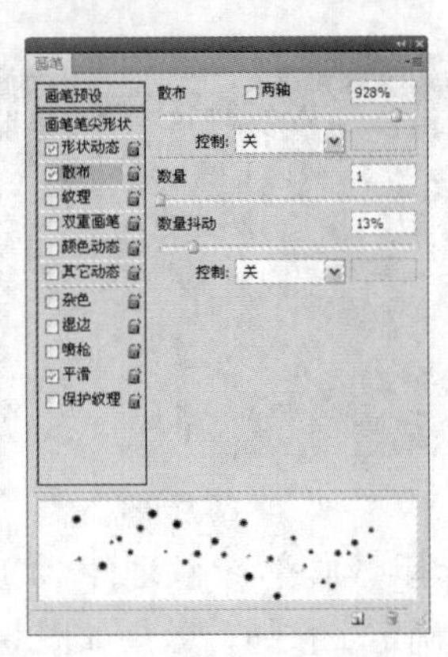

图 6–74

步骤 5 按住 Ctrl 键的同时单击“形状”图层的图层缩览图，在图形周围生成选区。按 Shift+Ctrl+I 组合键将选区反选，在“图层 1”中删除选区中的内容，取消选区，效果如图 6-75 所示。

图 6–75

步骤 6 在“图层”控制面板中同时选中“图层 1”和“形状”图层，按 Ctrl+E 组合键合并图层，并命名为“形状”。单击控制面板下方的“添加图层样式”按钮 *fx*，在弹出的下拉菜单中选择“内阴影”命令，在弹出的对话框中进行设置，如图 6-76 所示。单击“确定”按钮，效果如图 6-77 所示。

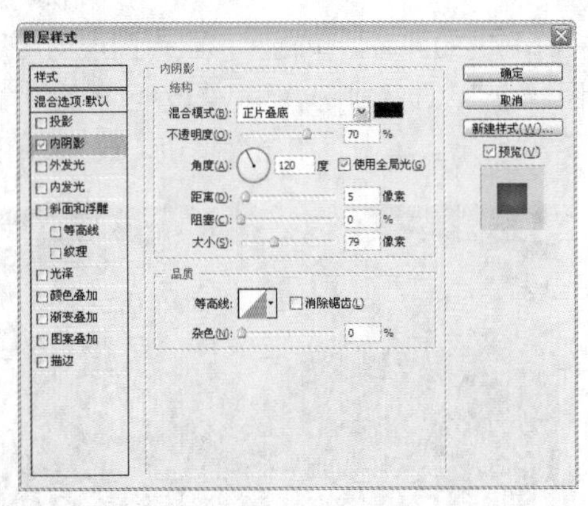

图 6–76

图 6–77

3. 制作地球图像

步骤 1 新建图层并将其命名为“圆形”。选择“椭圆选框”工具，按住 Shift 键的同时，拖曳鼠标绘制圆形选区，如图 6-78 所示。

步骤 2 选择“渐变”工具，单击属性栏中的“点按可编辑渐变”按钮，弹出“渐变编辑器”对话框，将渐变色设为从浅蓝色（其 R、G、B 的值分别为 18、133、218）到深蓝色（其 R、G、B 的值分别为 15、43、95），如图 6-79 所示，单击“确定”按钮。选中属

性栏中的“径向渐变”按钮，按住 Shift 键的同时，在选区中从中间至右下方拖曳填充渐变色。按 Ctrl+D 组合键取消选区，效果如图 6-80 所示。

图 6-78

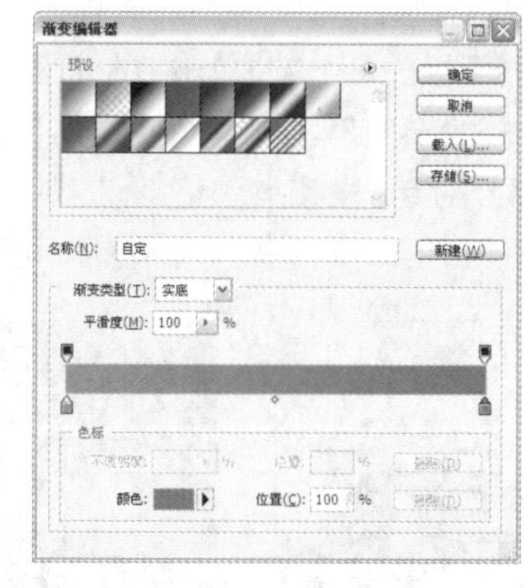

图 6-79

图 6-80

步骤 3 单击“图层”控制面板下方的“添加图层样式”按钮，在弹出的下拉菜单中选择“外发光”命令，弹出“外发光”对话框，将发光颜色设为白色，其他选项的设置如图 6-81 所示。单击“确定”按钮，图像效果如图 6-82 所示。

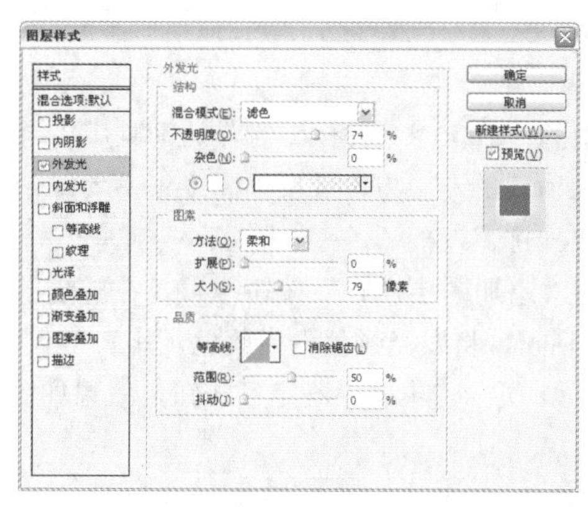

图 6-81

图 6-82

步骤 4 新建图层并将其命名为“圆形投影”。选择“椭圆选框”工具，在图像窗口中绘制一个椭圆形选区，效果如图 6-83 所示。按 Ctrl+Alt+D 组合键，在弹出的“羽化选区”对话框中进行设置，如图 6-84 所示，单击“确定”按钮。将前景色设为黑色，按 Alt+Delete 组合键填充选区，按 Ctrl+D 组合键取消选区，效果如图 6-85 所示。

图 6-83

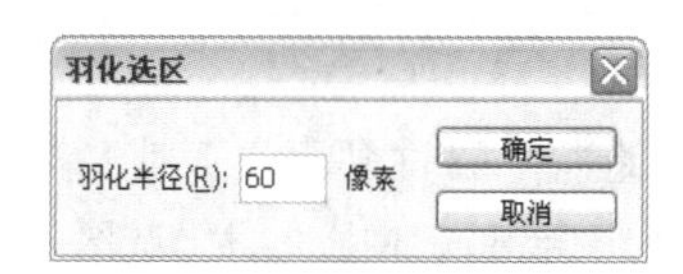

图 6-84

图 6-85

步骤 5 在“图层”控制面板中，将“圆形投影”图层拖曳到“圆形”图层的下方，并将其“不透明度”选项设为 50%，如图 6-86 所示，图像效果如图 6-87 所示。

步骤 6 按 Ctrl+O 组合键，打开光盘中的“Ch06 > 素材 > 制作运动鞋广告 > 02”文件。选择“移动”工具，将地球图片拖曳到图像窗口中，效果如图 6-88 所示。在“图层”控制面板中生成新的图层并将其命名为“地球”。

步骤 7 将“地球”图层拖曳到控制面板的最上方，单击控制面板下方的“添加图层蒙版”按钮为“地球”图层添加蒙版。选择“渐变”工具，单击属性栏中的“点按可编辑渐变”按钮，弹出“渐变编辑器”对话框，将渐变色设为从白色到黑色，单击“确定”按钮。按住 Shift 键的同时，在地球图片上从中间至右下方拖曳填充渐变色，效果如图 6-89 所示。

图 6-86

图 6-87

图 6-88

图 6-89

4. 添加图片和宣传性文字

步骤 1 按 Ctrl+O 组合键，打开光盘中的“Ch06 > 素材 > 制作运动鞋广告 > 03”文件。选择“移动”工具，将图片拖曳到图像窗口的左上方，效果如图 6-90 所示。在“图层”控制面板中生成新的图层并将其命名为“人物脚”。

步骤 2 单击“图层”控制面板下方的“添加图层样式”按钮，在弹出的下拉菜单中选择“外发光”命令，弹出“外发光”对话框，将发光颜色设为蓝色（其 R、G、B 的值分别为 0、164、188），其他选项的设置如图 6-91 所示。单击“确定”按钮，效果如图 6-92 所示。

图 6-90

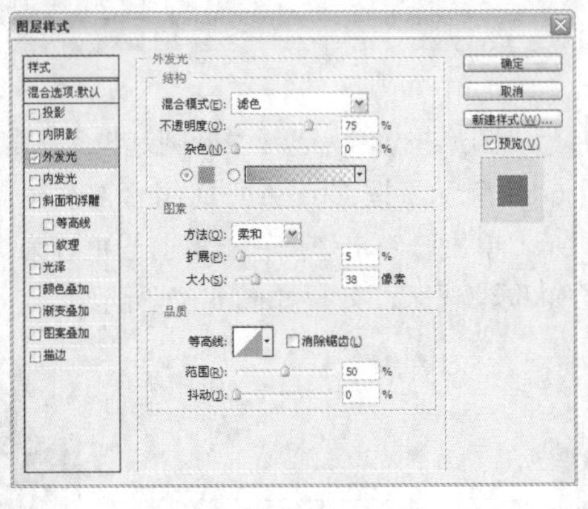

图 6-91

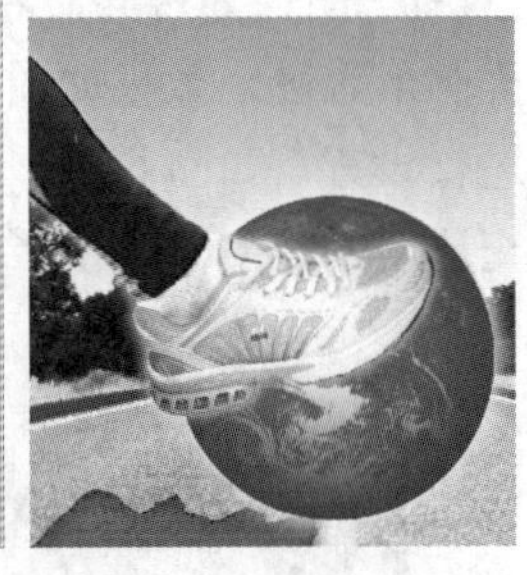

图 6-92

步骤 3 新建图层生成“图层 1”。选择“磁性套索”工具，在图像窗口中勾画腿部轮廓选区，如图 6-93 所示。按 Ctrl+Alt+D 组合键，弹出“羽化选区”对话框，将“羽化半径”设为 50，单击“确定”按钮。将前景色设为白色，按 Alt+Delete 组合键用前景色填充选区，按 Ctrl+D 组合键取消选区。

步骤 4 在“图层”控制面板上方，将“图层 1”的混合模式选项设为“溶解”。新建图层生成

"图层 2"，将其与"图层 1"同时选取，按 Ctrl+E 组合键合并图层并将其命名为"白色边缘"，拖曳"白色边缘"图层到"人物脚"图层的下方，效果如图 6-94 所示。

步骤 5 选中"人物脚"图层。按 Ctrl+O 组合键，打开光盘中的"Ch06 > 素材 > 制作运动鞋广告 > 04"文件。选择"移动"工具，将鞋图片拖曳到图像窗口的左下方，并将其旋转到适当的角度，效果如图 6-95 所示。在"图层"控制面板中生成新的图层并将其命名为"鞋外边框"，将该图层的"填充"选项设为 0%，如图 6-96 所示。

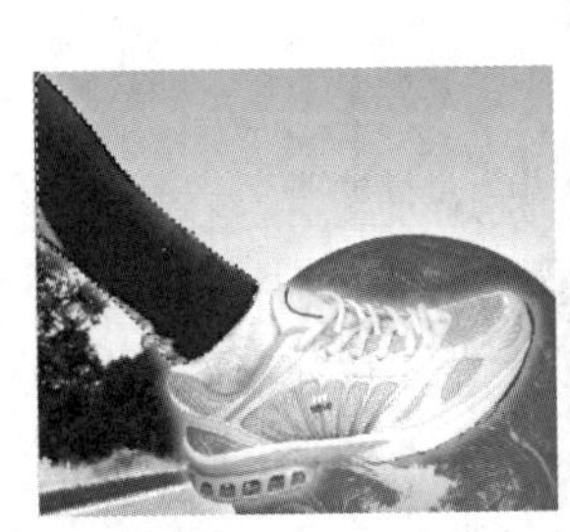

图 6-93

图 6-94

图 6-95

图 6-96

步骤 6 单击"图层"控制面板下方的"添加图层样式"按钮，在弹出的下拉菜单中选择"外发光"命令，弹出"外发光"对话框，将发光颜色设为白色，其他选项的设置如图 6-97 所示。单击"确定"按钮，效果如图 6-98 所示。

步骤 7 新建图层并将其命名为"线形"。选择"钢笔"工具，选中属性栏中的"路径"按钮，拖曳鼠标绘制不规则路径。按 Ctrl+Enter 组合键将路径转换为选区，按 Alt+Delete 组合键用前景色填充选区，按 Ctrl+D 组合键取消选区，效果如图 6-99 所示。

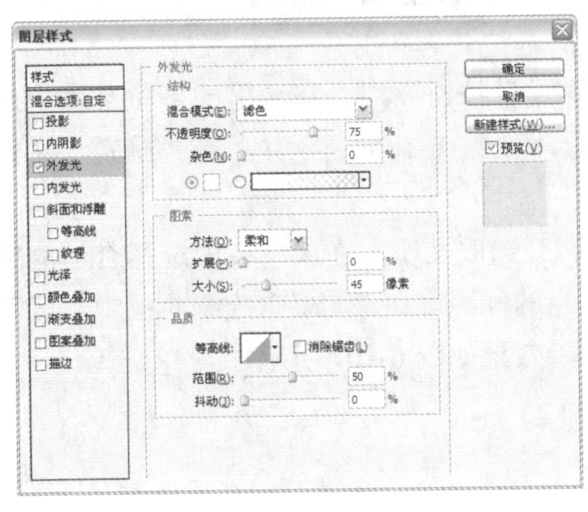

图 6-97

图 6-98

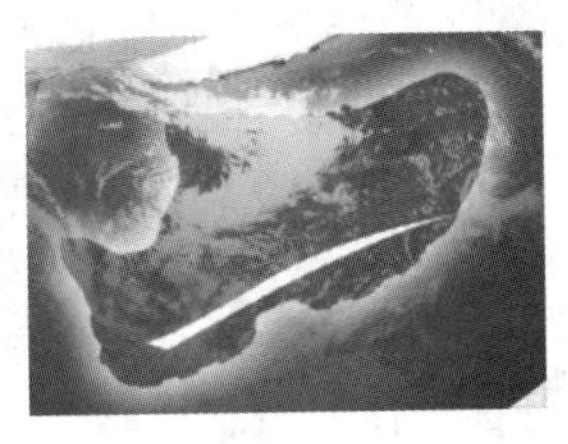

图 6-99

步骤 8 选择"横排文字"工具，输入需要的文字。选取文字，在属性栏中选择合适的字体并设置文字大小，按 Alt+←组合键调整文字到适当的间距。单击属性栏中的"创建文字变形"按钮，弹出"变形文字"对话框，选项的设置如图 6-100 所示。单击"确定"按钮，效果如图 6-101 所示。

步骤 9 将"步步皆坦途"文字图层拖曳到控制面板下方的"创建新图层"按钮上进行复制，生成新图层"步步皆坦途 副本"。选择"横排文字"工具，选中文字，将其填充为白色。选择"移动"工具，微调文字的位置，效果如图 6-102 所示。

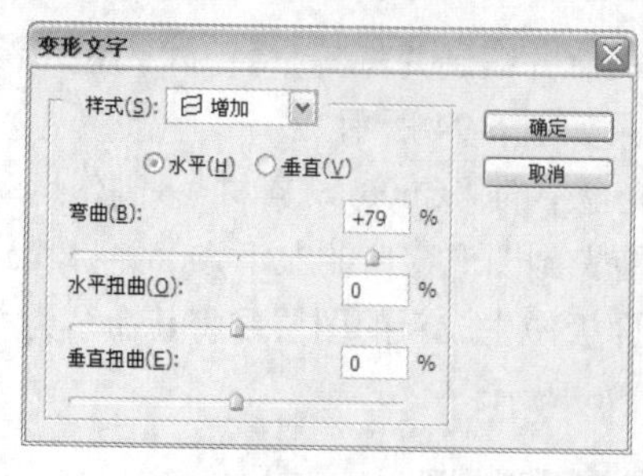

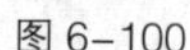
图 6-100

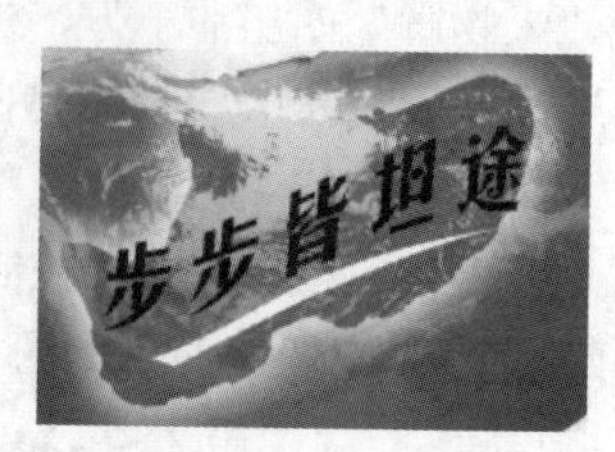

图 6-101

图 6-102

5. 制作广告语

步骤 1 选择“横排文字”工具T，输入需要的文字并设为白色，分别选取文字，在属性栏中选择合适的字体并设置文字大小，按 Alt+→组合键调整文字到适当的间距，在“图层”控制面板中生成新的文字图层。单击属性栏中的“创建文字变形”按钮，在弹出的对话框中进行设置，如图 6-103 所示。单击“确定”按钮，文字效果如图 6-104 所示。

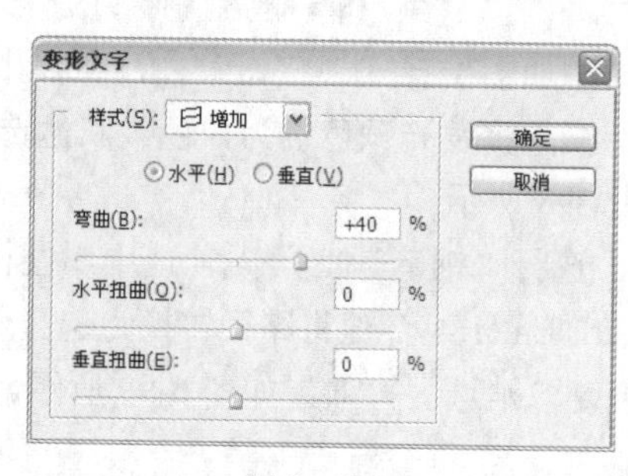

图 6-103

图 6-104

步骤 2 单击“图层”控制面板下方的“添加图层样式”按钮fx，在弹出的下拉菜单中选择“斜面和浮雕”命令，在弹出的对话框中进行设置，如图 6-105 所示。单击“确定”按钮，效果如图 6-106 所示。

步骤 3 选择“横排文字”工具T，输入需要的文字。选取文字，在属性栏中选择合适的字体并设置文字大小，按 Alt+→组合键调整文字到适当的间距，在“图层”控制面板中生成新的文字图层。在图像窗口中旋转文字到适当的角度，效果如图 6-107 所示。

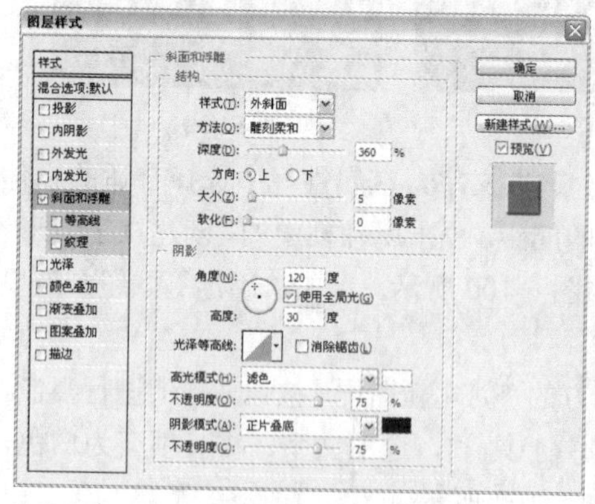

图 6-105

图 6-106

图 6-107

步骤 4 单击“图层”控制面板下方的“添加图层样式”按钮 *fx*，在弹出的下拉菜单中选择“斜面和浮雕”命令，在弹出的对话框中进行设置，如图 6-108 所示。选择“渐变叠加”选项，弹出相应的面板，将渐变色设为从红色（其 R、G、B 的值分别为 185、0、0）到蓝色（其 R、G、B 的值分别为 0、28、198），其他选项的设置如图 6-109 所示。单击“确定”按钮，效果如图 6-110 所示。

步骤 5 新建图层并将其命名为“文字底色”。选择“钢笔”工具，选中属性栏中的“路径”按钮，在图像窗口中绘制文字的轮廓路径。按 Ctrl+Enter 组合键将路径转换为选区，将选区填充为白色并取消选区，效果如图 6-111 所示。

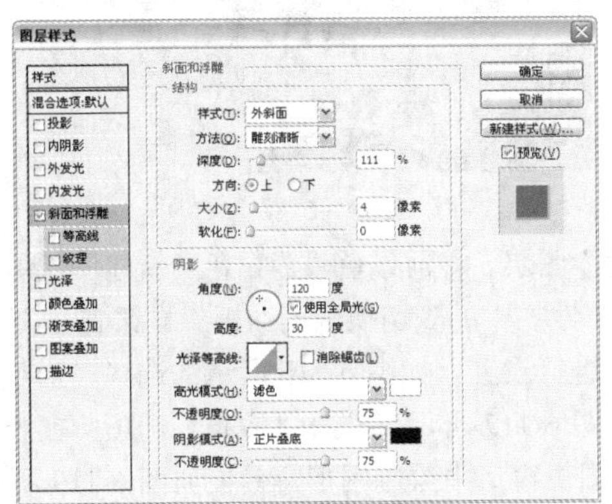

图 6-108

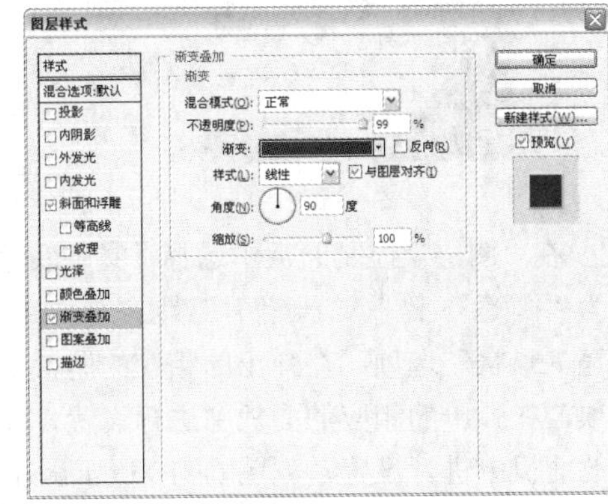

图 6-109

图 6-110

图 6-111

步骤 6 单击“图层”控制面板下方的“添加图层样式”按钮 *fx*，在弹出的下拉菜单中选择“内阴影”命令，在弹出的对话框中进行设置，如图 6-112 所示。单击“确定”按钮，效果如图 6-113 所示。

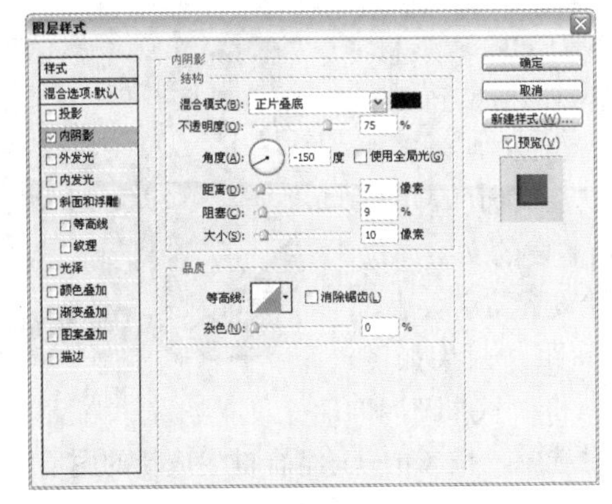

图 6-112

图 6-113

步骤 7 按 Ctrl+O 组合键，打开光盘中的“Ch06> 素材> 制作运动鞋广告 > 05”文件。选择“移动”工具，将飞机图片拖曳到图像窗口的适当位置，效果如图 6-114 所示。在“图层”控制面板中生成新的图层并将其命名为“飞机”。拖曳该图层到“不就是我嘛”图层的下方，效果如图 6-115 所示。

图 6-114

图 6-115

步骤 8 在“图层”控制面板中选择“文字底色”图层。将前景色设为白色。新建图层并将其命名为“画笔”。选择“画笔”工具，单击属性栏中的“切换画笔面板”按钮，选择“画笔笔尖形状”选项，在弹出的相应的面板中进行设置，如图 6-116 所示。选择“形状动态”选项，在弹出的相应的面板中进行设置，如图 6-117 所示。选择“散布”选项，在弹出的相应的面板中进行设置，如图 6-118 所示。在图像窗口中绘制图形，效果如图 6-119 所示。

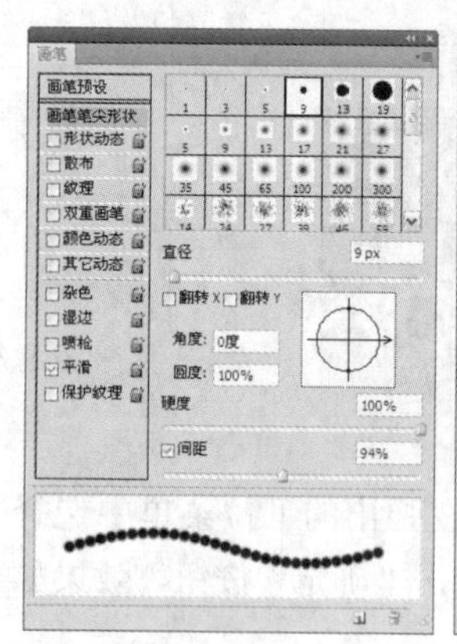

图 6-116

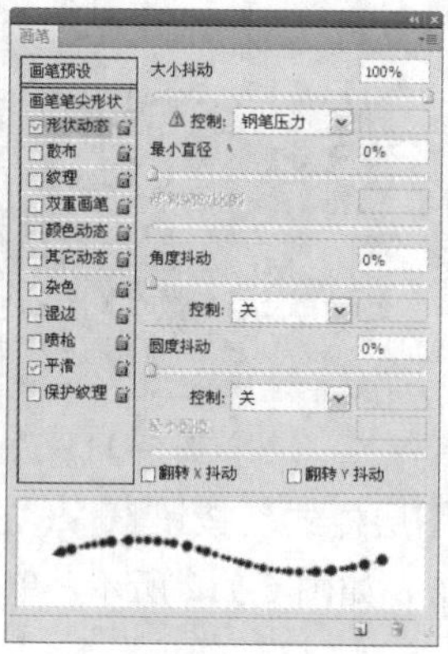

图 6-117

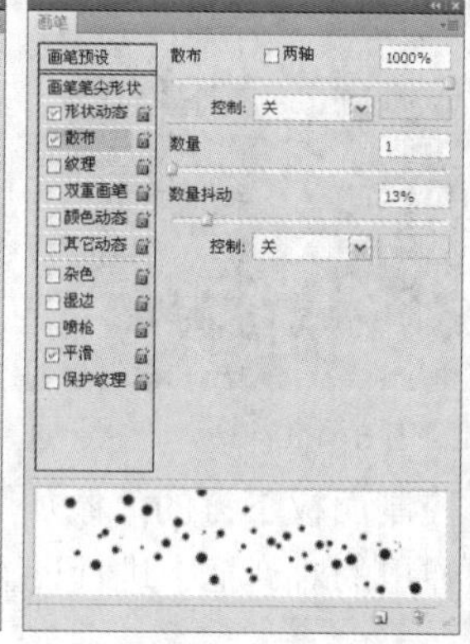

图 6-118

图 6-119

步骤 9 按 Ctrl+O 组合键，打开光盘中的“Ch06 > 素材> 制作运动鞋广告 > 06”文件，将星星图形拖曳到文字的上方并旋转到适当的角度，效果如图 6-120 所示。在“图层”控制面板中生成新的图层并将其命名为“星星”。

图 6-120

步骤 10 选择“横排文字”工具，输入需要的文字。选取文字，在属性栏中选择合适的字体并设置文字大小，按 Alt+→组合键调整文字到适当的间距，效果如图 6-121 所示。按住 Shift 键的同时，将“飞机”和“SNEAKER”图层之间的所有图层同时选中，按 Ctrl+G 组合键生成新的图层组并将其命名为“文字”，如图 6-122 所示。

图 6-121

图 6-122

6. 添加其他图片和文字效果

步骤 1 按 Ctrl+O 组合键，打开光盘中的"Ch06 > 素材> 制作运动鞋广告 > 07、08、09"文件。选择"移动"工具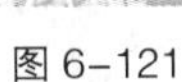，将图片分别拖曳到图像窗口的下方和上方，效果如图 6-123 所示。在"图层"控制面板中分别生成新的图层并将其命名为"标"、"运动鞋"和"下部文字"。

步骤 2 新建图层并将其命名为"鞋投影"，拖曳该图层到"运动鞋"图层的下方。将前景色设为黑色。按住 Ctrl 键的同时单击"运动鞋"图层的图层缩览图，在图像周围生成选区，用黑色填充选区后取消选区。

步骤 3 按 Ctrl+T 组合键在图形周围出现变换框，在变换框中单击鼠标右键，在弹出的菜单中选择"斜切"命令，选中变换框上方中间的控制手柄并向右拖曳到适当的位置，将图形变形。然后将图形旋转到适当的角度，按 Enter 键确定操作，效果如图 6-124 所示。

步骤 4 在"图层"控制面板上方，将"鞋投影"图层的"不透明度"选项设为 50%，效果如图 6-125 所示。

图 6-123

图 6-124

图 6-125

步骤 5 选择"横排文字"工具 T，输入需要的文字并设为白色。选取文字，在属性栏中选择合适的字体并设置文字大小，按 Alt+→组合键调整文字到适当的间距，效果如图 6-126 所示。在"图层"控制面板中生成新的文字图层。选择"移动"工具，按 Ctrl+T 组合键在文字周围出现变换框，按住 Alt 键的同时选中文字上方中间的控制手柄，向右拖曳鼠标将文字倾斜到适当的角度，按 Enter 键确定操作。调整文字的位置，效果如图 6-127 所示。

图 6-126

图 6-127

步骤 6 单击“图层”控制面板下方的“添加图层样式”按钮 fx.，在弹出的下拉菜单中选择“外发光”命令，将发光颜色设为黄色（其 R、G、B 的值分别为 255、198、0），其他选项的设置如图 6-128 所示。选择“描边”选项，弹出“描边”对话框，将描边颜色设为蓝色（其 R、G、B 的值分别为 0、16、96），其他选项的设置如图 6-129 所示。单击“确定”按钮，文字效果如图 6-130 所示。运动鞋广告制作完成，效果如图 6-131 所示。

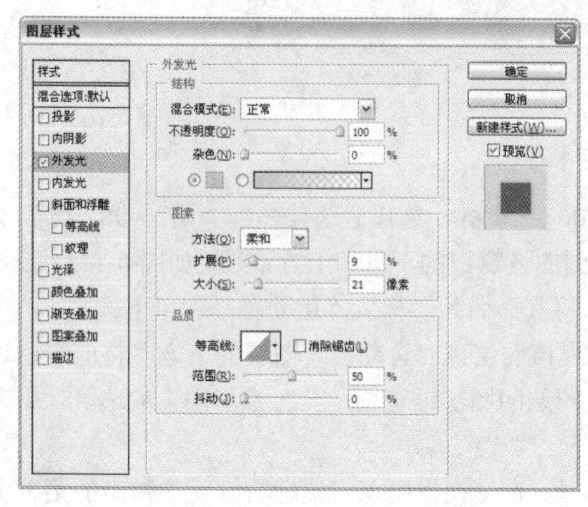

图 6-128

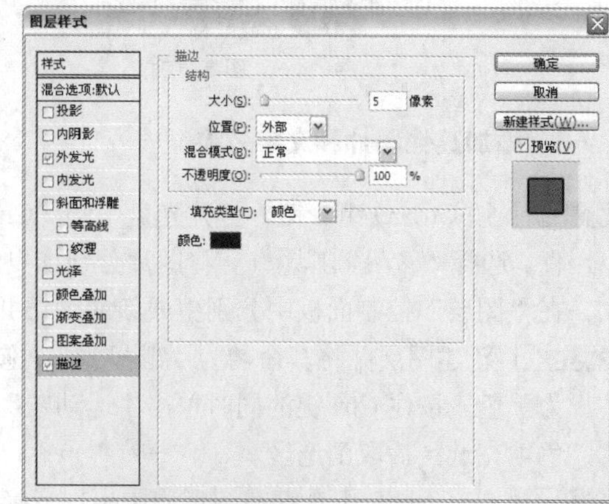

图 6-129

图 6-130

图 6-131

6.2.4 【相关工具】

1. 纹理滤镜组

纹理滤镜可以使图像中各颜色之间产生过渡变形的效果。纹理滤镜的子菜单如图 6-132 所示。原图像及应用纹理滤镜组制作的图像效果如图 6-133 所示。

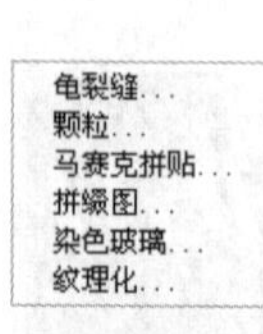

图 6-132

原图

龟裂缝

颗粒

马赛克拼贴

拼缀图

染色玻璃

纹理化

图 6-133

2. 画笔描边滤镜组

画笔描边滤镜对 CMYK 和 Lab 颜色模式的图像都不起作用。画笔描边滤镜的子菜单如图 6-134 所示。原图像及应用画笔描边滤镜组制作的图像效果如图 6-135 所示。

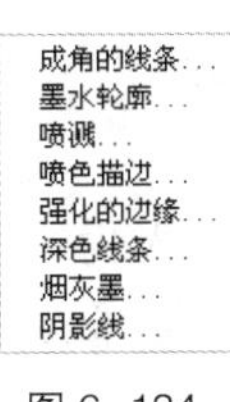

图 6-134

原图

成角的线条

墨水轮廓

喷溅

喷色描边

强化的边缘

深色线条

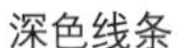

烟灰墨

阴影线

图 6-135

3. 加深工具

选择“加深”工具或反复按 Shift+O 组合键，其属性栏如图 6-136 所示。其属性栏中的选项与减淡工具属性栏中的选项的作用正好相反。

图 6-136

选择“加深”工具，在加深工具属性栏中进行如图 6-137 所示的设置，在图像中人物的眼影部分单击并按住鼠标左键不放，拖曳鼠标使眼影图像产生加深的效果。原图像和加深后的图像效果分别如图 6-138 和图 6-139 所示。

画笔: 65 范围: 阴影 曝光度: 23% 保护色调

图 6-137

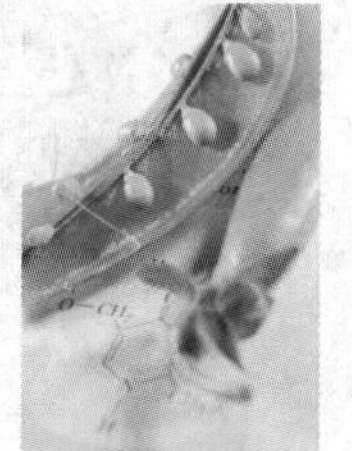

图 6-138

图 6-139

4. 减淡工具

选择“减淡”工具或反复按 Shift+O 组合键，其属性栏如图 6-140 所示。

图 6-140

画笔：用于选择画笔的形状。范围：用于设定图像中所要提高亮度的区域。曝光度：用于设定曝光的强度。

选择“减淡”工具，在减淡工具属性栏中进行如图 6-141 所示的设置，在图像中人物的眼影部分单击并按住鼠标左键不放，拖曳鼠标使眼影图像产生减淡的效果。原图像和减淡后的图像效果分别如图 6-142 和图 6-143 所示。

图 6-141 　　图 6-142　　图 6-143

6.2.5 【实战演练】制作家庭影院广告

使用添加图层蒙版命令和画笔工具隐藏人物图片中不需要的图像，使用亮度/对比度命令调整图片的亮度和对比度，使用喷色描边滤镜命令和图层样式命令制作图片的撕裂效果，使用色彩平衡命令调整图像的颜色，使用文字工具添加需要的宣传性文字。（最终效果参看光盘中的“Ch06 > 效果 > 制作家庭影院广告”，见图 6-144。）

图 6-144

6.3 制作牛奶广告

6.3.1 【案例分析】

牛奶又称为“白色血液”，是理想的天然食品，它含有丰富的钙和维生素 D 等营养元素，是人们日常生活中喜爱的饮品之一。本案例是为牛奶公司制作的牛奶广告，要求体现出牛奶的营养和健康的功效。

6.3.2 【设计理念】

在设计制作过程中，使用旋转的线条和喷溅的牛奶图片形成视觉中心，达到烘托气氛和介绍产品的作用。使用人物图片展示出健康的理念，并使版面设计产生空间变化。通过变形文字点明营养健康的理念，与牛奶产品的图片和主题相呼应。（最终效果参看光盘中的“Ch06 > 效果 > 制作牛奶广告”，见图 6-145。）

图 6-145

6.3.3 【操作步骤】

1. 制作背景装饰图

步骤 1 按 Ctrl+N 组合键新建一个文件，宽度为 29.7cm，高度为 21cm，分辨率为 200 像素/英寸，颜色模式为 RGB，背景内容为白色，单击“确定”按钮。选择“渐变”工具，单击属性栏中的“点按可编辑渐变”按钮，弹出“渐变编辑器”对话框。在“位置”文本框中分别输入 0、50、100 几个位置点，分别设置几个位置点颜色的 RGB 值为 0（255、110、2）、50（255、255、0）、100（255、109、0），如图 6-146 所示，单击“确定”按钮。单击属性栏中的“线性渐变”按钮，按住 Shift 键的同时在图像窗口中从上向下拖曳鼠标，效果如图 6-147 所示。

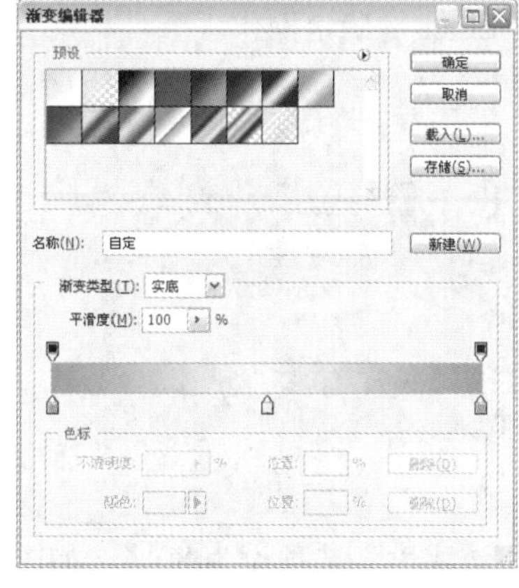

图 6-146

图 6-147

步骤 2 单击“图层”控制面板下方的“创建新图层”按钮，生成新的图层并将其命名为“波纹”。将前景色设为白色。选择“画笔”工具，在属性栏中单击“画笔”选项右侧的按钮，弹出画笔选择面板，在画笔选择面板中选择需要的画笔形状，其他选项的设置如图 6-148 所示。按住 Shift 键的同时绘制图形，如图 6-149 所示。

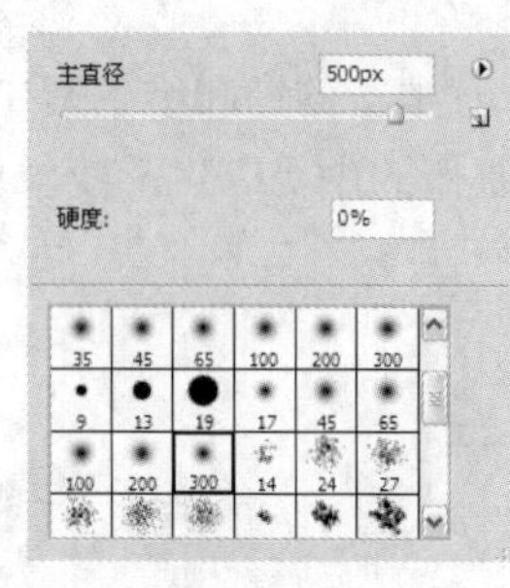

图 6-148

图 6-149

步骤 3 选择“滤镜 > 扭曲 > 旋转扭曲”命令，在弹出的对话框中进行设置，如图 6-150 所示，单击“确定”按钮。选择“滤镜 > 模糊 > 高斯模糊”命令，在弹出的对话框中进行设置，如图 6-151 所示。单击“确定”按钮，效果如图 6-152 所示。

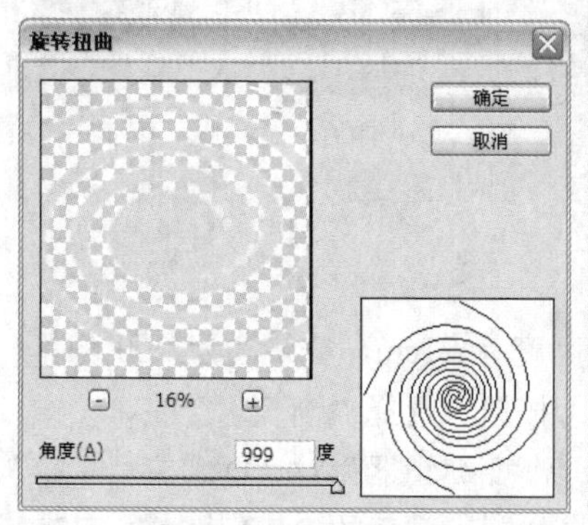

图 6-150

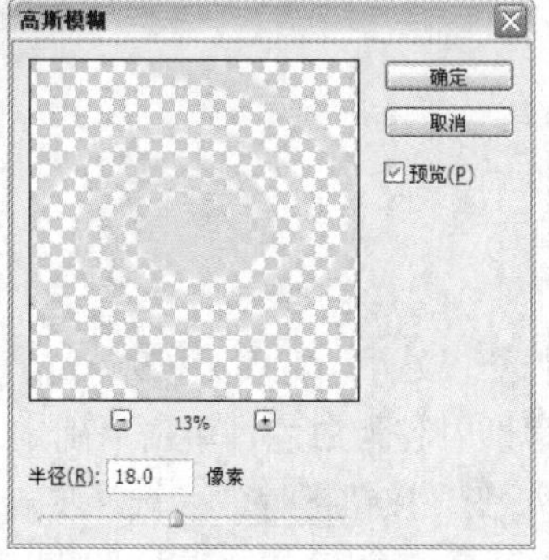

图 6-151

图 6-152

步骤 4 按 Ctrl+T 组合键，在图形周围出现变换框，按住 Ctrl+Shift+Alt 组合键的同时，选中右下方的控制手柄并向上拖曳鼠标到适当的位置，使图形透视变形，效果如图 6-153 所示。将鼠标指针放在变换框的控制手柄外边，当鼠标指针变为旋转图标时，将图形旋转到适当的角度并改变图形大小，效果如图 6-154 所示，按 Enter 键确定操作。

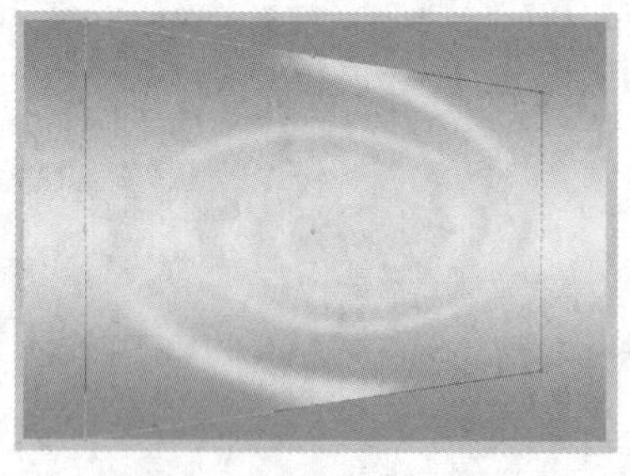
图 6-153

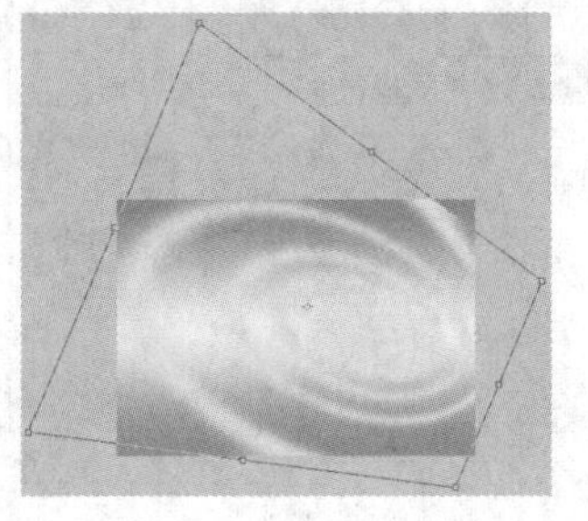
图 6-154

步骤 5 在“图层”控制面板上方，将该图层的“不透明度”选项设为 80%，如图 6-155 所示，效果如图 6-156 所示。新建图层并将其命名为“波纹线条”。使用相同的方法制作波纹线条，

改变画笔的大小和高斯模糊的半径，制作出的效果如图 6-157 所示。

步骤 6 单击“图层”控制面板下方的“添加图层蒙版”按钮，为“波纹线条”图层添加蒙版。将前景色设为黑色。选择“画笔”工具，按键盘上的“/”键调整画笔的大小，在波纹线条的右上方和左下方进行涂抹，效果如图 6-158 所示。

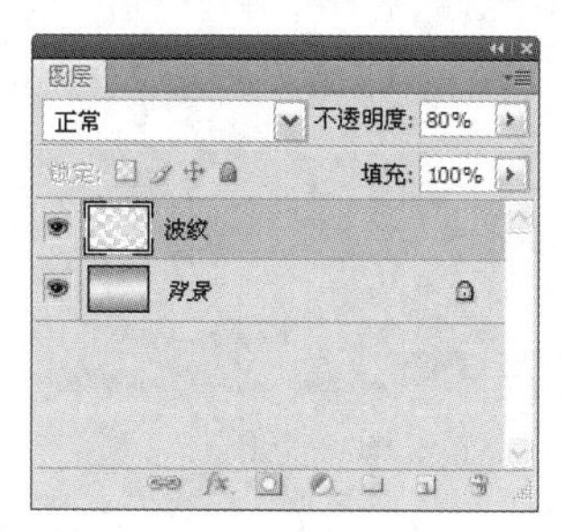

图 6-155

图 6-156

图 6-157

图 6-158

步骤 7 按 Ctrl+O 组合键，打开光盘中的“Ch06 > 素材 > 制作牛奶广告 > 01”文件。选择“移动”工具，将牛奶图片拖曳到图像窗口中，如图 6-159 所示。在“图层”控制面板中生成新的图层并将其命名为“牛奶水滴”。

步骤 8 在控制面板上方，将“牛奶水滴”图层的混合模式设为“强光”，效果如图 6-160 所示。单击控制面板下方的“添加图层蒙版”按钮，为“牛奶水滴”图层添加蒙版。选择“画笔”工具，按键盘上的 / 键调整画笔的大小，在波纹线条的右上方和左下方进行涂抹，效果如图 6-161 所示。

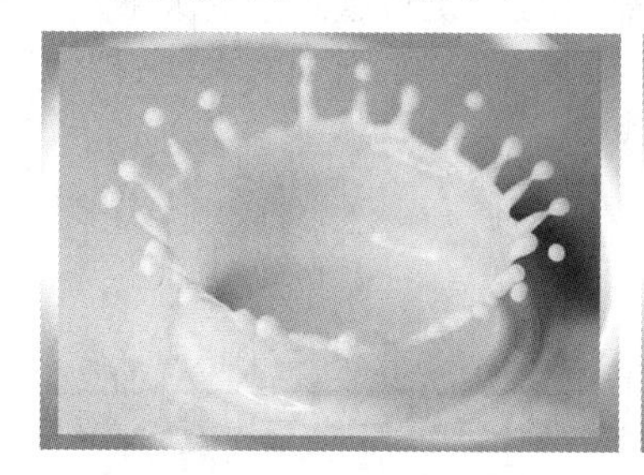

图 6-159

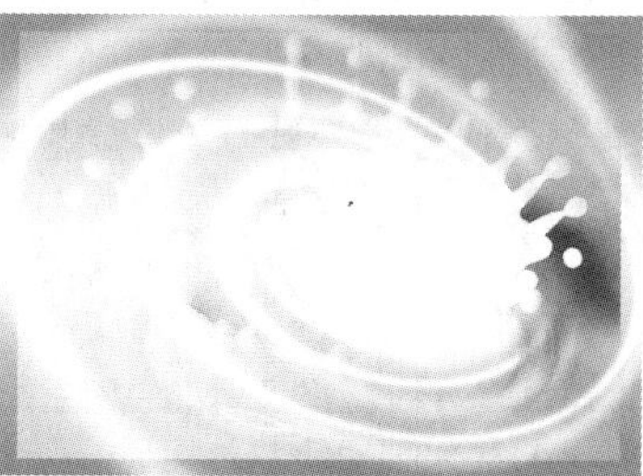

图 6-160

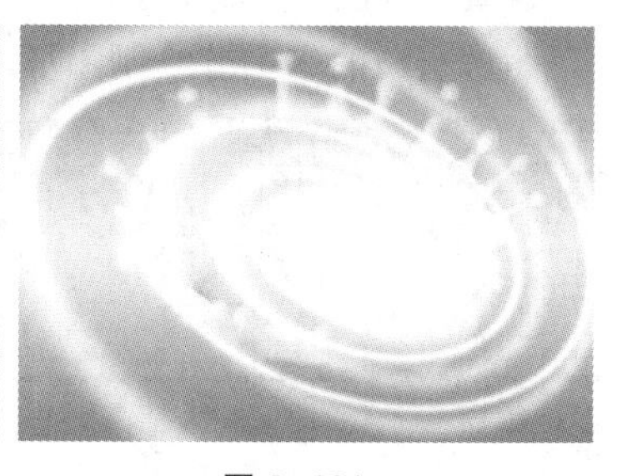

图 6-161

2. 添加并编辑图片和标志

步骤 1 按 Ctrl+O 组合键，打开光盘中的“Ch06 > 素材 > 牛奶广告 > 02”文件。选择“移动”工具，将牛奶杯图片拖曳到图像窗口中，如图 6-162 所示。在“图层”控制面板中生成新的图层并将其命名为“牛奶”。

步骤 2 单击控制面板下方的“添加图层蒙版”按钮，为“牛奶”图层添加蒙版。选择“画笔”工具，在属性栏中将“不透明度”选项设为80%，按键盘上的 / 键调整画笔的大小，在杯子的下方进行涂抹，效果如图6-163所示。

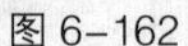
图 6-162

图 6-163

步骤 3 将前景色设为橘黄色（其R、G、B的值分别为255、120、0）。新建图层并将其命名为“钢笔形状”。选择“钢笔”工具，选中属性栏中的“路径”按钮，在图像窗口中绘制路径，效果如图6-164所示。按Ctrl+Enter组合键将路径转化为选区，按Alt+Delete组合键用前景色填充选区，按Ctrl+D组合键取消选区，图像效果如图6-165所示。

图 6-164

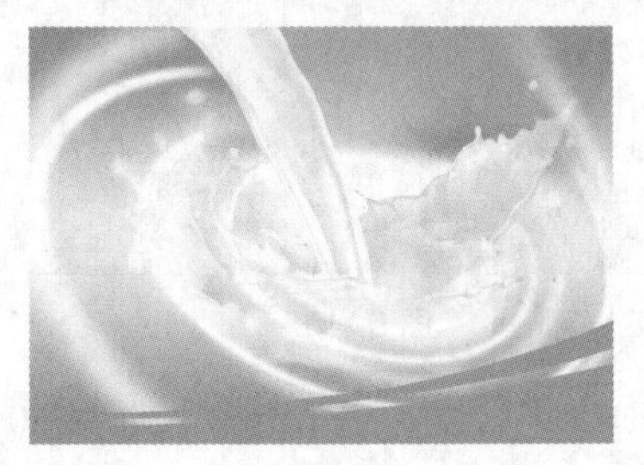

图 6-165

步骤 4 新建图层并将其命名为“圆点画笔”。将前景色设为白色。选择“画笔”工具，单击属性栏中的“切换画笔面板”按钮，弹出“画笔”控制面板，选择“画笔笔尖形状”选项，在弹出的相应的面板中进行设置，如图6-166所示。选择“形状动态”选项，在弹出的相应的面板中进行设置，如图6-167所示。选择“散布”选项，在弹出的相应的面板中进行设置，如图6-168所示，在图像窗口的下方绘制图形。按键盘上的 / 键调整画笔的大小，在图像窗口的右上方绘制图形，效果如图6-169所示。

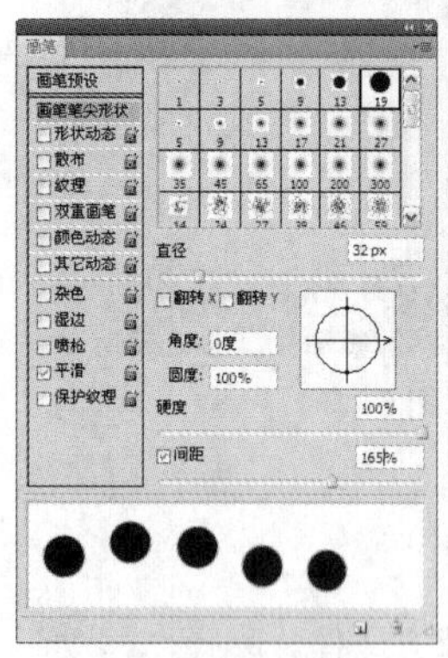

图 6-166

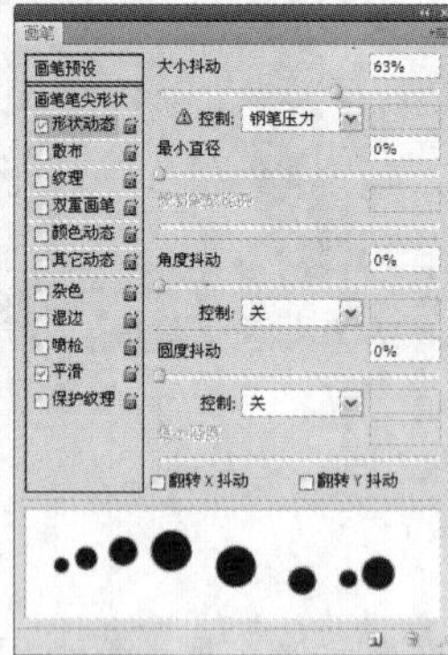

图 6-167

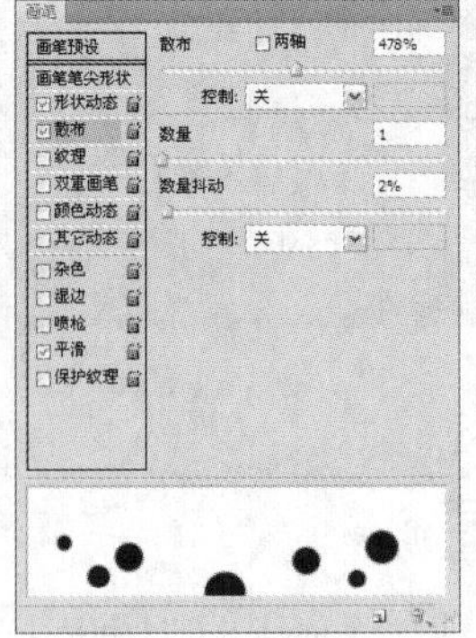

图 6-168

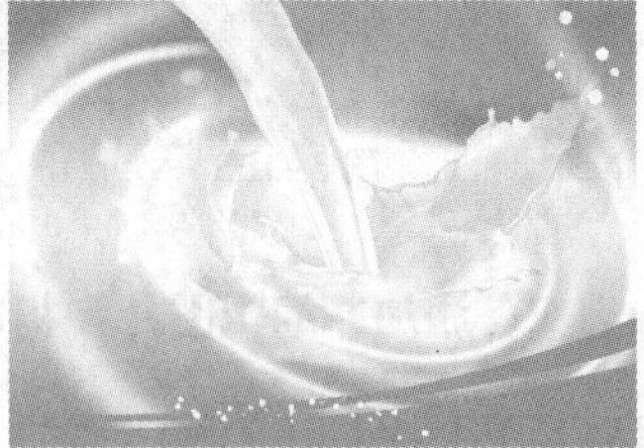

图 6-169

步骤 5 按Ctrl+O组合键，打开光盘中的“Ch06 > 素材 > 牛奶广告 > 03”文件。选择“移动”

工具，将人物图片拖曳到图像窗口的右侧，在“图层”面板中生成新的图层并将其命名为“人物”。单击“图层”控制面板下方的“添加图层样式”按钮，在弹出的下拉菜单中选择“外发光”命令，弹出“外发光”对话框，将发光颜色设为白色，其他选项的设置如图 6-170 所示。单击“确定”按钮，效果如图 6-171 所示。

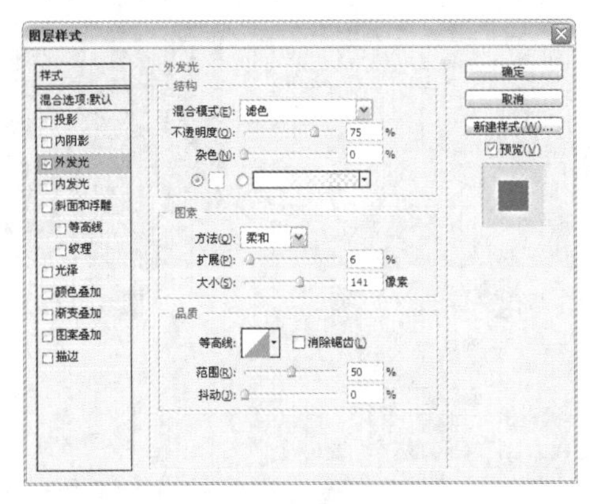

图 6-170

图 6-171

步骤 6 新建图层并将其命名为“商标”。将前景色设为绿色（其 R、G、B 的值分别为 1、170、77）。选择“钢笔”工具，选中属性栏中的“路径”按钮，在图像中绘制路径，如图 6-172 所示。选择“自定形状”工具，单击属性栏中的“形状”选项，在弹出的面板中单击右上方的按钮，在弹出的下拉菜单中选择“全部”命令，弹出提示对话框，单击“追加”按钮，在“形状”面板中选择需要的形状，如图 6-173 所示。在图像窗口中绘制路径，效果如图 6-174 所示。

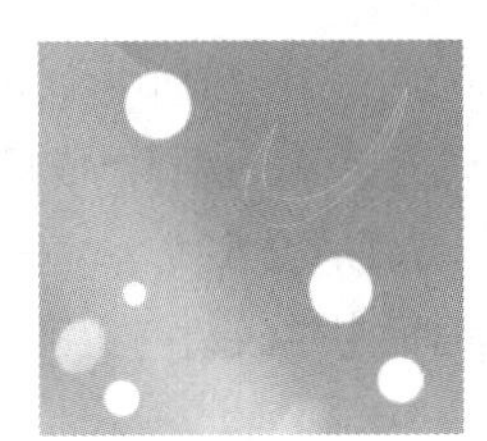

图 6-172

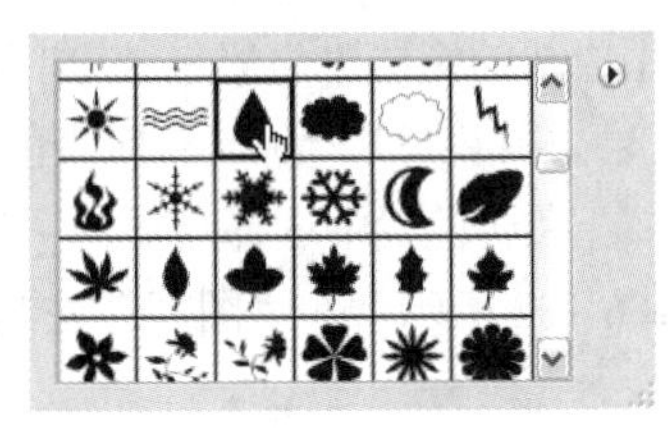

图 6-173

图 6-174

步骤 7 按 Ctrl+Enter 组合键将路径转换为选区，按 Alt+Delete 组合键用前景色填充选区，按 Ctrl+D 组合键取消选区，图像效果如图 6-175 所示。单击“图层”控制面板下方的“添加图层样式”按钮，在弹出的下拉菜单中选择“外发光”命令，弹出“外发光”对话框，将发光颜色设为白色，其他选项的设置如图 6-176 所示。单击“确定”按钮，效果如图 6-177 所示。

步骤 8 选择“横排文字”工具，输入需要的文字。选取文字，在属性栏中选择合适的字体并设置文字大小，如图 6-178 所示。在“图层”控制面板中生成新的文字图层。

步骤 9 按 Ctrl+O 组合键，打开光盘中的“Ch06 > 素材> 制作牛奶广告 > 04”文件，将牛奶包装图片拖曳到图像窗口的下方，在“图层”控制面板中生成新的图层并将其命名为“牛奶包装”。单击“图层”控制面板下方的“添加图层样式”按钮，在弹出的下拉菜单中选择“外发光”命令，弹出“外发光”对话框，将发光颜色设为白色，其他选项的设置如图 6-179 所示。单击“确定”按钮，图像效果如图 6-180 所示。

图 6-175

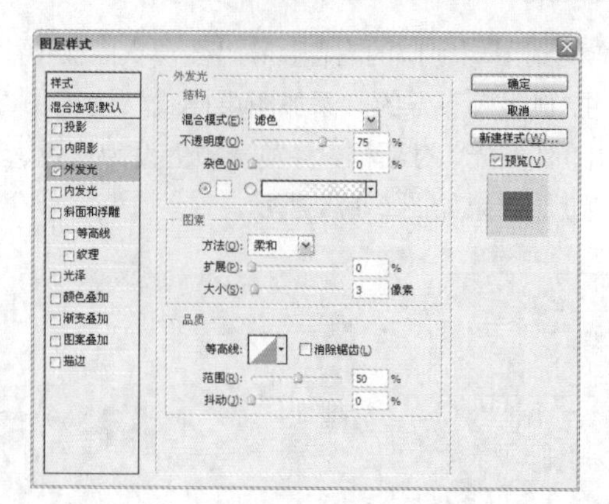

图 6-176

图 6-177

图 6-178

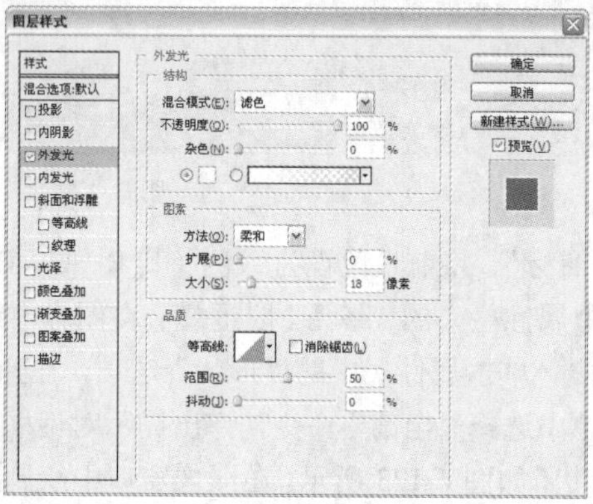

图 6-179

图 6-180

步骤 10 复制“牛奶包装”图层，生成新的图层“牛奶包装 副本”。在图像窗口中拖曳复制的图像到适当的位置，并将其缩小，效果如图 6-181 所示。将前景色设为黑色。选择“横排文字”工具 T，输入需要的文字。选取文字，在属性栏中选择合适的字体并设置文字大小，按 Alt+→组合键调整文字到适当的间距，如图 6-182 所示。在“图层”控制面板中生成新的文字图层。

图 6-181

图 6-182

3. 添加广告语

步骤 1 选择“横排文字”工具 T，输入需要的文字并填充为橘红色（其 R、G、B 的值为 255、81、4），选取文字，在属性栏中选择合适的字体并设置文字大小，按 Alt+→组合键调整文字到适当的间距。按 Ctrl+T 组合键，在文字周围出现变换框，将鼠标指针放在变换框的控制手柄外边，当鼠标指针变为旋转图标↰时，将文字旋转到适当的角度，如图 6-183 所示。在“图

层”控制面板中生成新的文字图层。在该文字图层上单击鼠标右键，在弹出的快捷菜单中选择“文字变形”命令，在弹出的对话框中进行设置，如图 6-184 所示。单击“确定”按钮，效果如图 6-185 所示。

图 6–183

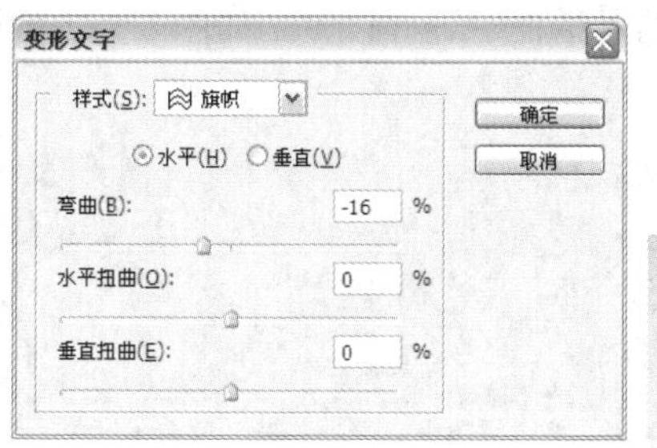

图 6–184

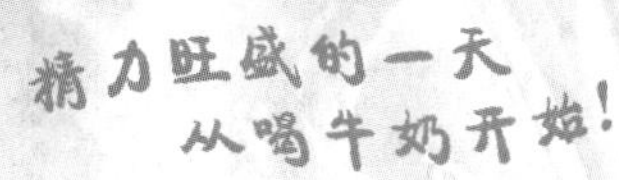

图 6–185

步骤 2 按住 Ctrl 键的同时，单击“精力旺盛的一天……”图层的图层缩览图，在文字周围生成选区。新建图层并将其命名为“字体底色”，将该图层拖曳到文字图层的下方，如图 6-186 所示。

步骤 3 选择“选择 > 修改 > 扩展”命令，在弹出的对话框中进行设置，如图 6-187 所示，单击“确定”按钮。将选区填充为淡黄色（其 R、G、B 的值分别为 255、253、206），按 Ctrl+D 组合键取消选区，效果如图 6-188 所示。

图 6–186

图 6–187

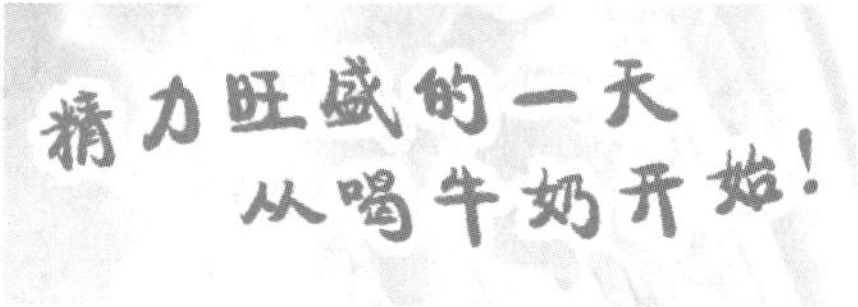

精力旺盛的一天 从喝牛奶开始!

图 6–188

步骤 4 单击“图层”控制面板下方的“添加图层样式”按钮 fx，在弹出的下拉菜单中选择“描边”命令，弹出“描边”对话框，将描边颜色设为白色，其他选项的设置如图 6-189 所示。单击“确定”按钮，效果如图 6-190 所示。

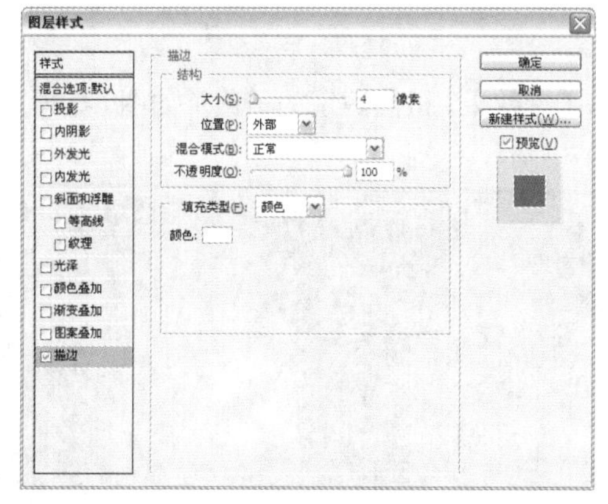

图 6–189

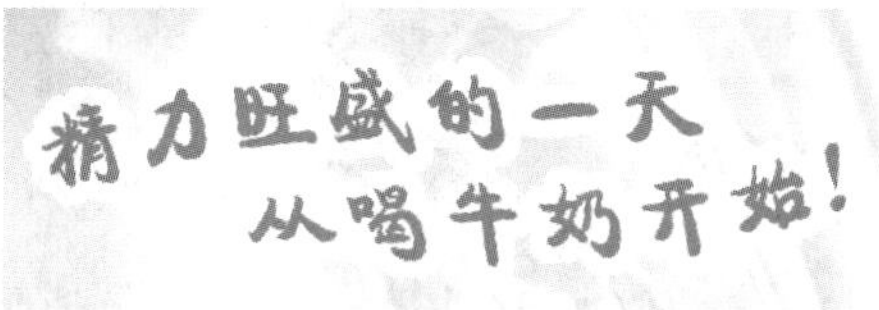

精力旺盛的一天 从喝牛奶开始!

图 6–190

步骤 5 选择“横排文字”工具 T，输入需要的文字。选取文字，在属性栏中选择合适的字体并设置适当的文字大小，按 Alt+→组合键，调整文字到适当的间距，如图 6-191 所示。在“图层”控制面板中生成新的文字图层。在该文字图层上单击鼠标右键，在弹出的菜单中选择“文字变形”命令，在弹出的对话框中进行设置，如图 6-192 所示。单击“确定”按钮，效果如图 6-193 所示。

图 6-191

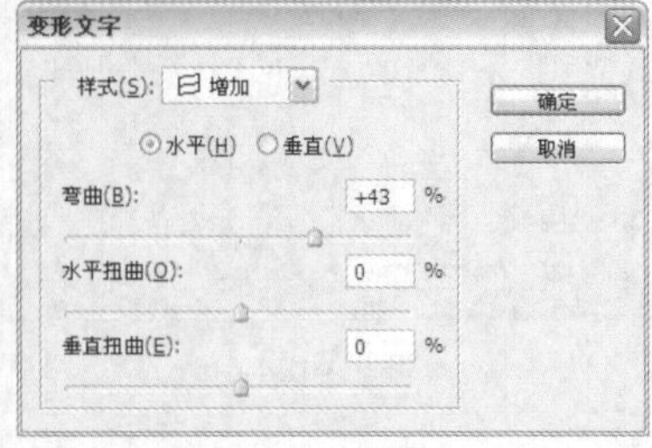

图 6-192

图 6-193

步骤 6 单击“图层”控制面板下方的“添加图层样式”按钮 fx，在弹出的下拉菜单中选择“投影”命令，弹出“投影”对话框，将阴影颜色设为黑色，其他选项的设置如图 6-194 所示。单击“确定”按钮，效果如图 6-195 所示。牛奶广告制作完成。

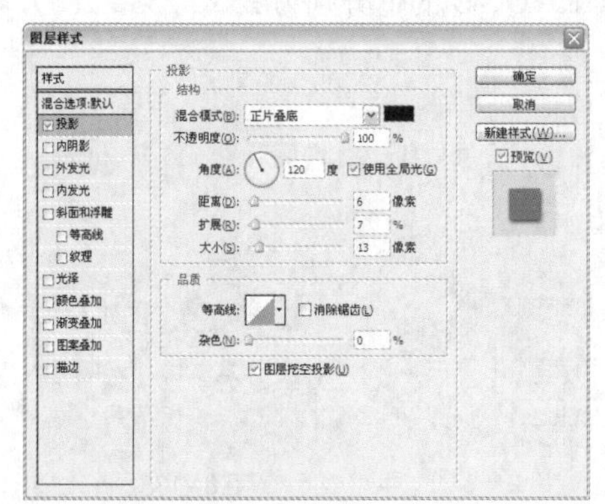

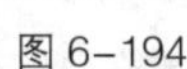

图 6-194

图 6-195

6.3.4 【相关工具】

1. 扭曲滤镜组

扭曲滤镜可以使图像生成一组从波纹到扭曲的变形效果。扭曲滤镜的子菜单如图 6-196 所示。原图像及应用扭曲滤镜组制作的图像效果如图 6-197 所示。

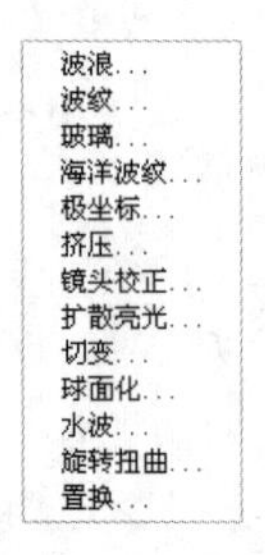

图 6-196

原图

波浪

波纹

玻璃

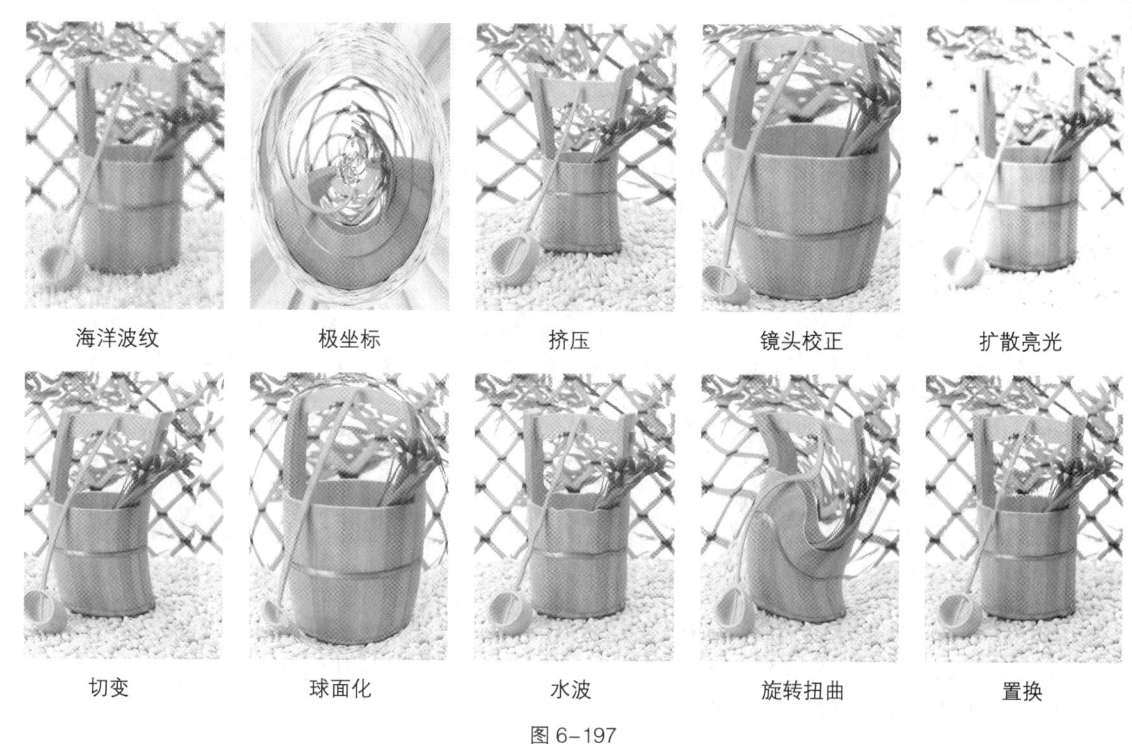

图 6-197

2. 图像的复制

如果想在操作过程中随时按需要复制图像，就必须掌握复制图像的方法。在复制图像前要选择需复制的图像区域，如果不选择图像区域，将不能复制图像。

使用移动工具复制图像：使用“椭圆选框”工具选中要复制的图像区域，如图 6-198 所示。选择“移动”工具，将鼠标指针放在选区中，当鼠标指针变为图标时，如图 6-199 所示。按住 Alt 键鼠标指针变为图标，如图 6-200 所示。然后按住鼠标左键不放，拖曳选区中的图像到适当的位置，释放鼠标和 Alt 键，图像复制完成，效果如图 6-201 所示。

图 6-198　图 6-199

图 6-200　图 6-201

使用菜单命令复制图像：使用“椭圆选框”工具选中要复制的图像区域，如图 6-203 所示。选择“编辑 > 拷贝”命令，或按 Ctrl+C 组合键将选区中的图像复制，这时屏幕上的图像并没有变化，但系统已将拷贝的图像复制到剪贴板中。

选择“编辑 > 粘贴”命令，或按 Ctrl+V 组合键将剪贴板中的图像粘贴在图像的新图层中，复制的图像位于原图的上方，如图 6-203 所示。使用“移动”工具移动复制的图像，效果如图 6-204 所示。

图 6-202

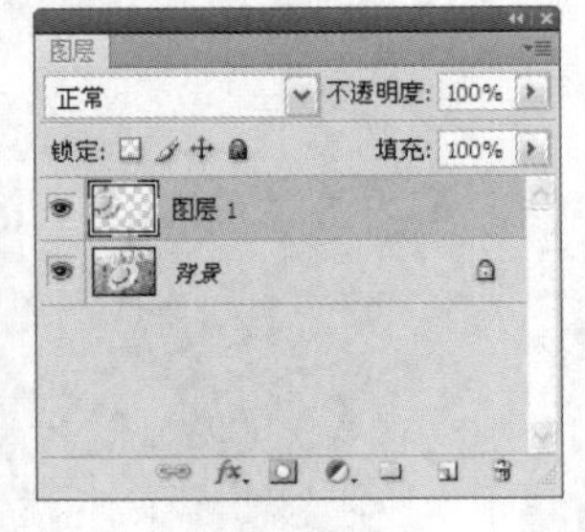

图 6-203

图 6-204

使用快捷键复制图像：使用“椭圆选框”工具选中要复制的图像区域，如图 6-205 所示，按住 Ctrl+Alt 组合键，鼠标指针变为图标，如图 6-206 所示。按住鼠标左键不放，拖曳选区中的图像到适当的位置，释放鼠标，图像复制完成，取消选区，效果如图 6-207 所示。

图 6-205

图 6-206

图 6-207

3. 图像的移动

在同一文件中移动图像：原始图像效果如图 6-208 所示。选择“移动”工具，在属性栏中勾选“自动选择”复选框，并将“自动选择”选项设为“图层”，如图 6-209 所示。选中左侧的图形，该图形所在的图层被选中，将该图形向右拖曳，效果如图 6-210 所示。

图 6-208

图 6-209

图 6-210

在不同文件中移动图像：打开一幅文字图像，将文字向人物图像中拖曳时，鼠标指针变为图标，如图 6-211 所示。释放鼠标，文字被移动到人物图像中，效果如图 6-212 所示。

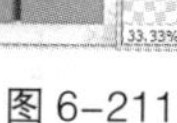

图 6-211

图 6-212

6.3.5 【实战演练】制作影视剧广告

使用纹理化滤镜命令制作背景的纹理效果，使用矩形工具、圆角矩形工具和收缩命令制作纸牌底图，使用自定形状工具和复制命令制作纸牌花纹，使用扭曲命令和图层的混合模式制作波浪图形，使用文字工具添加广告语。（最终效果参看光盘中的“Ch06 > 效果 > 制作影视剧广告”，见图 6-213。）

图 6-213

6.4 综合演练——制作牙膏广告

使用渐变工具和添加蒙版工具合成背景图像，使用横排文字工具、钢笔工具和添加图层样式命令制作广告语，使用横排文字工具和描边命令添加小标题。（最终效果参看光盘中的“Ch06 > 效果 > 制作牙膏广告”，见图 6-214。）

图 6-214

6.5 综合演练——制作美容广告

使用渐变工具和纹理化滤镜制作背景效果，使用外发光命令为人物添加外发光效果，使用多边形套索工具和移动工具复制并添加花图形，使用文字工具输入卡片信息，使用矩形工具和自定形状工具制作标志效果。（最终效果参看光盘中的“Ch06 > 效果 > 制作美容广告”，见图 6-215。）

图 6-215

第7章 包装设计

包装代表着一个商品的品牌形象，好的包装设计可以让商品在同类产品中脱颖而出，吸引消费者的注意力并引发其购买行为，也可以起到美化商品及传达商品信息的作用，更可以极大地提高商品的价值。本章以制作多个类别的商品包装为例，介绍包装的设计方法和制作技巧。

课堂学习目标

- 掌握包装的设计定位和设计思路
- 掌握包装的制作方法和技巧

7.1 制作果汁饮料包装

7.1.1 【案例分析】

果汁是以水果为原料经过物理方法如压榨、离心、萃取等得到的汁液产品，一般是指纯果汁或 100%果汁。本案例是为饮料公司设计的葡萄果粒果汁包装，主要针对的消费者是关注健康、注意营养膳食结构的人群。在包装设计上要体现出果汁来源于新鲜水果的概念。

7.1.2 【设计理念】

在设计制作过程中，通过暗绿色的背景突出前方的产品和文字，起衬托的效果。使用葡萄图片和文字在展示产品口味和特色的同时，体现出水果新鲜清爽的特点，给人健康活力的印象。通过易拉罐展示出包装的材质，用明暗变化使包装更具真实感。（最终效果参看光盘中的“Ch07 > 效果 > 制作果汁饮料包装”，见图 7-1。）

图 7-1

7.1.3 【操作步骤】

1. 制作包装立体效果

步骤 1 按 Ctrl+N 组合键新建一个文件，宽度为 15cm，高度为 15cm，分辨率为 150 像素/英寸，颜色模式为 RGB，背景内容为白色，单击“确定”按钮。将前景色设为绿色（其 R、G、B 的值分别为 0、204、105），按 Alt+Delete 组合键用前景色填充背景图层。

步骤 2 选择“滤镜 > 渲染 > 光照效果”命令，弹出“光照效果”对话框，在对话框左侧的

右上方设置光源，其他选项的设置如图 7-2 所示。单击“确定”按钮，效果如图 7-3 所示。

步骤 3 按 Ctrl+O 组合键，打开光盘中的“Ch07 > 素材 > 制作果汁饮料包装 > 01”文件。选择“移动”工具，将易拉罐图片拖曳到图像窗口中的适当位置并调整其大小，效果如图 7-4 所示。在“图层”控制面板中生成新的图层并将其命名为“易拉罐”。

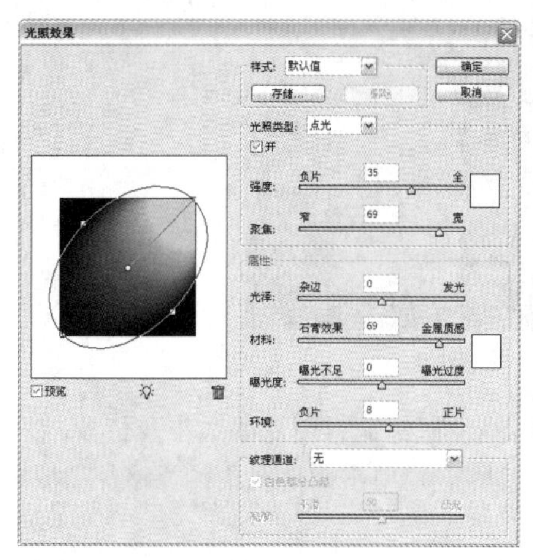

图 7-2

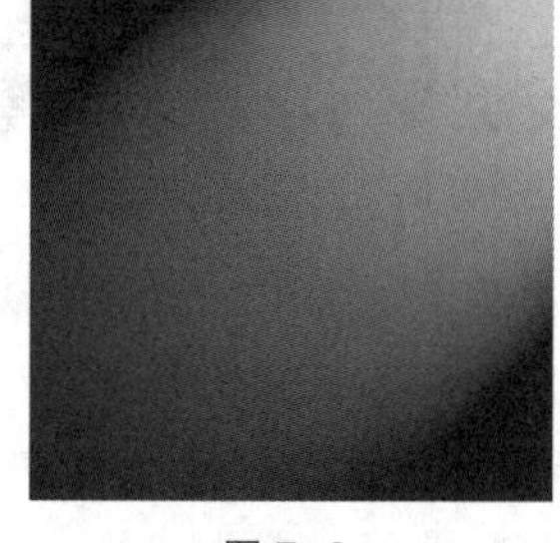

图 7-3

图 7-4

步骤 4 按 Ctrl+O 组合键，打开光盘中的“Ch07 > 素材 > 制作果汁饮料包装 > 02”文件。选择“移动”工具，拖曳图片到图像窗口中的适当位置，效果如图 7-5 所示。在“图层”控制面板中生成新的图层并将其命名为“果汁饮料包装平面图”，如图 7-6 所示。

图 7-5

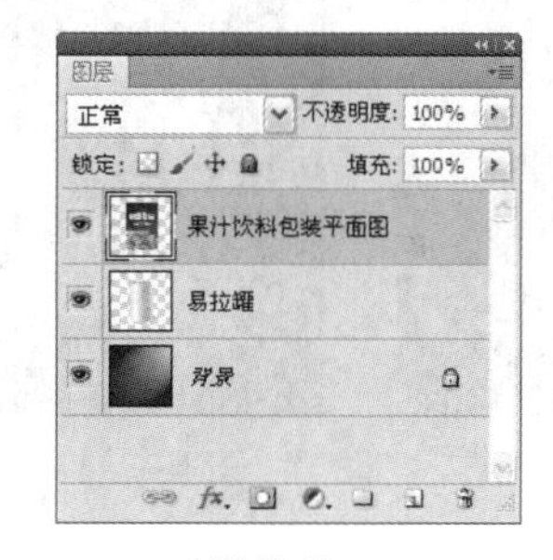

图 7-6

步骤 5 按 Ctrl+T 组合键，在图像周围出现变换框，在变换框中单击鼠标右键，在弹出的快捷菜单中选择“旋转 90 度（顺时针）”命令将图像旋转，按 Enter 键确定操作，效果如图 7-7 所示。选择“滤镜 > 扭曲 > 切变”命令，在弹出的对话框中设置曲线的弧度，如图 7-8 所示，单击“确定”按钮，效果如图 7-9 所示。

图 7-7

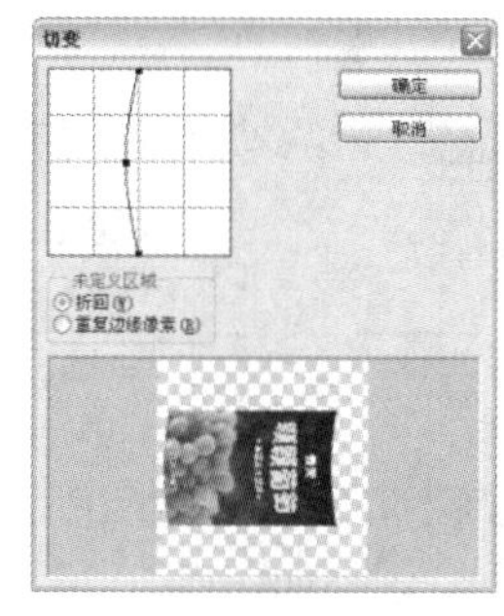

图 7-8

图 7-9

步骤 6 按 Ctrl+T 组合键，在图像周围出现变换框，在变换框中单击鼠标右键，在弹出的快捷菜单中选择“旋转 90 度（逆时针）”命令将图像逆时针旋转，按 Enter 键确定操作，效果如图 7-10 所示。在“图层”控制面板上方将“图片”图层的“不透明度”选项设为 50%，图像效果如图 7-11 所示。

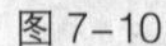
图 7-10

图 7-11

步骤 7 按 Ctrl+T 组合键，在图像周围出现控制手柄，拖曳鼠标调整图片的大小及位置，按 Enter 键确定操作，效果如图 7-12 所示。选择“钢笔”工具，单击属性栏中的“路径”按钮，在图像窗口中沿着易拉罐的轮廓绘制路径，如图 7-13 所示。

步骤 8 按 Ctrl+Enter 组合键将路径转换为选区，按 Shift+Ctrl+I 组合键将选区反选，按 Delete 键将选区中的图像删除，按 Ctrl+D 组合键取消选区，效果如图 7-14 所示。在“图层”控制面板上方，将“图片”图层的“不透明度”选项设为 100%，图像效果如图 7-15 所示。

图 7-12

图 7-13

图 7-14

图 7-15

步骤 9 选择“矩形选框”工具，在易拉罐上绘制一个矩形选区，如图 7-16 所示。按 Shift+F6 组合键，在弹出的“羽化选区”对话框中进行设置，如图 7-17 所示。单击“确定”按钮，效果如图 7-18 所示。

图 7-16

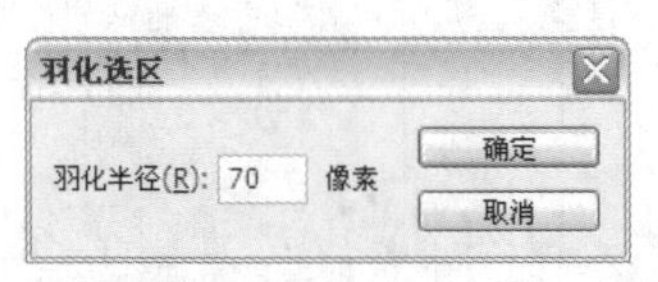

图 7-17

图 7-18

步骤 10 按 Ctrl+M 组合键，在弹出的“曲线”对话框中进行设置，如图 7-19 所示，单击“确定”按钮。按 Ctrl+D 组合键取消选区，效果如图 7-20 所示。

步骤 11 按 Ctrl+O 组合键，打开光盘中的“Ch07 > 素材 > 制作果汁饮料包装 > 03”文件。选择“移动”工具，将 03 图片拖曳到图像窗口中的适当位置并调整其大小，效果如图 7-21 所示。在“图层”控制面板中生成新的图层并将其命名为“高光”。在控制面板上方，将该图层的“不透明度”选项设为 40%，效果如图 7-22 所示。

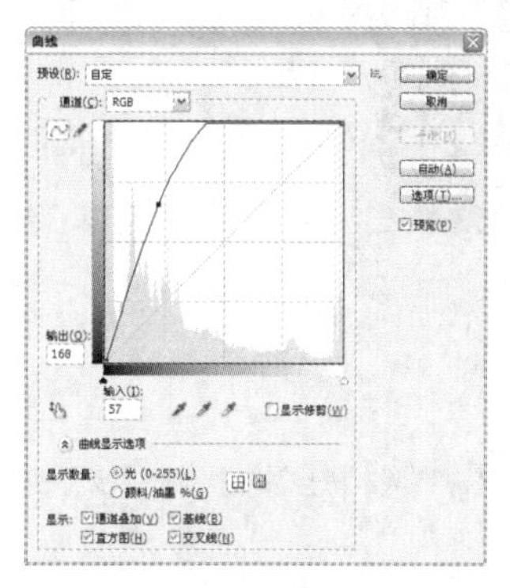

图 7-19

图 7-20

图 7-21

图 7-22

步骤 12 新建图层并将其命名为“阴影 1”。将前景色设置为黑色。选择“椭圆选框”工具，拖曳鼠标绘制一个椭圆选区，效果如图 7-23 所示。按 Shift+F6 组合键，在弹出的“羽化选区”对话框中进行设置，如图 7-24 所示，单击“确定”按钮。按 Alt+Delete 组合键用前景色填充选区，按 Ctrl+D 组合键取消选区，效果如图 7-25 所示。

图 7-23

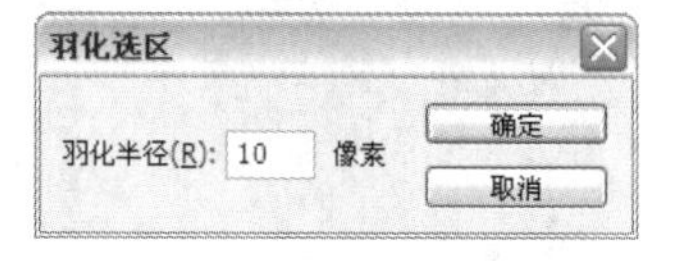

图 7-24

图 7-25

步骤 13 新建图层并将其命名为“阴影 2”。选择“钢笔”工具，单击属性栏中的“路径”按钮，在图像窗口中绘制一个封闭的路径，效果如图 7-26 所示。按 Shift+F6 组合键，在弹出的“羽化选区”对话框中进行设置，如图 7-27 所示，单击“确定”按钮。按 Alt+Delete 组合键用前景色填充选区，按 Ctrl+D 组合键取消选区，效果如图 7-28 所示。

图 7-26

图 7-27

图 7-28

步骤 14 在“图层”控制面板上方，将“阴影 2”图层的“不透明度”选项设为 70%，效果如图 7-29 所示。按住 Ctrl 键的同时，单击“阴影 1”图层，将其同时选取，拖曳到“背景”图层的上方，图像效果如图 7-30 所示。果汁饮料包装效果制作完成。

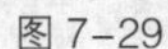

图 7-29　　图 7-30

2. 制作包装展示效果

步骤 1 按 Ctrl+O 组合键，打开光盘中的“Ch07 > 素材 > 制作果汁饮料包装 > 04”文件，效果如图 7-31 所示。

步骤 2 按 Ctrl+O 组合键，打开光盘中的“Ch07 > 效果 > 制作果汁饮料包装.psd”文件，按住 Shift 键的同时单击“高光”图层和“易拉罐”图层，将其同时选取，按 Ctrl+E 组合键合并图层并将其命名为“效果”。选择“移动”工具，在图像窗口中拖曳选中的图片到 04 素材的图像窗口中的适当位置，并调整其大小和角度，效果如图 7-32 所示。

步骤 3 按 Ctrl+J 组合键复制“效果”图层，生成新的副本图层。选择“移动”工具，在图像窗口中将复制的图片拖曳到适当的位置，并调整其大小和角度，效果如图 7-33 所示。

图 7-31

图 7-32

图 7-33

步骤 4 选择“橡皮擦”工具，在属性栏中单击“画笔”选项右侧的按钮，弹出画笔选择面板，选项的设置如图 7-34 所示，在图像窗口中单击擦除不需要的图像。用相同的方法擦除“效果 副本”图层中不需要的图像，效果如图 7-35 所示。果汁饮料包装展示效果制作完成，效果如图 7-36 所示。

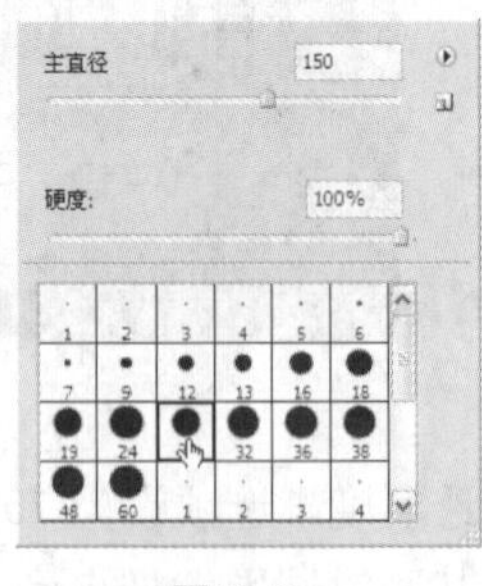

图 7-34

图 7-35

图 7-36

7.1.4 【相关工具】

1. 渲染滤镜组

渲染滤镜可以在图片中产生照明的效果、不同的光源效果和夜景效果。渲染滤镜的子菜单如图 7-37 所示。原图像及应用渲染滤镜组制作的图像效果如图 7-38 所示。

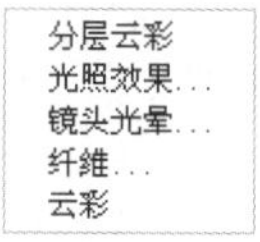

分层云彩
光照效果...
镜头光晕...
纤维...
云彩

图 7-37

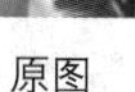
原图

分层云彩

光照效果

镜头光晕

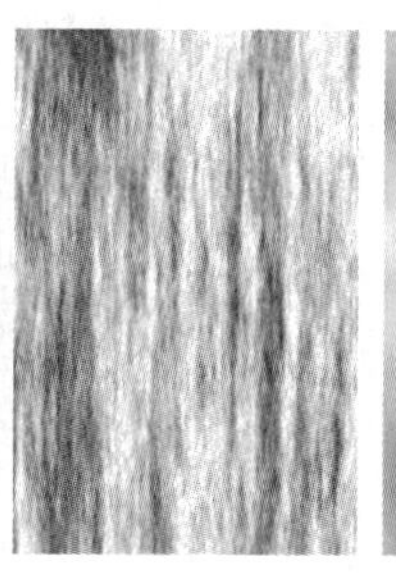
纤维

云彩

图 7-38

2. 图像画布的变换

图像画布的变换将对整个图像起作用。选择“图像 > 旋转画布”命令，其子菜单如图 7-39 所示。原图像及画布变换的多种效果如图 7-40 所示。

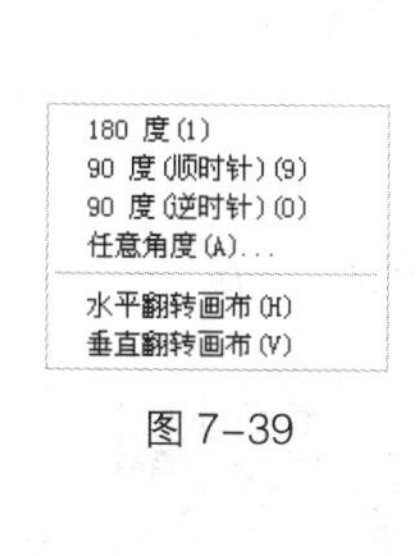

图 7-39

原图像

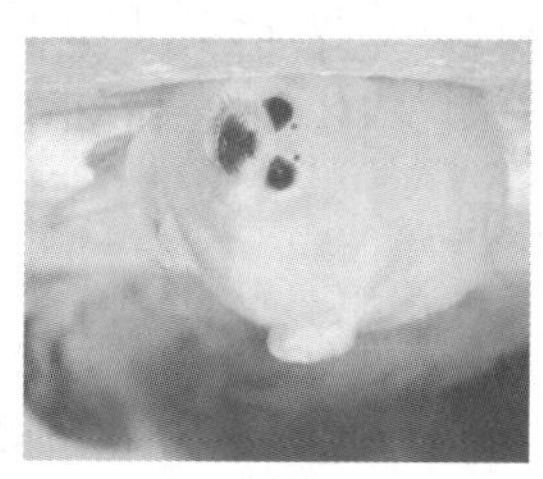
180°

90° （顺时针）

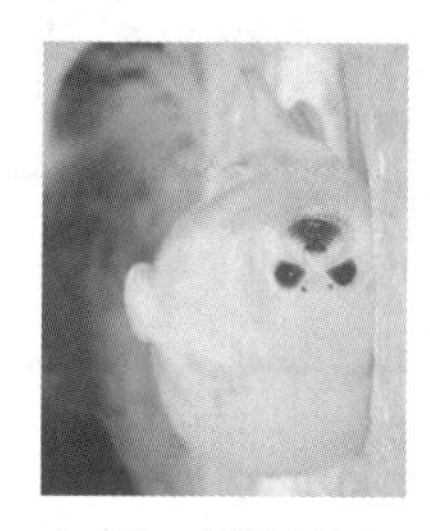
90° （逆时针）

水平翻转画布

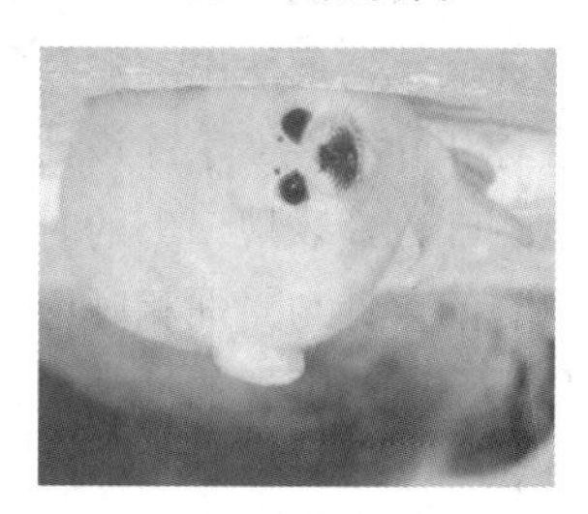
垂直翻转画布

图 7-40

选择“任意角度”命令，在弹出的“旋转画布”对话框中进行设置，如图 7-41 所示。单击“确定”按钮，画布被旋转，效果如图 7-42 所示。

图 7-41

图 7-42

7.1.5 【实战演练】制作洗发水包装

使用渐变工具、混合模式选项制作图片渐隐效果，使用圆角矩形工具、添加图层样式按钮制作装饰图形，使用横排文字工具添加宣传性文字。（最终效果参看光盘中的“Ch07 > 效果 > 制作洗发水包装”，见图 7-43。）

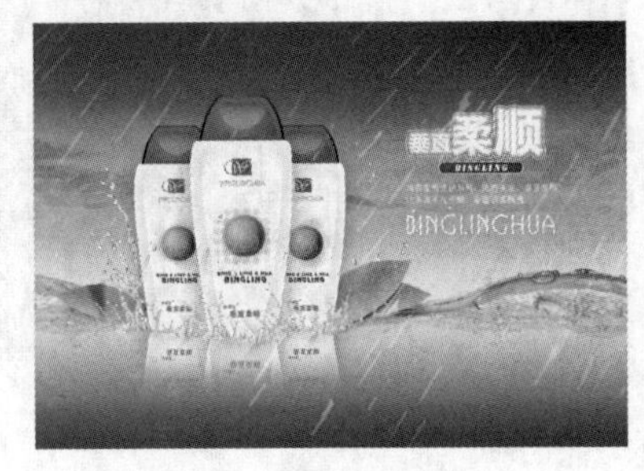

图 7-43

7.2 制作化妆美容书籍封面

7.2.1 【案例分析】

彩妆是大概念，包括生活妆、宴会妆、透明妆、烟熏妆、舞台妆等，指的是用粉底、蜜粉、口红、眼影、胭脂等有颜色的化妆品化在脸上的妆。本案例是一本介绍如何化彩妆和选择护肤产品、美容工具以及使其效果最大化的“美容指南”。在封面设计上要表现出雅致和活力的气氛。

7.2.2 【设计理念】

在设计制作过程中，浅黄色的背景和白色的花卉图案相叠加，表现出彩妆文化的高雅，同时给人柔和舒适的印象。封面上方将女性和花组成的图片放置到椭圆形中，表现出女性在镜子中化妆的气氛，展示出美丽高雅的气质。通过对书籍名称和介绍性文字的设计更好地与书的内容和主题相呼应，表现出书的时尚和流行魅力。封底和书脊的设计与封面相呼应，使整个设计和谐统一，体现出时尚温馨的情调。（最终效果参看光盘中的“Ch07 > 效果 > 制作化装美容书籍封面”，见图 7-44。）

图 7-44

7.2.3 【操作步骤】

1. 制作封面效果

步骤 1 按 Ctrl+N 组合键新建一个文件，宽度为 46.6cm，高度为 26.6cm，分辨率为 150 像素/英

寸，颜色模式为 RGB，背景内容为白色，单击“确定”按钮，新建一个文件。选择“视图 > 新建参考线”命令，弹出“新建参考线”对话框，设置如图 7-45 所示。单击“确定”按钮，效果如图 7-46 所示。用相同的方法，在 26.3cm 处新建一条水平参考线，效果如图 7-47 所示。

图 7–45　　图 7–46　　图 7–47

步骤 2 选择“视图 > 新建参考线”命令，弹出“新建参考线”对话框，设置如图 7-48 所示。单击“确定”按钮，效果如图 7-49 所示。用相同的方法，分别在 22.3cm、24.3cm、46.3cm 处新建垂直参考线，效果如图 7-50 所示。

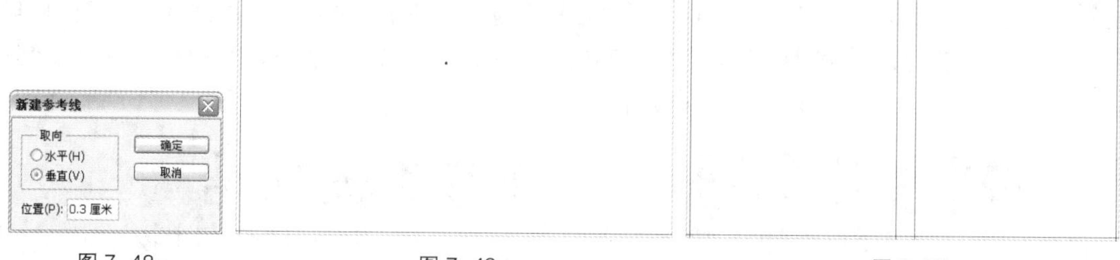

图 7–48　　图 7–49　　图 7–50

步骤 3 按 Ctrl+O 组合键，打开光盘中的“Ch07 > 素材 > 制作化妆美容书籍封面 > 01”文件。选择“移动”工具，将图片拖曳到图像窗口中的适当位置并调整其大小，如图 7-51 所示。在“图层”控制面板中生成新的图层并将其命名为“底图”。

步骤 4 新建图层组并将其命名为“封面”。将前景色设为黑色。选择“横排文字”工具 T，在适当的位置输入需要的文字并选取文字，在属性栏中选择合适的字体并设置文字大小，按 Alt+向左方向键调整文字间距，效果如图 7-52 所示。在“图层”控制面板中生成新的文字图层。

图 7–51

图 7–52

步骤 5 单击“图层”控制面板下方的“添加图层样式”按钮 fx，在弹出的菜单中选择“描边”命令，弹出对话框，将描边颜色设为白色，其他选项的设置如图 7-53 所示。单击“确定”按钮，效果如图 7-54 所示。

中等职业教育数字艺术类规划教材

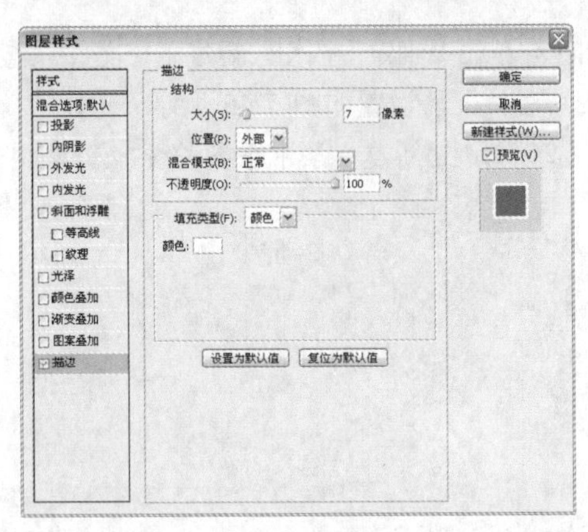

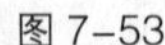

图 7-53

图 7-54

步骤 6 选择“横排文字”工具 T，在适当的位置输入需要的文字并选取文字，在属性栏中选择合适的字体并设置文字大小，按 Alt+向左方向键调整文字间距，效果如图 7-55 所示。在“图层”控制面板中生成新的文字图层。

步骤 7 在“四季美妆私语”文字图层上单击鼠标右键，在弹出的快捷菜单中选择“拷贝图层样式”命令。在“pter 大师教你化妆”文字图层上单击鼠标右键，在弹出的快捷菜单中选择“粘贴图层样式”命令，效果如图 7-56 所示。

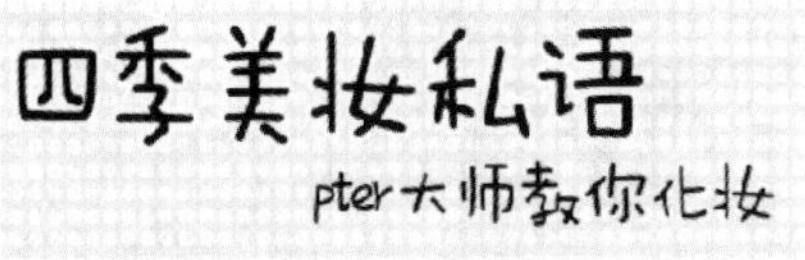

图 7-55

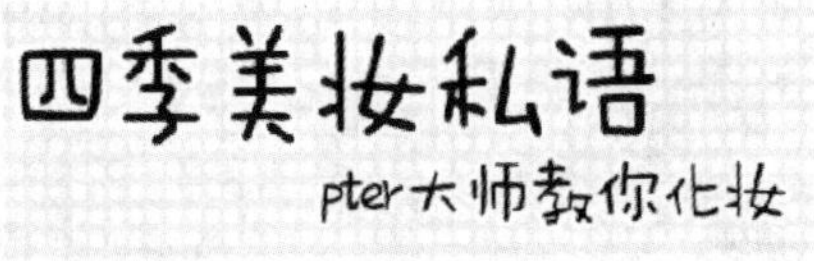

图 7-56

步骤 8 新建图层并将其命名为“蝴蝶”。将前景色设为草绿色（其 R、G、B 的值分别为 196、201、72）。选择“自定形状”工具，单击属性栏中的“形状”选项，弹出“形状”面板，单击面板右上方的按钮，在弹出的菜单中选择“全部”选项，弹出提示对话框，单击“确定”按钮。在“形状”面板中选中图形“蝴蝶”，如图 7-57 所示。单击属性栏中的“填充像素”按钮，在图像窗口中拖曳鼠标绘制图形，效果如图 7-58 所示。

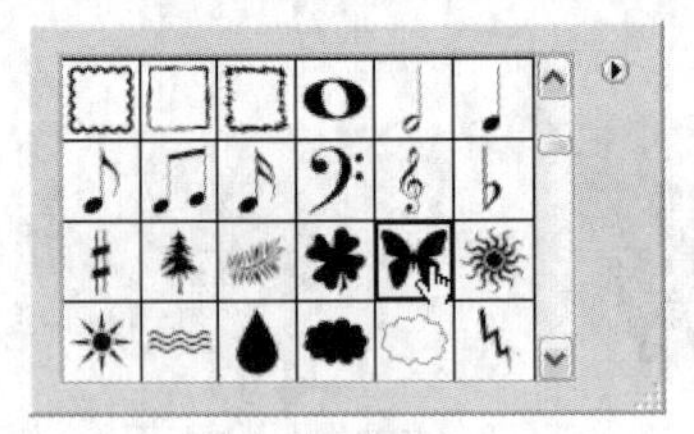

图 7-57

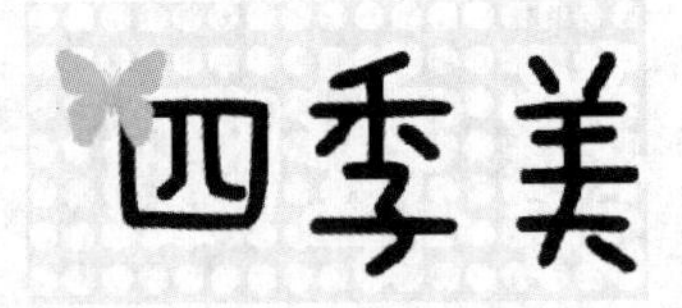

图 7-58

步骤 9 按 Ctrl+T 组合键，在图形周围出现变换框，将光标放在变换框的控制手柄附近，光标变为旋转图标，拖曳鼠标将文字旋转到适当的角度，按 Enter 键确定操作，效果如图 7-59 所示。

步骤 10 单击“图层”控制面板下方的“添加图层样式”按钮 fx.，在弹出的菜单中选择“投影”命令，弹出对话框，选项的设置如图 7-60 所示。单击“确定”按钮，效果如图 7-61 所示。

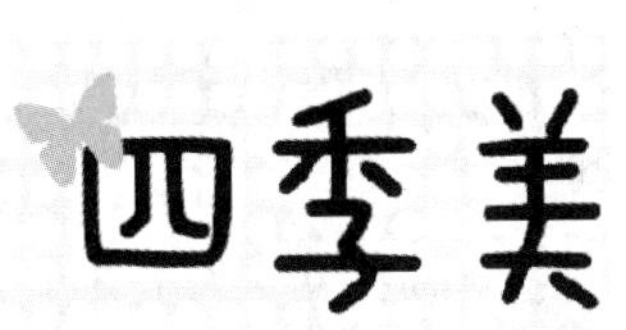

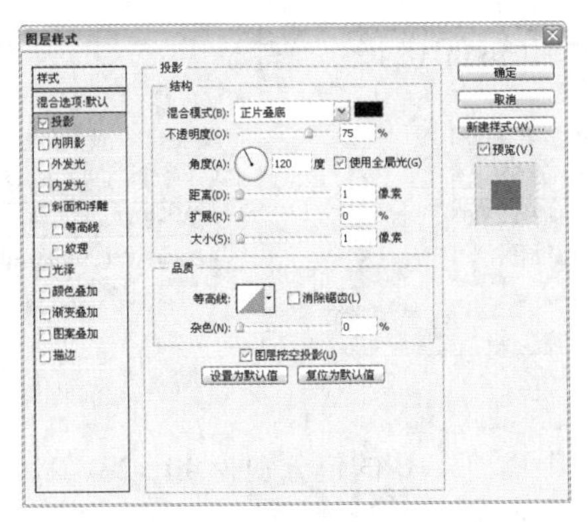

图 7-59　　图 7-60 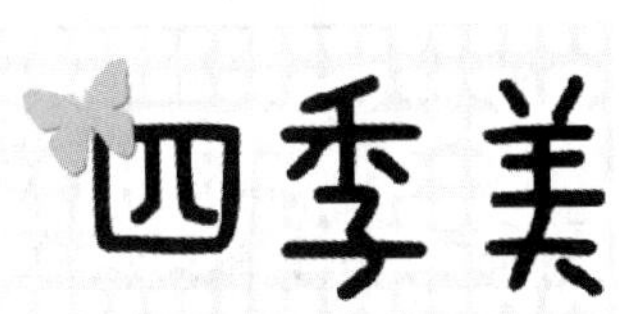　　图 7-61

步骤 11 按 Ctrl+O 组合键，打开光盘中的“Ch07 > 素材 > 制作化妆美容书籍封面> 02”文件。选择“移动”工具，将图片拖曳到图像窗口中的适当位置并调整其大小，如图 7-62 所示。在“图层”控制面板中生成新的图层并将其命名为“标”。

步骤 12 将前景色设为褐色（其 R、G、B 的值分别为 42、18、12）。选择“横排文字”工具 T，在适当的位置分别输入需要的文字并选取文字，在属性栏中选择合适的字体并设置文字大小，效果如图 7-63 所示。在“图层”控制面板中分别生成新的文字图层。

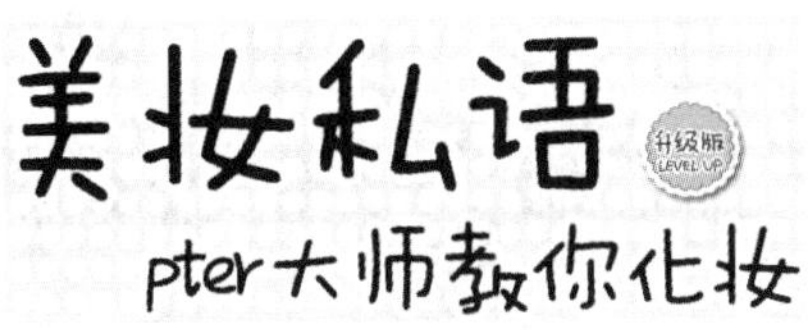

图 7-62 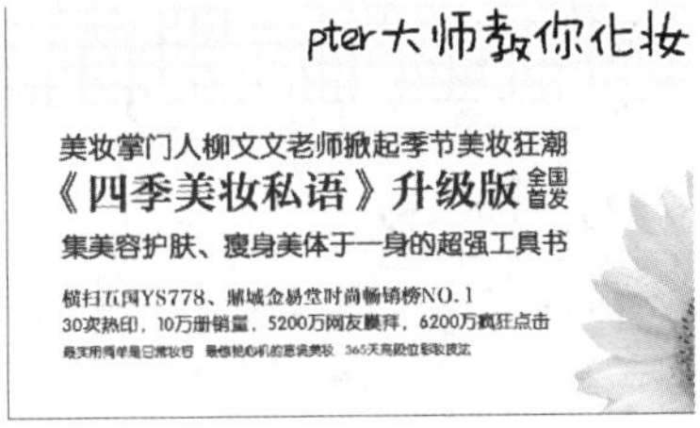　　图 7-63

步骤 13 选择“横排文字”工具 T，选中文字“掌门人”，填充文字为红色（其 R、G、B 的值分别为 251、175、157），效果如图 7-64 所示。使用相同的方法分别选取其他需要的文字，填充文字适当的颜色，并设置适当的文字大小，效果如图 7-65 所示。

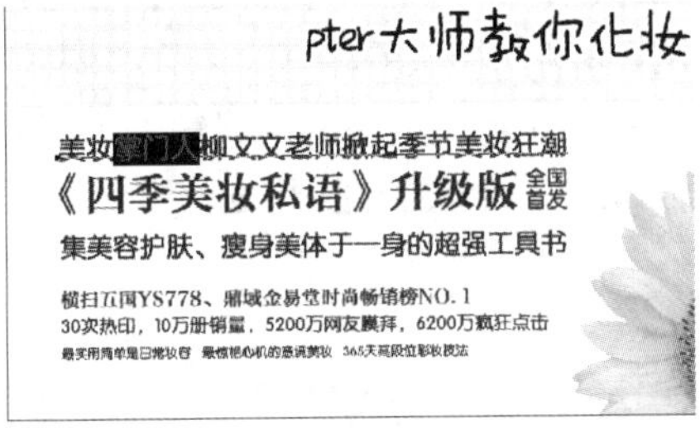

图 7-64 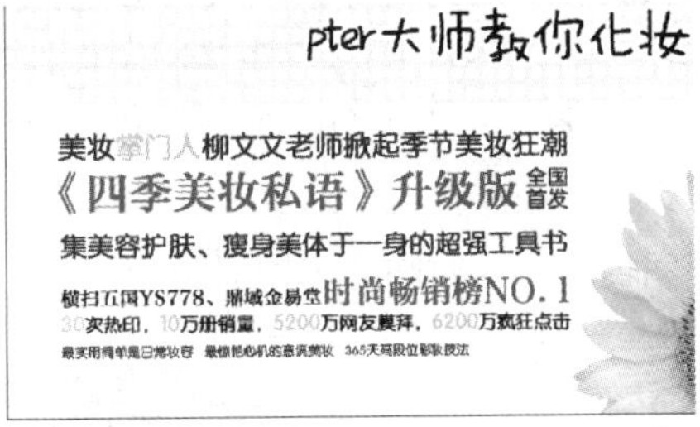　　图 7-65

步骤 14 新建图层并将其命名为“直线”。将前景色设为黑色。选择“直线”工具，单击属性栏中的“填充像素”按钮，将“粗细”选项设置数值为 3px，按住 Shift 键的同时，在适当的位置拖曳鼠标绘制一条直线，效果如图 7-66 所示。

步骤 15 按 Ctrl+J 组合键复制“直线”图层，生成新的图层“直线 副本”。选择“移动”工具，按住 Shift 键的同时，在图像窗口中垂直向下拖曳复制出的直线到适当的位置，效果如图 7-67 所示。

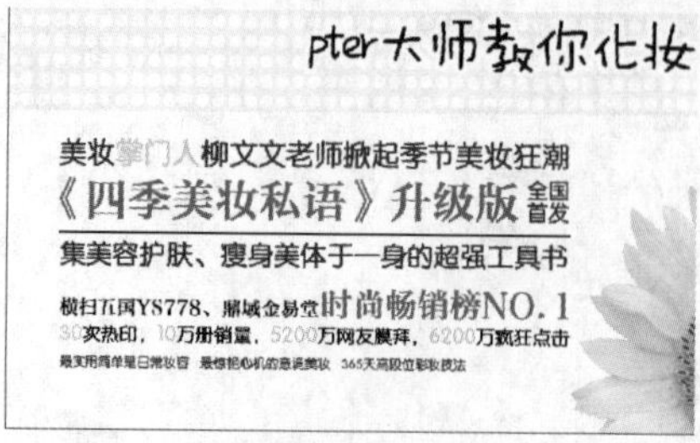

图 7-66

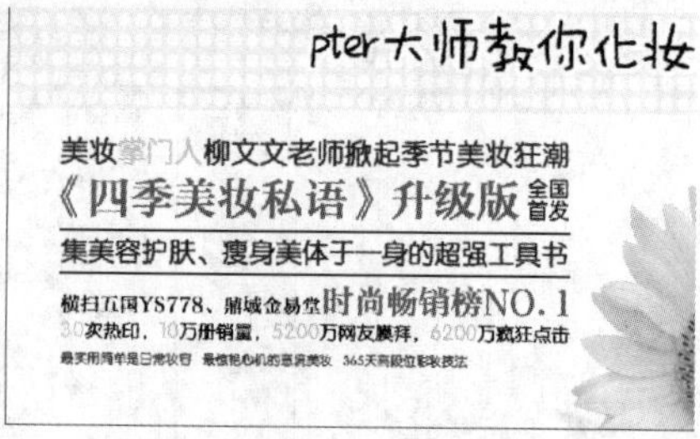

图 7-67

步骤 16 将前景色设为褐色（其 R、G、B 的值分别为 40、23、24）。选择“横排文字”工具 T，在适当的位置分别输入需要的文字并选取文字，在属性栏中选择合适的字体并设置文字大小，效果如图 7-68 所示。在“图层”控制面板中分别生成新的文字图层。

步骤 17 新建图层并将其命名为“圆”。将前景色设为橙色（其 R、G、B 的值分别为 235、132、73）。选择“椭圆”工具，按住 Shift 键的同时，在文字右侧适当的位置绘制一个圆形，如图 7-69 所示。

步骤 18 将前景色设为白色。选择“横排文字”工具 T，在适当的位置输入需要的文字。选取文字，在属性栏中选择合适的字体并设置文字大小，效果如图 7-70 所示。在“图层”控制面板中生成新的文字图层。单击“封面”图层组左侧的三角形图标，将“封面”图层组中的图层隐藏。

图 7-68

图 7-69

图 7-70

2. 制作封底效果

步骤 1 新建图层组并将其命名为“封底”。按 Ctrl+O 组合键，打开光盘中的“Ch07 > 素材 > 制作化妆美容书籍封面 > 03”文件。选择“移动”工具，将 06 图片拖曳到图像窗口中的适当位置，如图 7-71 所示。在“图层”控制面板中生成新的图层并将其命名为“图片”。

步骤 2 将前景色设为黑色。选择“横排文字”工具 T，在封底适当的位置输入需要的文字。选取文字，在属性栏中选择合适的字体并设置文字大小，效果如图 7-72 所示。在“图层”控制面板中生成新的文字图层。

图 7-71

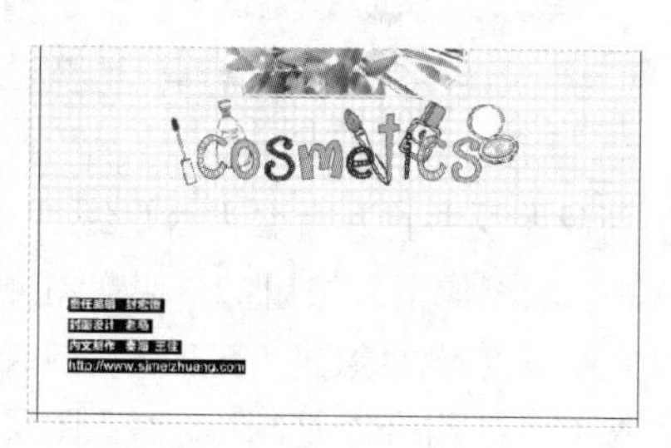

图 7-72

步骤 3 保持文字选取状态。按 Ctrl+T 组合键，弹出“字符”面板，将“设置所选字符的字距

调整”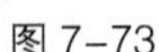选项设置为40，其他选项的设置如图7-73所示。按Enter键确认操作，取消文字选取状态，效果如图7-74所示。

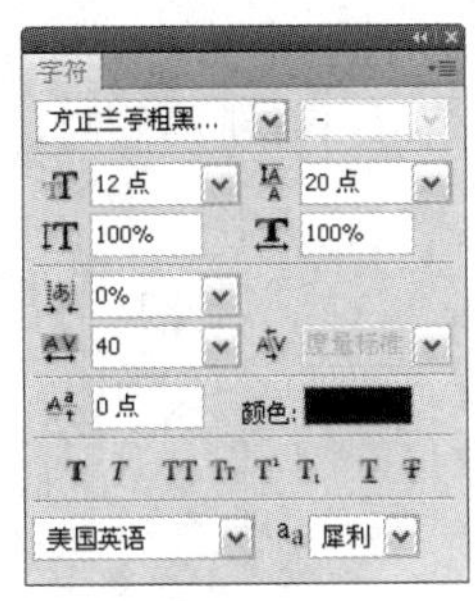

图7-73

图7-74

步骤 4 按Ctrl+O组合键，打开光盘中的“Ch07 > 素材 > 制作化妆美容书籍封面 > 04”文件。选择“移动”工具，将07图片拖曳到图像窗口中的适当位置，如图7-75所示。在“图层”控制面板中生成新的图层并将其命名为“条形码”。

步骤 5 将前景色设为深红色（其R、G、B的值分别为98、2、15）。选择“横排文字”工具，在条形码下方适当的位置输入需要的文字，选取文字，在属性栏中选择合适的字体并设置文字大小，按Alt+向右方向键，适当调整文字间距，效果如图7-76所示。在“图层”控制面板中生成新的文字图层。单击“封底”图层组左侧的三角形图标，将“封底”图层组中的图层隐藏。

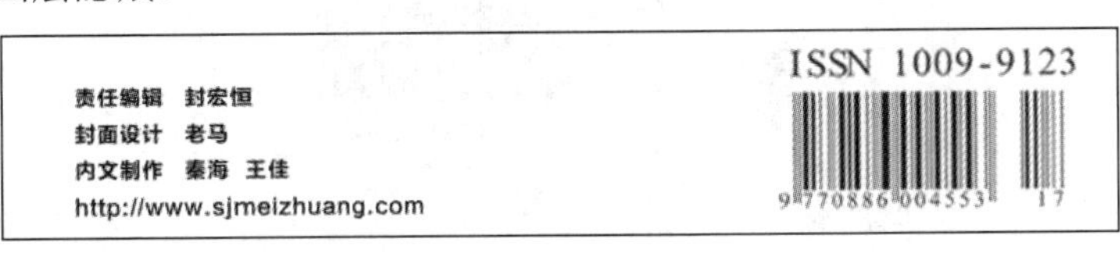

图7-75

图7-76

3. 制作书脊效果

步骤 1 创建新的图层组并将其命名为“书脊”。在“封面”图层组中，选中“四季美妆私语”文字图层，按Ctrl+J组合键复制该文字图层，生成新的副本图层，将其拖曳到“书脊”图层组中，如图7-77所示。

步骤 2 选择“移动”工具，在图像窗口中拖曳复制的文字到适当的位置，效果如图7-78所示。选择“横排文字”工具，选取文字“四季美妆私语”，单击属性栏中的“切换文本方向”按钮，将文字切换为竖向文本，在属性栏中设置合适的文字大小，并调整适当的间距，拖曳文字到书脊适当的位置，效果如图7-79所示。

图7-77

图7-78

图7-79

步骤 3 使用相同的方法分别复制封面中其余需要的文字和图形，并分别调整其位置和大小，效果如图 7-80 所示。新建图层并将其命名为“花形”。将前景色设为深红色（其 R、G、B 的值分别为 123、3、3）。选择“自定形状”工具，单击属性栏中的“形状”选项，弹出“形状”面板，选中图形“花形装饰 4”，如图 7-81 所示。按住 Shift 键的同时，在图像窗口中拖曳鼠标绘制图形，效果如图 7-82 所示。

图 7-80

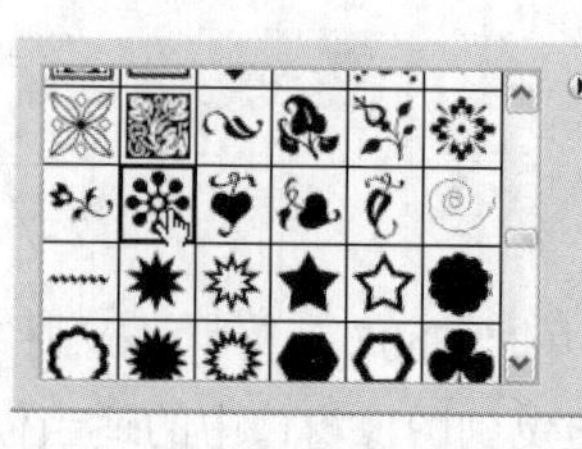

图 7-81

图 7-82

步骤 4 将前景色设为黑色。选择“横排文字”工具 T，在书脊的适当位置输入需要的文字。选取文字，在属性栏中选择合适的字体并设置文字大小，效果如图 7-83 所示。在“图层”控制面板中生成新的文字图层。按 Ctrl+; 组合键，隐藏参考线。化妆美容书籍封面制作完成，效果如图 7-84 所示。

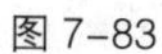

图 7-83

图 7-84

7.2.4 【相关工具】

1. 参考线的设置

设置参考线后可以使编辑图像的位置更精确。将鼠标指针放在水平标尺上，按住鼠标左键不放向下拖曳出水平的参考线，效果如图 7-85 所示。将鼠标指针放在垂直标尺上，按住鼠标左键不放向右拖曳出垂直的参考线，效果如图 7-86 所示。

显示或隐藏参考线：选择“视图 > 显示 > 参考线”命令可以显示或隐藏参考线，此命令只有在存在参考线的情况下才能应用。

移动参考线：选择“移动”工具，将鼠标指针放在参考线上，鼠标指针变为形状，按住鼠标左键拖曳即可移动参考线。

锁定、清除、新建参考线：选择“视图 > 锁定参考线”命令或按 Alt +Ctrl+; 组合键可以将参考线锁定，参考线锁定后将不能移动。选择“视图 > 清除参考线”命令可以将参考线清除。选择“视图 > 新建参考线”命令，弹出“新建参考线”对话框，如图 7-87 所示，设定完选项后

单击“确定”按钮，图像中即可出现新建的参考线。

图 7–85

图 7–86

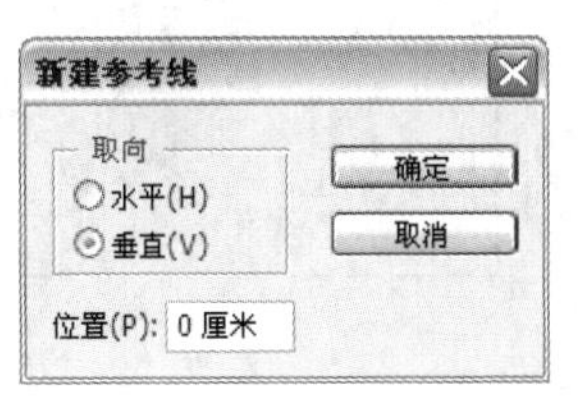

图 7–87

2. 标尺的设置

设置标尺后可以精确地编辑和处理图像。选择“编辑 > 首选项 > 单位与标尺”命令，弹出相应的对话框，如图 7-88 所示。

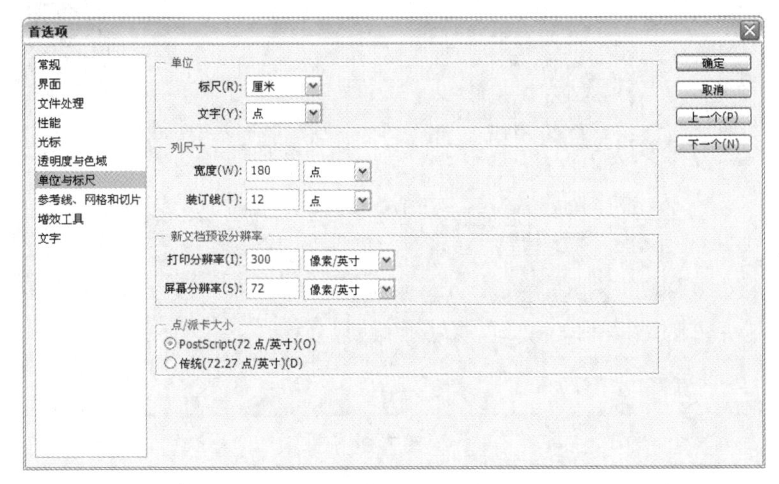

图 7–88

单位：用于设置标尺和文字的显示单位，有不同的显示单位供选择。列尺寸：用列来精确确定图像的尺寸。点/派卡大小：与输出有关。选择“视图 > 标尺”命令，可以显示或隐藏标尺，分别如图 7-89 和图 7-90 所示。

图 7–89

图 7–90

将鼠标指针放在标尺的 x 轴和 y 轴的 0 点处，如图 7-91 所示。单击并按住鼠标左键不放，向右下方拖曳鼠标到适当的位置，如图 7-92 所示。释放鼠标，标尺的 x 轴和 y 轴的 0 点就变为鼠标指针移动后的位置，如图 7-93 所示。

图 7-91

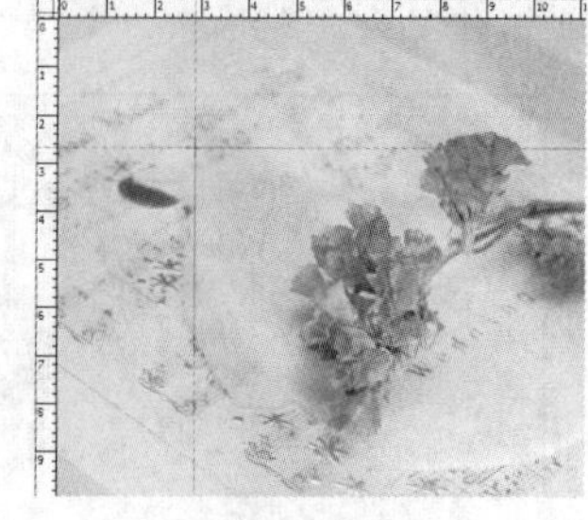
图 7-92

图 7-93

3. 网格线的设置

设置网格线后可以将图像处理得更精准。选择“编辑 > 首选项 > 参考线、网格、切片和计数”命令，弹出相应的对话框，如图 7-94 所示。

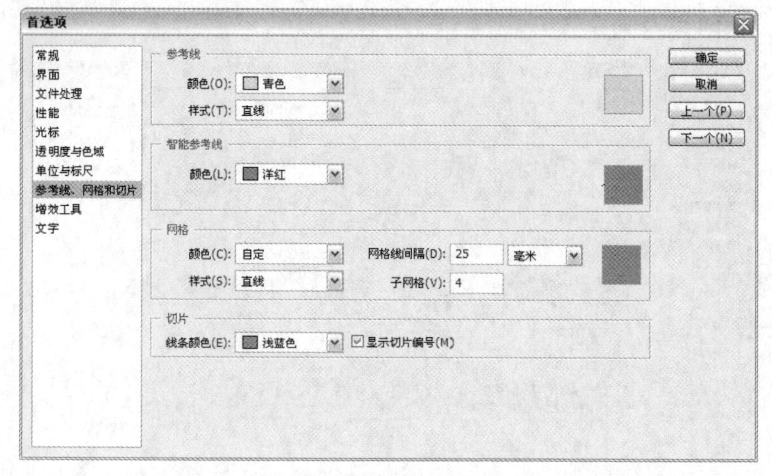

图 7-94

参考线：用于设定参考线的颜色和样式。网格：用于设定网格的颜色、样式、网格线间隔、子网格等。切片：用于设定切片的颜色和显示切片的编号。

选择“视图 > 显示 > 网格”命令可以显示或隐藏网格，分别如图 7-95 和图 7-96 所示。

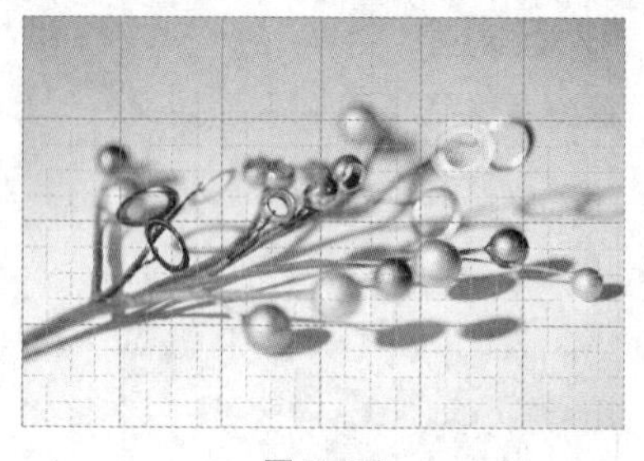
图 7-95

图 7-96

技　巧　选择线条工具时，如果按住 Shift 键的同时拖曳鼠标绘制，则将限制线条工具只能在 45° 或 45° 的倍数的方向绘制直线。无法为线条工具设置填充属性。

7.2.5 【实战演练】制作青春年华书籍封面

使用圆角矩形工具和创建剪贴蒙版命令制作封面背景图，使用自定形状工具绘制箭头，使用文字工具和添加图层样式按钮制作书名，使用混合模式选项、不透明度选项制作图片的叠加。（最终效果参看光盘中的“Ch07 > 效果 > 制作青春年华书籍封面”，见图 7-97。）

图 7-97

7.3 制作茶叶包装

7.3.1 【案例分析】

绿茶是我国的主要茶类，其名品较多，如西湖龙井、峨眉雪芽、黄山毛峰、洞庭碧螺春等，具有“清汤绿叶，滋味收敛性强”的特点，对防衰老、防癌、抗癌、杀菌、消炎等均有特殊效果。本案例是为茶叶公司设计的绿茶包装，在设计上要体现出健康生活和绿色消费的理念。

7.3.2 【设计理念】

在设计制作过程中，使用绿色的背景给人清新舒爽的感觉，传达出健康、治愈的主题。使用大片的绿叶展示绿茶的特色。通过对平面效果进行变形和设置投影制作出立体包装，使包装更具真实感。整体设计简单大方，颜色清爽明快，紧扣主题。（最终效果参看光盘中的“Ch07 > 效果 > 制作茶叶包装”，见图 7-98。）

图 7-98

7.3.3 【操作步骤】

1. 制作包装正面背景

步骤 1 按 Ctrl+O 组合键，打开光盘中的“Ch07 > 素材 > 制作茶叶包装 > 01、02、03”文件。选择“移动”工具，分别拖曳 02、03 图片到 01 图像窗口中，如图 7-99 所示。在“图层”控制面板中生成新的图层并将其命名为“绿”、“茶”。

步骤 2 选择“绿”图层，单击“图层”控制面板下方的“添加图层样式”按钮 fx，在弹出的下拉菜单中选择“投影”命令，在弹出的对话框中进行设置，如图 7-100 所示。

图 7-99

图 7-100

步骤 3 选择“内阴影”选项，切换到相应的对话框，选项的设置如图 7-101 所示。选择“渐变叠加”选项，切换到相应的对话框，单击“点按可编辑渐变”按钮，弹出“渐变编辑器”对话框，将叠加颜色设为从深绿色（其 R、G、B 的值分别为 8、62、0）到绿色（其 R、G、B 的值分别为 85、255、0），如图 7-102 所示。单击“确定”按钮，返回“渐变叠加”对话框，其他选项的设置如图 7-103 所示。选择“描边”选项，切换到相应的对话框，将描边颜色设为粉色（其 R、G、B 的值分别为 255、238、238），其他选项的设置如图 7-104 所示。单击“确定”按钮，效果如图 7-105 所示。

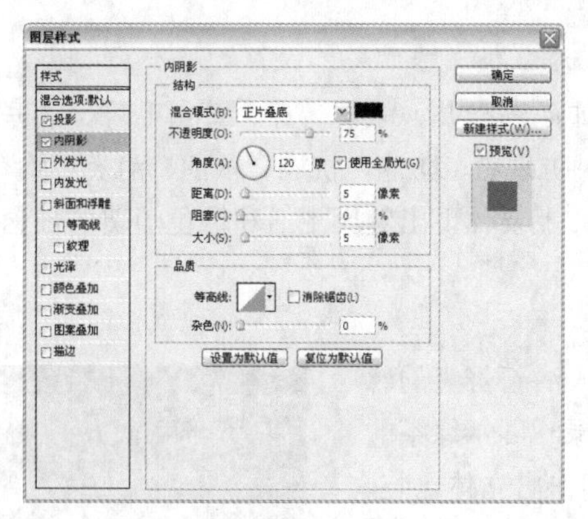

图 7-101

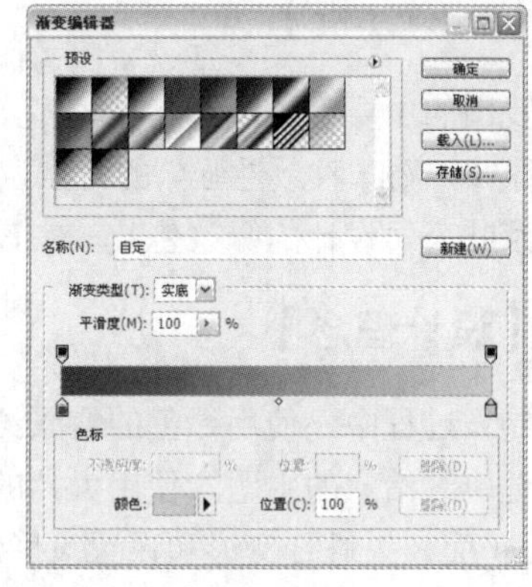

图 7-102

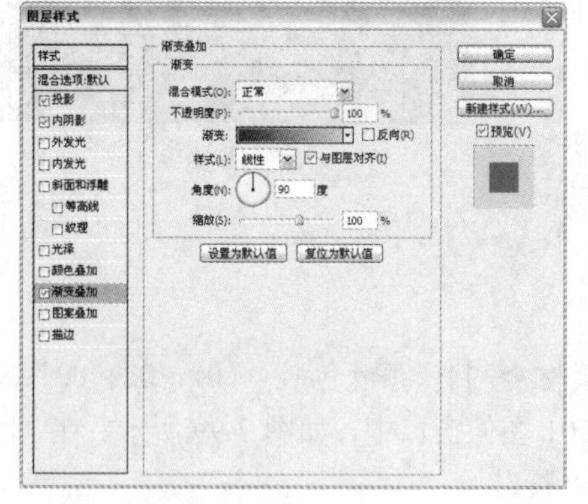

图 7-103

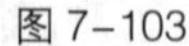

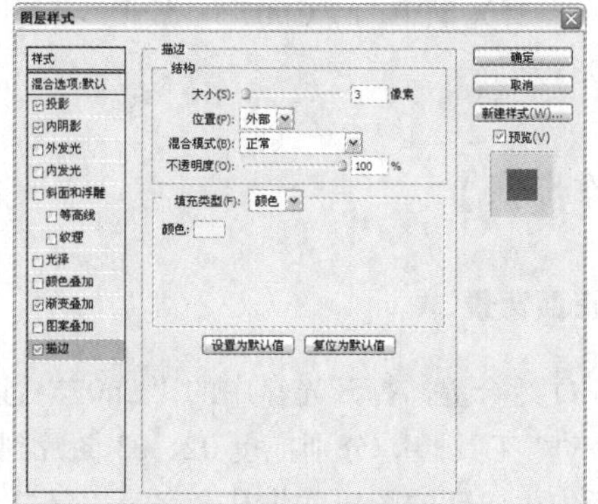

图 7-104

图 7-105

步骤 4 选择“绿”图层，单击鼠标右键，在弹出的快捷菜单中选择“拷贝图层样式”。选择“茶”

图层，单击鼠标右键，在弹出的快捷菜单中选择“粘贴图层样式”，效果如图 7-106 所示。

步骤 5 选择“直排文字”工具，在属性栏中选择合适的字体并设置适当的文字大小，输入需要的文字。将文字同时选取，按 Ctrl+T 组合键，弹出“字符”控制面板，选项的设置如图 7-107 所示。按 Enter 键确定操作，效果如图 7-108 所示。

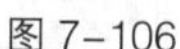

图 7-106

图 7-107

图 7-108

步骤 6 选择“钢笔”工具，在图像中绘制一条路径，如图 7-109 所示。按 Ctrl+Enter 组合键将路径转化为选区，如图 7-110 所示。

步骤 7 选择“窗口 > 通道”命令，弹出“通道”控制面板。单击“通道”控制面板下方的“创建新通道”按钮，生成新的通道“Alpha1”，如图 7-111 所示。按 Alt+Delete 组合键填充选区，按 Ctrl+D 组合键取消选区，效果如图 7-112 所示。

图 7-109

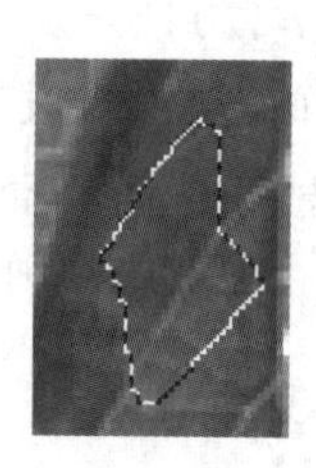

图 7-110

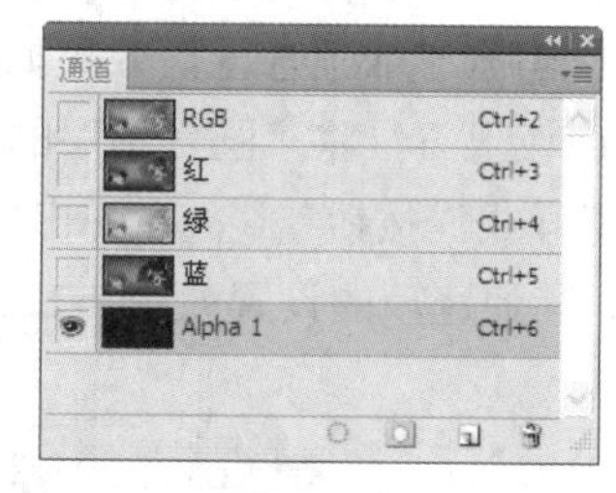

图 7-111

图 7-112

步骤 8 选择“滤镜 > 画笔描边 > 喷溅”命令，弹出“喷溅”对话框，选项的设置如图 7-113 所示。单击“确定”按钮，效果如图 7-114 所示。

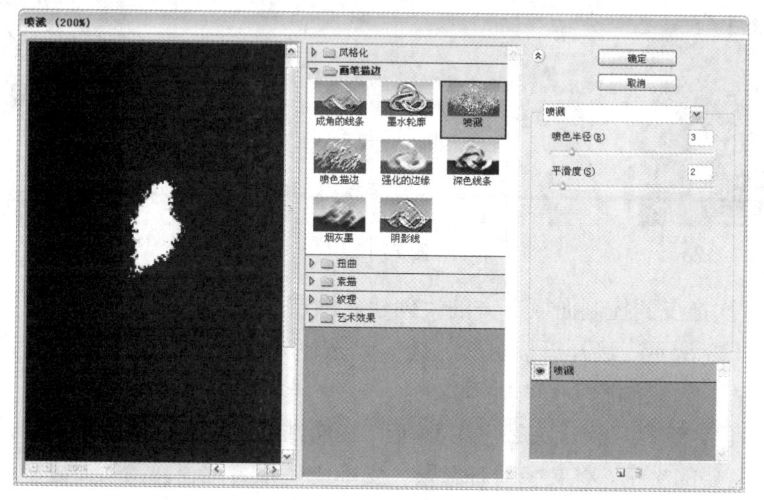

图 7-113

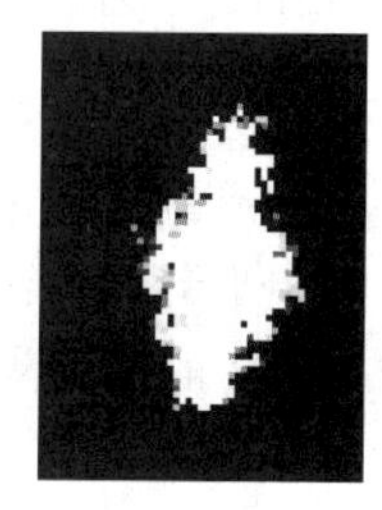

图 7-114

步骤 9 按住 Ctrl 键的同时，单击通道“Alpha1”的通道缩览图，如图 7-115 所示，在图像周围生成选区。返回“图层”控制面板，新建图层并将其命名为“印章”。将前景色设为红色（其 R、G、B 的值分别为 197、0、0）。按 Alt+Delete 组合键用前景色填充选区，按 Ctrl+D 组合键取消选区，效果如图 7-116 所示。

步骤 10 将前景色设为白色。选择“横排文字”工具 T，在属性栏中选择合适的字体并设置文字大小，分别输入需要的文字，效果如图 7-117 所示。在“图层”控制面板中生成新的图层，如图 7-118 所示。

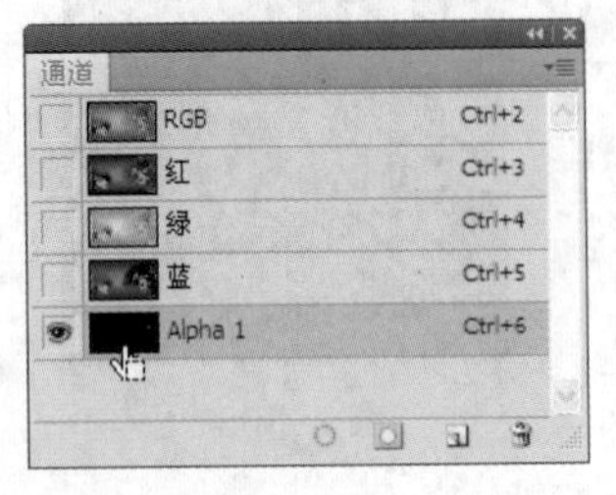

图 7-115

图 7-116

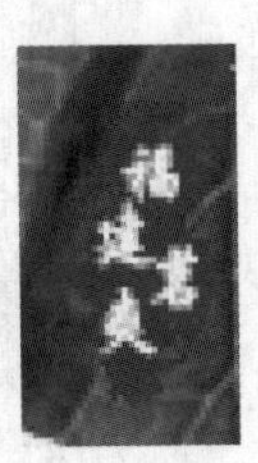

图 7-117

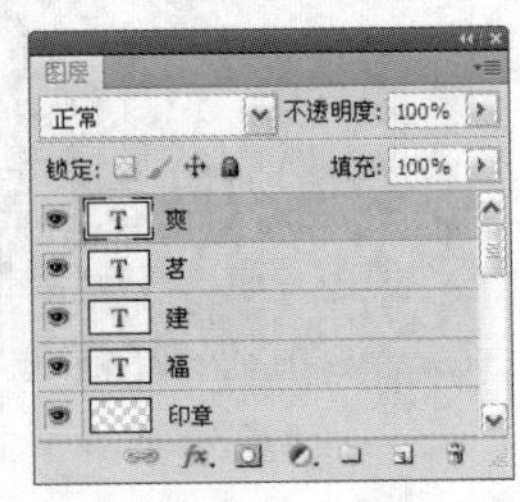

图 7-118

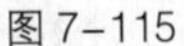

2. 添加其他宣传语

步骤 1 新建图层并将其命名为“圆”。将前景色设为白色。选择“椭圆选框”工具，按住 Shift 键的同时，在图像窗口中绘制圆形选区，如图 7-119 所示。按 Alt+Delete 组合键用前景色填充选区，按 Ctrl+D 组合键取消选区，效果如图 7-120 所示。

步骤 2 在“图层”控制面板上方，将“圆”图层的“填充”选项设为 0%。单击“图层”控制面板下方的“添加图层样式”按钮 fx，在弹出的菜单中选择“描边”命令，弹出对话框，将描边颜色设为白色，其他选项的设置如图 7-121 所示。单击“确定”按钮，效果如图 7-122 所示。

图 7-119

图 7-120

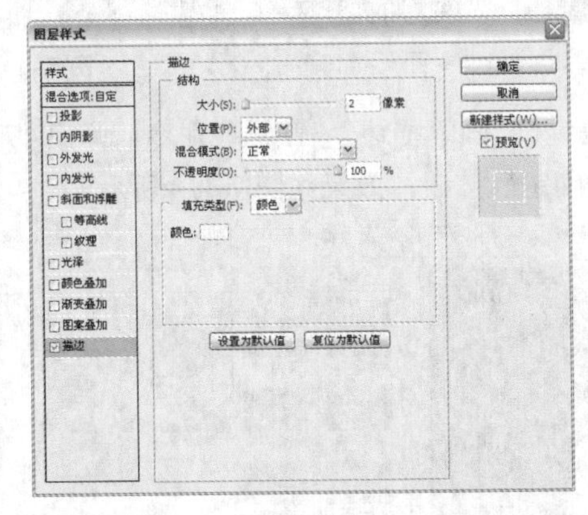

图 7-121

图 7-122

步骤 3 将“圆”图层多次拖曳到控制面板下方的“创建新图层”按钮上进行复制，生成多个新图层，如图 7-123 所示。选择“移动”工具，按住 Shift 键的同时水平向右拖曳复制的圆形到适当的位置，效果如图 7-124 所示。

步骤 4 将前景色设为白色。选择“横排文字”工具 T，在属性栏中选择合适的字体并设置适当的文字大小，输入需要的文字。将文字同时选取，按 Ctrl+T 组合键在弹出的面板中进行设置，如图 7-125 所示。按 Enter 键确定操作，效果如图 7-126 所示。

图 7-123

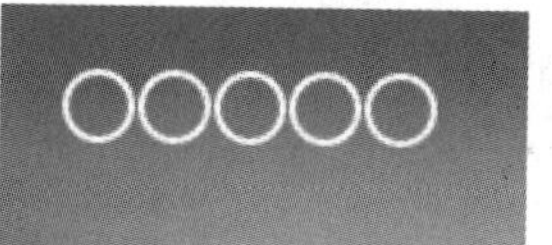

图 7-124

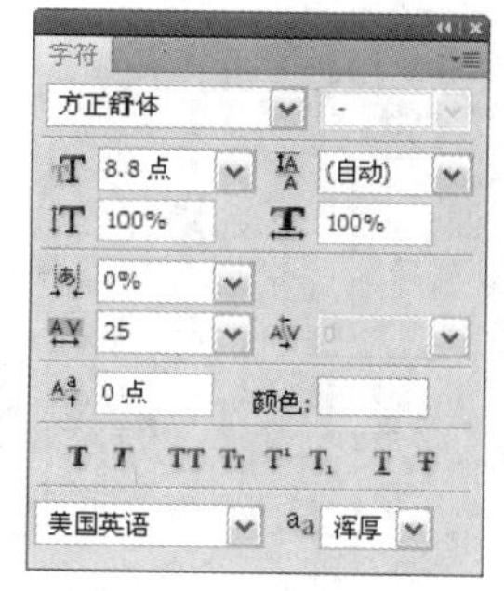

图 7-125

图 7-126

步骤 5 将前景色设为白色。选择“横排文字”工具 T，分别在适当的位置输入文字。分别选取文字，在属性栏中选择合适的字体并设置适当的文字大小。再次选取文字“MINGSHUANG PAI CHAYE”，填充为黑色，效果如图 7-127 所示。

步骤 6 按 Ctrl+O 组合键，打开光盘中的“Ch07 > 素材 > 制作茶叶包装 > 04”文件。选择“移动”工具，分别拖曳 06 图片到图像窗口中，如图 7-128 所示。在“图层”控制面板中生成新的图层并将其命名为“叶子”。

步骤 7 在“图层”控制面板上方，将“叶子”图层的混合模式选项设为“明度”，效果如图 7-129 所示。茶叶包装的正面效果制作完成。

图 7-127

图 7-128

图 7-129

3. 绘制包装展示图

步骤 1 按 Ctrl+N 组合键新建一个文件，宽度为 19cm，高度为 19cm，分辨率为 150 像素/英寸，颜色模式为 RGB，背景内容为白色，单击“确定”按钮。将前景色设为灰色（其 R、G、B 的值分别为 200、200、200），背景色设为白色，按 Alt+Delete 组合键用前景色填充“背景”图层。

步骤 2 按 Ctrl+R 组合键，在图像窗口中显示标尺。选择“移动”工具，从水平标尺和垂直标尺上分别拖曳出参考线，图像窗口中的效果如图 7-130 所示。

步骤 3 新建图层并将其命名为“包装外边框”。将前景色设为白色。选择“钢笔”工具，在图像窗口中绘制一条路径，如图 7-131 所示。按 Ctrl+Enter 组合键将路径转化为选区，按 Alt+Delete 组合键用前景色填充选区，按 Ctrl+D 组合键取消选区，效果如图 7-132 所示。

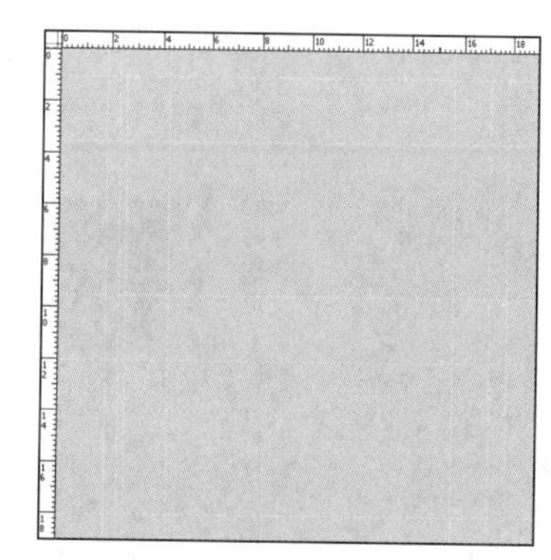

图 7-130

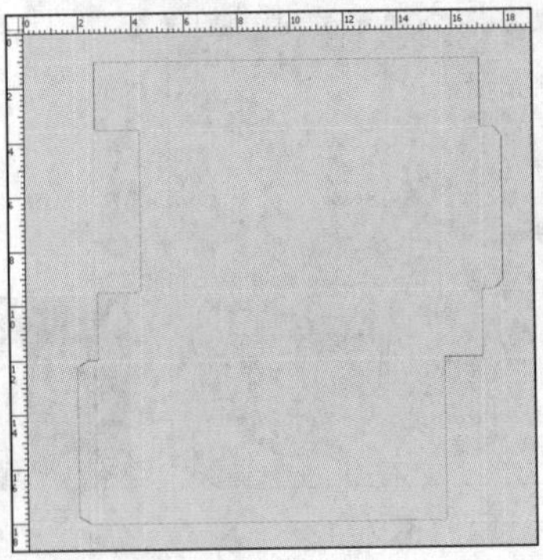

图 7-131

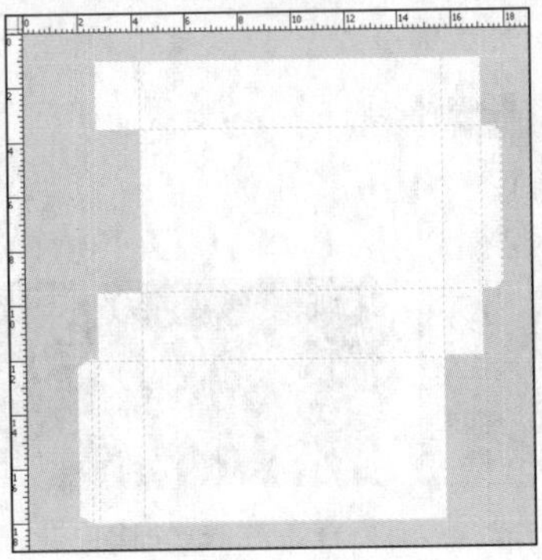

图 7-132

步骤 4 单击"图层"控制面板下方的"添加图层样式"按钮 fx，在弹出的下拉菜单中选择"投影"命令，在弹出的对话框中进行设置，如图 7-133 所示。单击"确定"按钮，效果如图 7-134 所示。

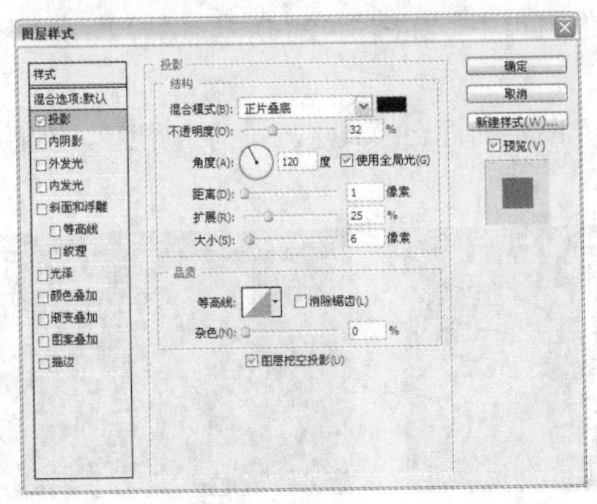

图 7-133

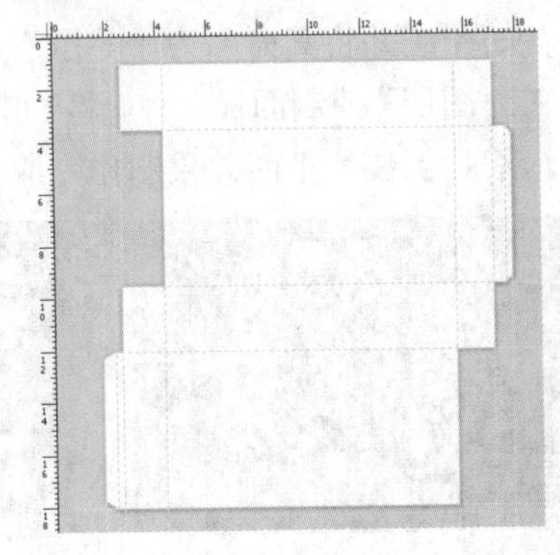

图 7-134

步骤 5 按 Ctrl+O 组合键，打开"Ch07 > 效果 > 茶叶包装正面效果.psd"文件。然后在"图层"面板中按 Ctrl+Shift+E 组合键合并可见图层。选择"移动"工具，拖曳"茶叶包装正面"效果图片到图像窗口中，效果如图 7-135 所示。在"图层"控制面板中生成新的图层并将其命名为"茶叶包装正面"。

步骤 6 将"茶叶包装正面"图层拖曳到控制面板下方的"创建新图层"按钮上进行复制，生成新的副本图层。选择"移动"工具，拖曳复制的图片到适当的位置，效果如图 7-136 所示。

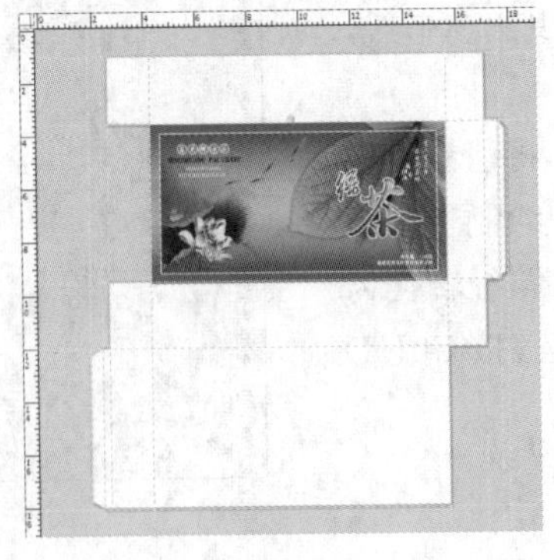

图 7-135

图 7-136

步骤 7 创建新的图层组并将其命名为“侧面”。新建图层并将其命名为“长方矩形”。选择“矩形选框”工具，在图像窗口中绘制一个矩形选区，选择“渐变”工具，单击属性栏中的“点按可编辑渐变”按钮，弹出“渐变编辑器”对话框，将渐变颜色设为从深绿色（其R、G、B的值分别为7、103、13）到翠绿色（其R、G、B的值分别为82、212、81），如图7-137所示，单击“确定”按钮。按住Shift键的同时，在矩形选区上由上至下拖曳渐变色，取消选区后的效果如图7-138所示。

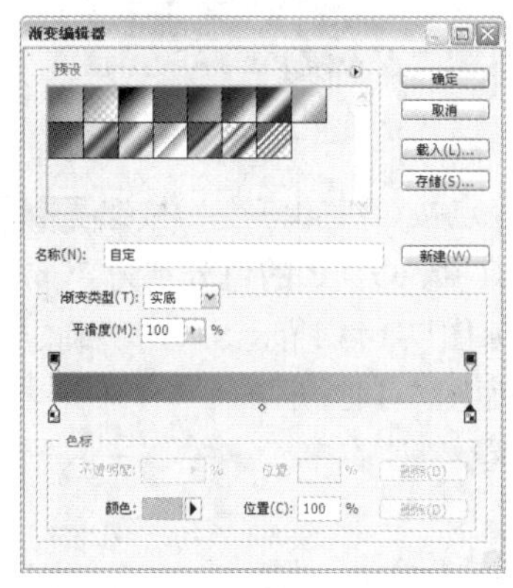

图7-137

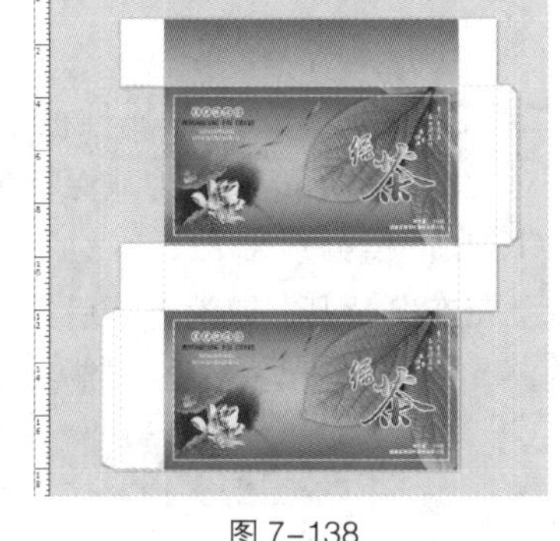

图7-138

步骤 8 按Ctrl+O组合键，打开“Ch07 > 素材 > 制作茶叶包装 > 05”文件。选择“移动”工具，拖曳“包装盒侧面”效果图片到图像窗口中，效果如图7-139所示。在“图层”控制面板中生成新的图层并将其命名为“包装侧面”。

步骤 9 在“图层”控制面板中，按住Shift键的同时单击“长方矩形”和“包装侧面”图层，将其同时选取，然后将其拖曳到控制面板下方的“创建新图层”按钮上进行复制，生成新的副本图层，如图7-140所示。选择“移动”工具，在图像窗口中拖曳复制的图形到适当的位置，效果如图7-141所示。

图7-139

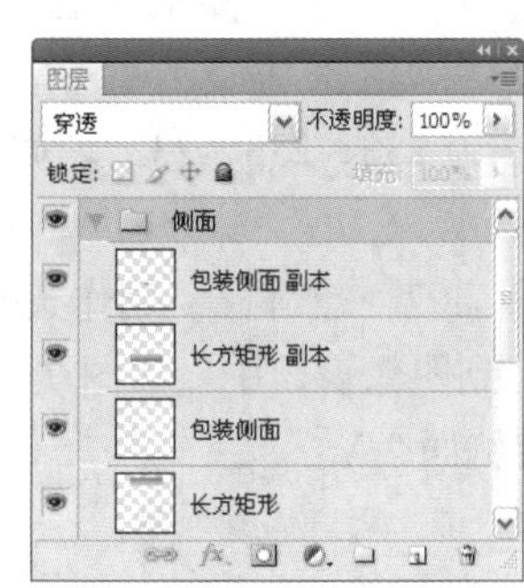

图7-140

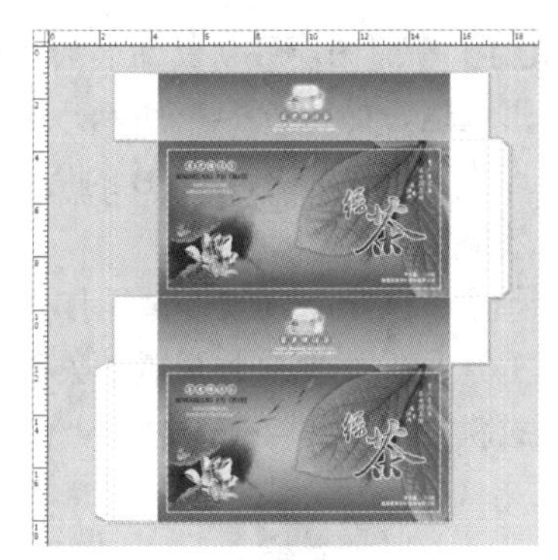

图7-141

步骤 10 选择“长方矩形 副本”图层，按Ctrl+T组合键，在图像周围出现变换框，单击鼠标右键，在弹出的快捷菜单中选择“垂直翻转”命令翻转图像，按Enter键确认操作，效果如图7-142所示。单击“侧面”图层组左侧的按钮，隐藏图层内容。

步骤 11 新建图层组并将其命名为“侧面2”。新建图层并将其命名为“渐变矩形”。选择“矩形选框”工具，在图像窗口中绘制一个矩形选区，效果如图7-143所示。

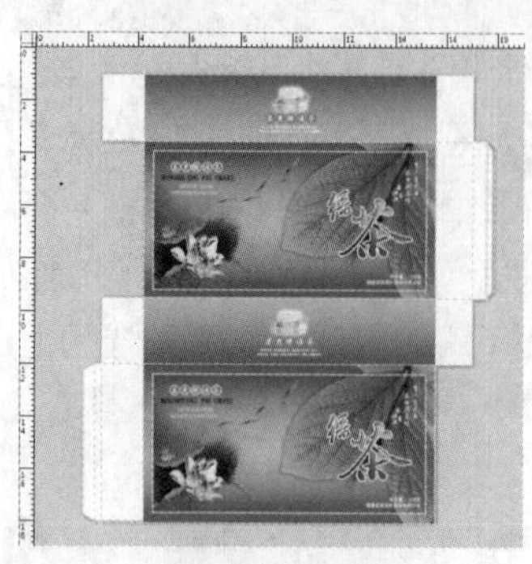

图 7-142

图 7-143

步骤 12 选择“渐变”工具，单击属性栏中的“点按可编辑渐变”按钮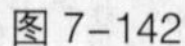，弹出“渐变编辑器”对话框，将渐变色设为从深绿色（其 R、G、B 的值分别为 7、103、13）到翠绿色（其 R、G、B 的值分别为 82、212、81），如图 7-144 所示，单击“确定”按钮。在矩形选区中由右至左拖曳渐变，取消选区后的效果如图 7-145 所示。

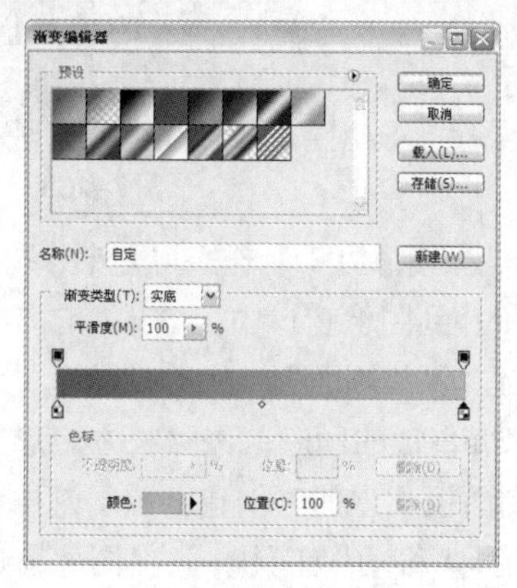

图 7-144

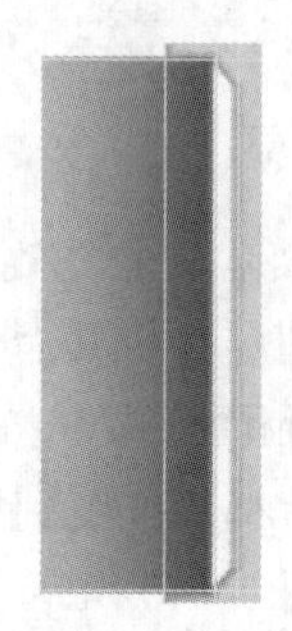

图 7-145

步骤 13 新建图层并将其命名为“边框”。选择“矩形选框”工具，在图像窗口中绘制一个矩形选区，如图 7-146 所示。选择“编辑 > 描边”命令，弹出“描边”对话框，将描边颜色设为灰色（其 R、G、B 的值分别为 233、233、233），如图 7-147 所示。单击“确定”按钮，效果如图 7-148 所示。

步骤 14 按 Ctrl+O 组合键，打开“Ch07 > 素材 > 制作茶叶包装 > 06”文件。选择“移动”工具，拖曳包装盒盖效果图片到图像窗口中，如图 7-149 所示。在“图层”控制面板中生成新的图层并将其命名为“包装侧面 2”。

图 7-146

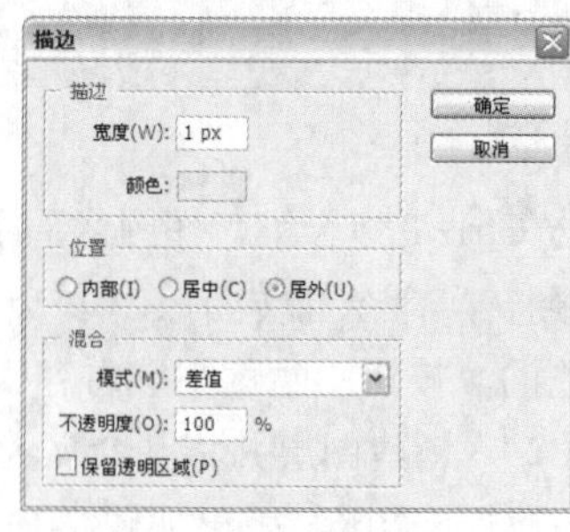

图 7-147

图 7-148

图 7-149

步骤 15 按住 Ctrl 键的同时，在“图层”控制面板中单击“渐变矩形”图层、“边框”图层和“包装侧面 2”图层并将其同时选取，然后将其拖曳到控制面板下方的“创建新图层”按钮上进行复制，生成新的副本图层，如图 7-150 所示。选择“移动”工具，拖曳复制的图形到适当的位置，效果如图 7-151 所示。

步骤 16 按 Ctrl+T 组合键，在图像周围出现变换框，单击鼠标右键，在弹出的快捷菜单中选择“水平翻转”命令翻转图像，按 Enter 键确认操作，效果如图 7-152 所示。按 Ctrl＋R 组合键隐藏标尺，按 Ctrl＋；组合键隐藏参考线，茶叶包装展示图效果制作完成，如图 7-153 所示。

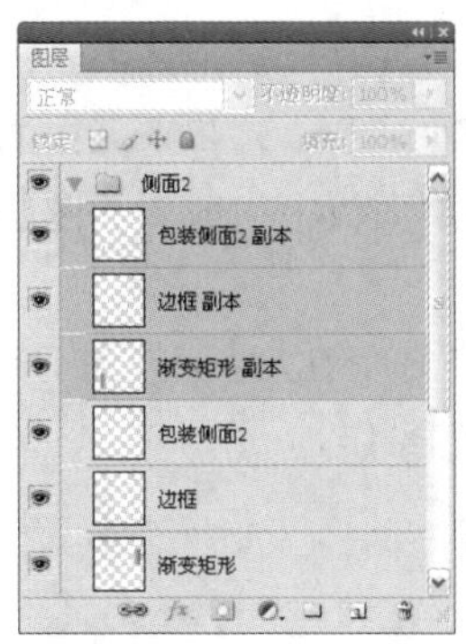

图 7-150

图 7-151

图 7-152

图 7-153

4. 制作包装展示效果

步骤 1 按 Ctrl＋O 组合键，打开光盘中的“Ch07 > 素材 > 制作茶叶包装 > 07”文件。按 Ctrl+O 组合键，打开光盘中的“Ch07 > 效果 > 茶叶包装展示图.psd”文件。在“图层”控制面板中按 Ctrl＋Shift＋E 组合键合并可见图层，效果如图 7-154 所示。选择“矩形选框”工具，在图像窗口中绘制矩形选区，如图 7-155 所示。

图 7-154

图 7-155

步骤 2 选择“移动”工具，将选区内的图像拖曳到素材 07 的图像窗口中，如图 7-156 所示。在“图层”控制面板中生成新的图层并将其命名为“正面”。按 Ctrl+T 组合键在图片的周围出现变换框，按住 Ctrl 键的同时拖曳控制手柄倾斜图片，如图 7-157 所示，按 Enter 键确定操作。

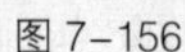
图 7-156

图 7-157

步骤 3 在“茶叶包装展示图”图像窗口中，按 Ctrl+D 组合键取消选区。选择“矩形选框”工具，在图像窗口中绘制矩形选区，如图 7-158 所示。选择“移动”工具，将选区内的图像拖曳到素材 08 的图像窗口中，如图 7-159 所示。在“图层”控制面板中生成新的图层并将其命名为“侧面”。

步骤 4 按 Ctrl+T 组合键，在图片的周围出现变换框，拖曳控制手柄调整图片的大小，按住 Ctrl 键的同时拖曳控制手柄将图片变形，如图 7-160 所示，按 Enter 键确定操作。

图 7-158

图 7-159

图 7-160

步骤 5 在“茶叶包装展示图”图像窗口中取消选区。选择“矩形选框”工具，在图像窗口中绘制矩形选区，如图 7-161 所示。选择“移动”工具，将选区内的图像拖曳到素材 08 的图像窗口中，如图 7-162 所示。在“图层”控制面板中生成新的图层并将其命名为“侧面 2”。

步骤 6 按 Ctrl+T 组合键，在图片的周围出现变换框，拖曳控制手柄调整图片的大小，按住 Ctrl 键的同时拖曳控制手柄将图片变形，如图 7-163 所示，按 Enter 键确定操作。

图 7-161

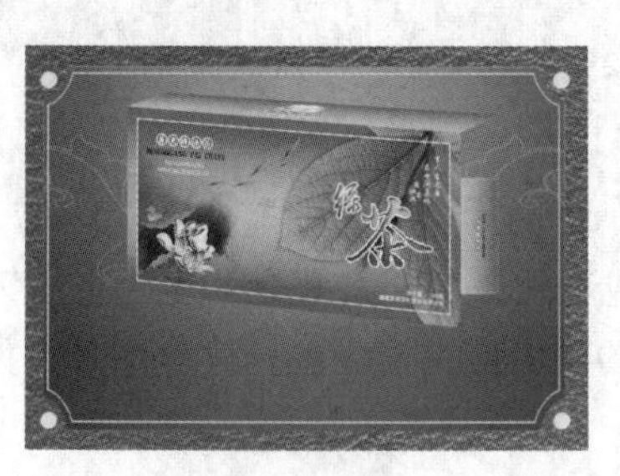
图 7-162

图 7-163

步骤 7 选择“移动”工具，在素材 08 的图像窗口中选中包装正面，按住 Alt 键的同时向下

拖曳鼠标复制图像，如图 7-164 所示。按 Ctrl+T 组合键，在图片的周围出现变换框，在变换框中单击鼠标右键，在弹出的快捷菜单中选择“垂直翻转”命令将图片垂直翻转，如图 7-165 所示。按住 Ctrl 键的同时拖曳控制手柄将图片变形，如图 7-166 所示，按 Enter 键确定操作。

图 7-164

图 7-165

图 7-166

步骤 8 单击“图层”控制面板下方的“添加图层蒙版”按钮，为“正面 副本”图层添加蒙版，如图 7-167 所示。选择“渐变”工具，单击属性栏中的“点按可编辑渐变”按钮，弹出“渐变编辑器”对话框，将渐变色设为从黑色到白色，单击“确定”按钮。在图像窗口中按住 Shift 键的同时从下至上拖曳渐变色，效果如图 7-168 所示。将“正面 副本”图层拖曳到“正面”图层的下方。

步骤 9 选择“移动”工具，在图像窗口中选中“侧面 2”图层，按住 Alt 键的同时向下拖曳鼠标复制图像，如图 7-169 所示。

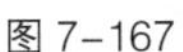

图 7-167

图 7-168

图 7-169

步骤 10 单击“图层”控制面板下方的“添加图层蒙版”按钮，为“侧面 2 副本”图层添加蒙版，如图 7-170 所示。选择“渐变”工具，在图像窗口中按住 Shift 键的同时从下至上拖曳渐变色，效果如图 7-171 所示。在“图层”控制面板中将“侧面 2 副本”图层的“不透明度”选项设为 25%，效果如图 7-172 所示。

图 7-170

图 7-171

图 7-172

步骤 11 将“侧面 2 副本”图层拖曳到“正面 副本”图层的下方，如图 7-173 所示。在“图层”控制面板中选择“侧面 2 副本”图层，按住 Shift 键的同时选择“侧面 2”图层，按 Ctrl+G

组合键生成新的图层组并将其命名为“展示效果 1”，如图 7-174 所示。在“图层”控制面板中单击“展示效果 1”图层组前面的三角形图标，将“展示效果 1”图层组中的图层隐藏。

步骤 12 使用相同的方法再制作一个包装盒，效果如图 7-175 所示。茶叶包装立体图效果制作完成。

图 7-173

图 7-174

图 7-175

7.3.4 【相关工具】

1. 创建新通道

在编辑图像的过程中，可以建立新的通道。

使用控制面板的弹出式菜单：单击“通道”控制面板右上方的图标，在弹出的下拉菜单中选择“新建通道”命令，弹出“新建通道”对话框，如图 7-176 所示。单击“确定”按钮，“通道”控制面板中将创建一个新通道，即“Alpha 1”，效果如图 7-177 所示。

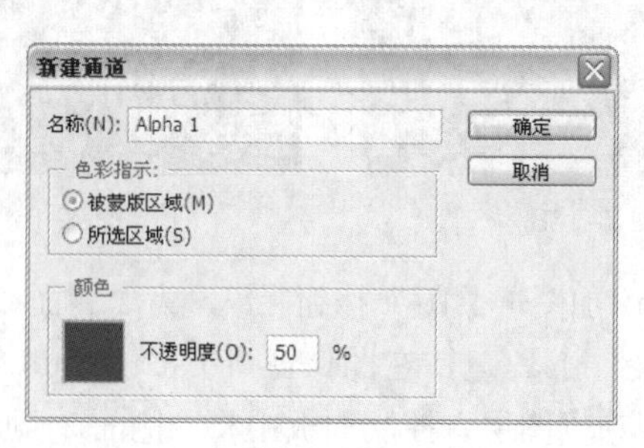

图 7-176

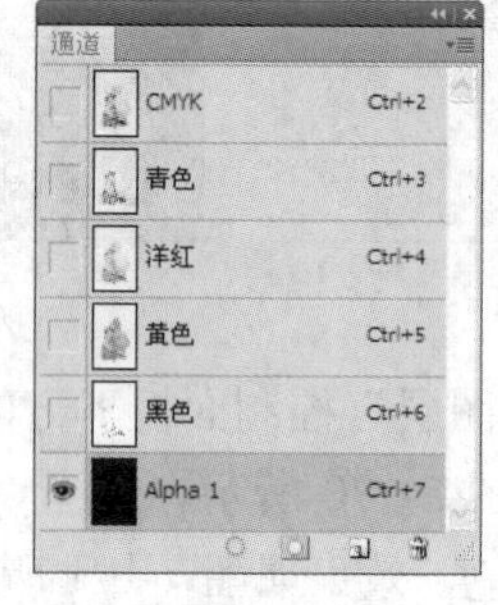

图 7-177

使用控制面板中的按钮：单击“通道”控制面板下方的“创建新通道”按钮，可以创建一个新通道。

2. 复制通道

复制通道命令用于将现有的通道进行复制，以产生相同属性的多个通道。

使用控制面板的弹出式菜单：单击“通道”控制面板右上方的图标，在弹出的下拉菜单中选择“复制通道”命令，弹出“复制通道”对话框，如图 7-178 所示。

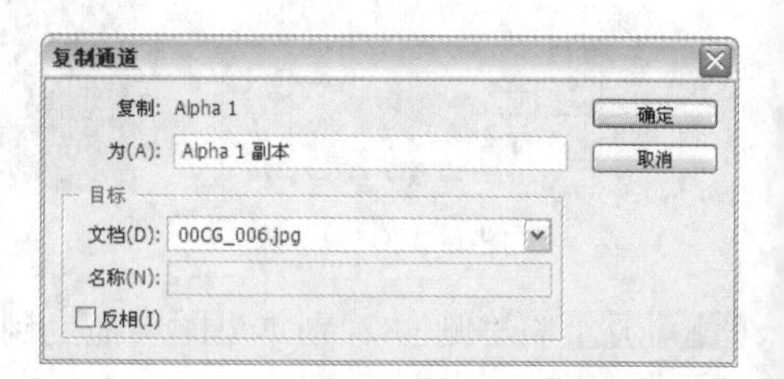

图 7-178

为：用于设置复制的新通道的名称。文档：用于设

置复制通道的文件来源。

使用控制面板中的按钮：将“通道”控制面板中需要复制的通道拖曳到下方的“创建新通道”按钮上，即可将所选的通道复制为一个新的通道。

3. 删除通道

可以将不用的或废弃的通道删除，以免影响操作。

使用控制面板的弹出式菜单：单击“通道”控制面板右上方的图标，在弹出的下拉菜单中选择“删除通道”命令，即可将通道删除。

使用控制面板中的按钮：单击“通道”控制面板右下方的“删除当前通道”按钮，弹出提示对话框，如图7-179所示，单击“是”按钮将通道删除。也可将需要删除的通道直接拖曳到“删除当前通道”按钮上进行删除。

图7-179

4. 通道选项

通道选项命令用于设置Alpha通道。单击“通道”控制面板右上方的图标，在弹出的下拉菜单中选择“通道选项”命令，弹出“通道选项”对话框，如图7-180所示。

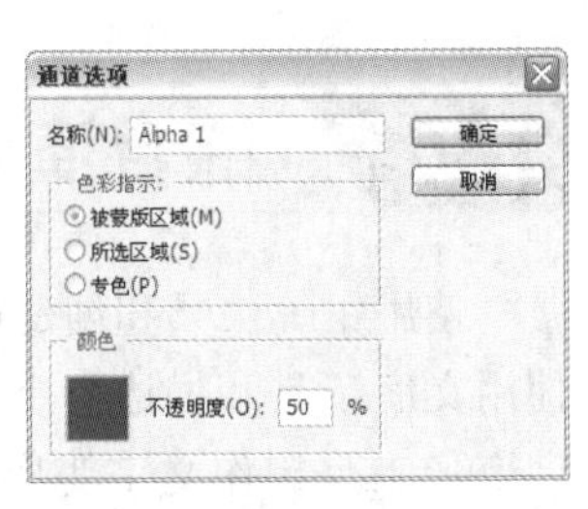

图7-180

名称：用于命名通道。色彩指示：用于设置通道中蒙版的显示方式。被蒙版区域：表示蒙版区为深色显示，非蒙版区为透明显示。所选区域：表示蒙版区为透明显示，非蒙版区为深色显示。专色：表示以专色显示。颜色：用于设置填充蒙版的颜色。不透明度：用于设置蒙版的不透明度。

7.3.5 【实战演练】制作酒包装

使用颗粒滤镜为背景图片添加纹理，使用自定形状工具、画笔工具和画笔描边路径命令制作底纹。使用纹理滤镜制作底纹纹理，使用椭圆工具、矩形工具和属性栏中的修整按钮制作扇形，使用横排文字工具和图层样式命令添加酒名称，使用图层蒙版和图层的混合模式制作图片的合成效果。（最终效果参看光盘中的“Ch07 > 效果 > 制作酒包装”，见图7-181。）

图7-181

7.4 综合演练——制作小提琴 CD 包装

使用文字工具输入介绍性文字，使用渐变工具、投影命令和描边命令制作主体文字，使用剪切蒙版命令制作光盘封面，使用投影命令为图像添加投影制作包装展示效果。（最终效果参看光盘中的“Ch07 > 效果 > 制作小提琴 CD 包装”，见图 7-182。）

图 7-182

7.5 综合演练——制作方便面包装

使用钢笔工具和创建剪贴蒙版命令制作背景效果，使用载入选区命令和渐变工具添加亮光，使用文字工具和描边命令添加宣传文字，使用椭圆选框工具和羽化命令制作阴影，使用创建文字变形工具制作文字变形，使用矩形选框工具和羽化命令制作封口。（最终效果参看光盘中的“Ch07 > 效果 > 制作方便面包装”，见图 7-183。）

图 7-183

第8章 网页设计

一个优秀的网站必定有着独具特色的网页设计，漂亮的网页页面能够吸引浏览者的注意力。设计网页时要根据网络的特殊性对页面进行精心的设计和编排。本章以制作多个类型的网页为例，介绍网页的设计方法和制作技巧。

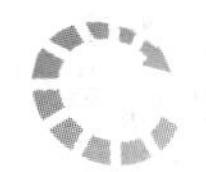

课堂学习目标

- 掌握网页的设计思路和表现手法
- 掌握网页的制作方法和技巧

8.1 制作电子产品网页

8.1.1 【案例分析】

本案例是为电子厂商设计制作的产品宣传网页，网页主要服务的受众是喜欢使用电子产品的消费者。网页在设计风格上要突出重点、简洁直观、易于浏览。

8.1.2 【设计理念】

在设计制作过程中，使用蓝色作为背景烘托出网页的现代和时尚感。高光部分突出网页宣传的主体。将导航栏置于网页的上方，简洁直观、便于操作。使用不同的图片构成不同的网页区域，使读者易于浏览。整体设计科技感和专业性较强。（最终效果参看光盘中的“Ch08 > 效果 > 制作电子产品网页”，见图 8-1。）

图 8–1

8.1.3 【操作步骤】

1. 添加产品内容

步骤 1 按 Ctrl+O 组合键，打开光盘中的“Ch08 > 素材 > 制作电子产品网页 > 01、02”文件，效果如图 8-2 所示。选择“移动”工具，将 02 图片拖曳到 01 图像窗口中的适当位置，效果如图 8-3 所示。在“图层”控制面板中生成新图层并将其命名为“锯齿边”。

步骤 2 选择“移动”工具，按住 Alt 键的同时，拖曳图像到适当的位置，复制图像，效果如图 8-4 所示。

图 8-2

图 8-3

图 8-4

步骤 3 按 Ctrl+T 组合键，在图像周围出现变换框，单击鼠标右键，在弹出的快捷菜单中选择“垂直翻转”命令翻转图像，按 Enter 键确认操作，效果如图 8-5 所示。

步骤 4 按 Ctrl＋O 组合键，打开光盘中的“Ch08 > 素材 > 制作电子产品网页 > 03、04、05、06”文件。选择“移动”工具，分别将 03、04、05、06 图片拖曳到图像窗口的适当位置，效果如图 8-6 所示。在“图层”控制面板中分别生成新图层并将其命名为“圆环”、“圆环 2”、“亮光 1”、“亮光 2”，如图 8-7 所示。

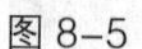

图 8-5

图 8-6

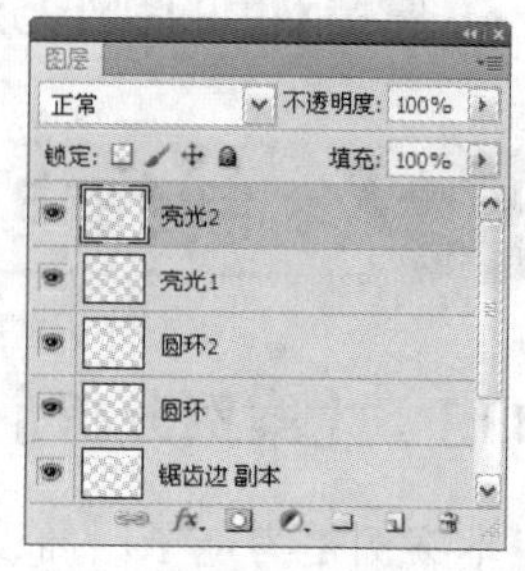

图 8-7

步骤 5 在“图层”控制面板上方，将“圆环”图层的混合模式选项设为“叠加”，“不透明度”选项设为 70%，如图 8-8 所示，图像窗口中的效果如图 8-9 所示。

步骤 6 选择“移动”工具，按住 Alt 键的同时，拖曳圆环图像到适当的位置，复制图像，并调整其大小，效果如图 8-10 所示。在“图层”控制面板上方，将“圆环 副本”图层的“不透明度”选项设为 50%，效果如图 8-11 所示。

图 8-8

图 8-9

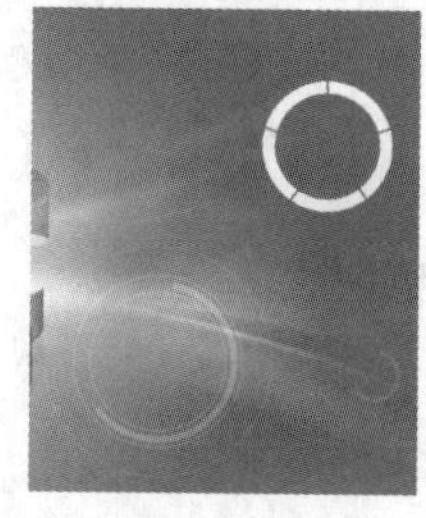

图 8-10

图 8-11

步骤 7 在“图层”控制面板上方，将“圆环 2”图层的混合模式选项设为“滤色”，“不透明度”选项设为 70%，如图 8-12 所示，图像窗口中的效果如图 8-13 所示。

步骤 8 选择“亮光 2”图层。新建图层组并将其命名为“产品”。将前景色设为白色。选择“圆角矩形”工具，选中属性栏中的“形状图层”按钮，将“半径”选项设为 5px，在图像窗口中绘制圆角矩形，如图 8-14 所示。选择“转换点”工具，单击左下角两个锚点将其转换为直线锚点。选择“直接选择”工具，移动锚点到适当的位置，效果如图 8-15 所示。

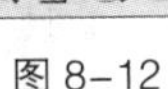

图 8–12

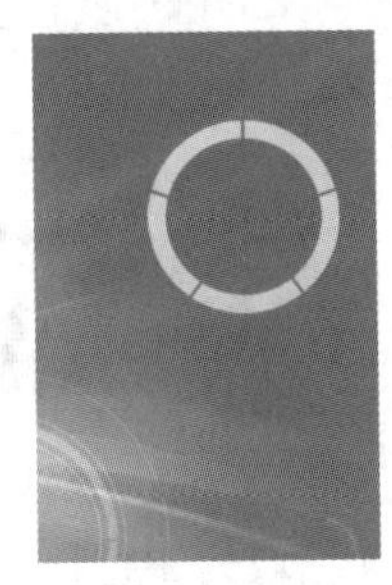

图 8–13

图 8–14

图 8–15

步骤 9 按 Ctrl+J 组合键，在“图层”控制面板生成副本图层。选择“形状 1”图层。单击“图层”控制面板下方的“添加图层样式”按钮，在弹出的菜单中选择“外发光”命令，弹出对话框，将发光颜色设为黄色（其 R、G、B 的值分别为 255、255、190），其他选项的设置如图 8-16 所示。

步骤 10 选择“描边”选项，切换到相应的对话框，将描边颜色设为蓝色（其 R、G、B 的值分别为 40、156、199），其他选项的设置如图 8-17 所示。单击“确定”按钮，效果如图 8-18 所示。

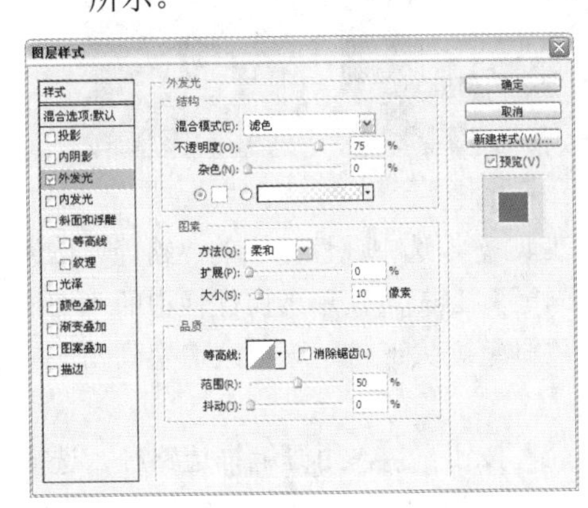

图 8–16

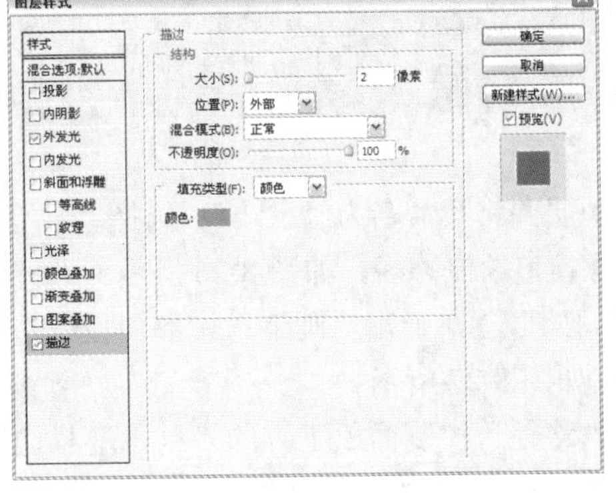

图 8–17

图 8–18

步骤 11 选择“形状 1 副本”图层。单击“图层”控制面板下方的“添加图层样式”按钮，在弹出的菜单中选择“渐变叠加”命令，在弹出的对话框中单击“点按可编辑渐变”按钮，弹出“渐变编辑器”对话框，将叠加颜色设为从深蓝色（其 R、G、B 的值分别为 0、103、169）到青色（其 R、G、B 的值分别为 88、249、255），如图 8-19 所示。单击“确定”按钮，返回“渐变叠加”对话框，其他选项的设置如图 8-20 所示。单击“确定”按钮，效果如图 8-21 所示。

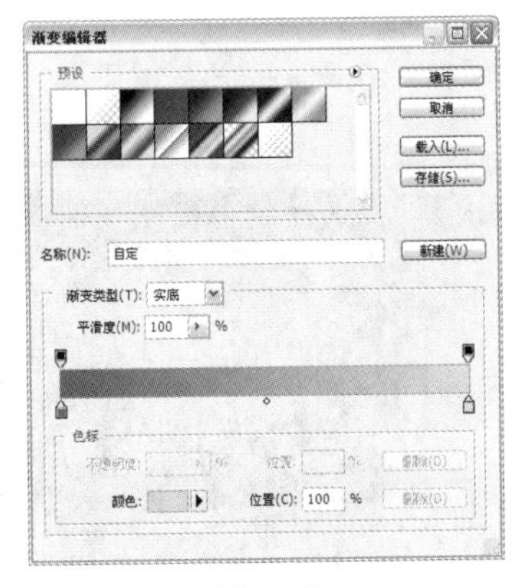

图 8–19

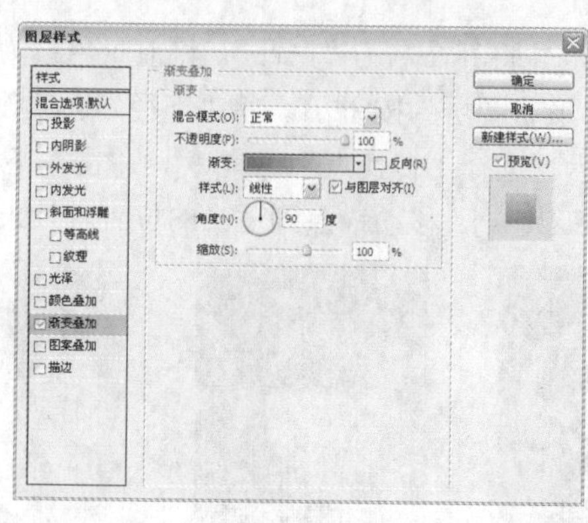

图 8-20

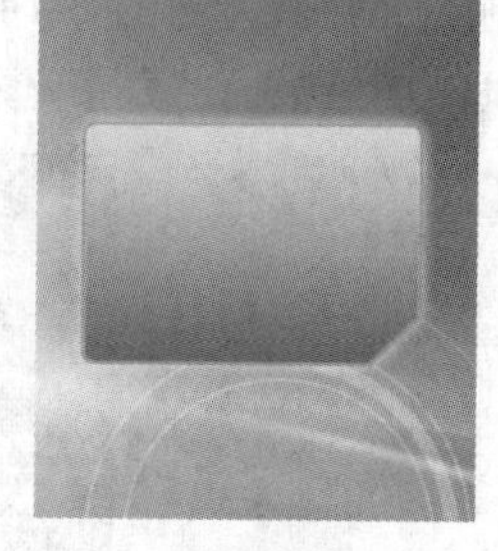

图 8-21

步骤 12 新建图层并将其命名为“椭圆”。将前景色设为白色。选择“椭圆”工具，选中属性栏中的“填充像素”按钮，在图像窗口中绘制椭圆，如图 8-22 所示。

步骤 13 在“图层”控制面板上方，将“椭圆”图层的“不透明度”选项设为 30%，如图 8-23 所示，效果如图 8-24 所示。按住 Ctrl 键的同时选择“形状 1 副本”图层，单击鼠标右键，在弹出的快捷菜单中选择“创建剪贴蒙版”命令，效果如图 8-25 所示。

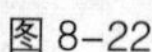

图 8-22

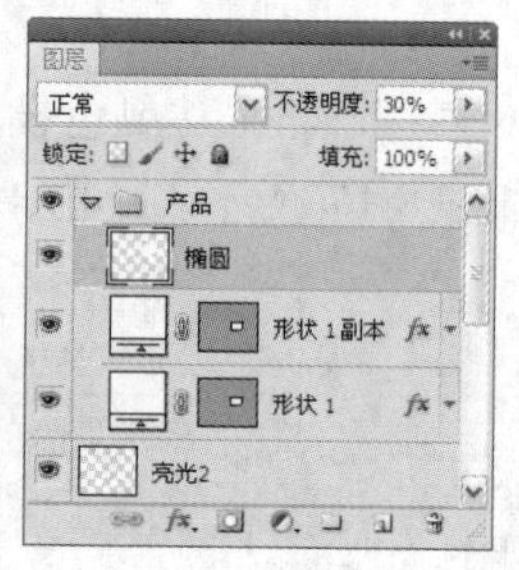

图 8-23

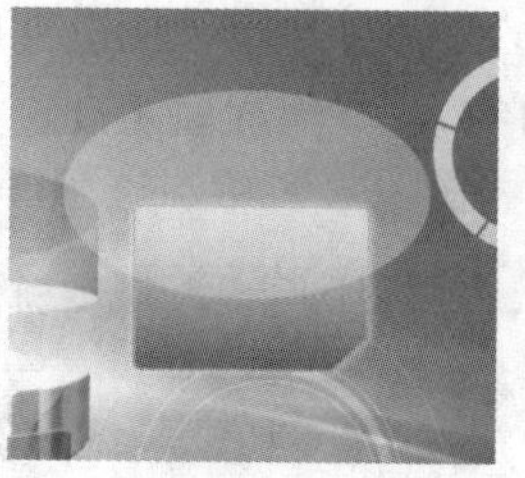

图 8-24

图 8-25

步骤 14 新建图层并将其命名为“虚线”。选择“钢笔”工具，选中属性栏中的“路径”按钮，在图像窗口绘制路径，如图 8-26 所示。选择“画笔”工具，单击属性栏中的“切换画笔面板”按钮，弹出“画笔”控制面板，选择“画笔笔尖形状”选项，切换到相应的面板，设置如图 8-27 所示。

步骤 15 单击“路径”控制面板下方的“用画笔描边路径”按钮，用画笔描边路径，选择“路径选择”工具，按 Enter 键隐藏路径，效果如图 8-28 所示。

图 8-26

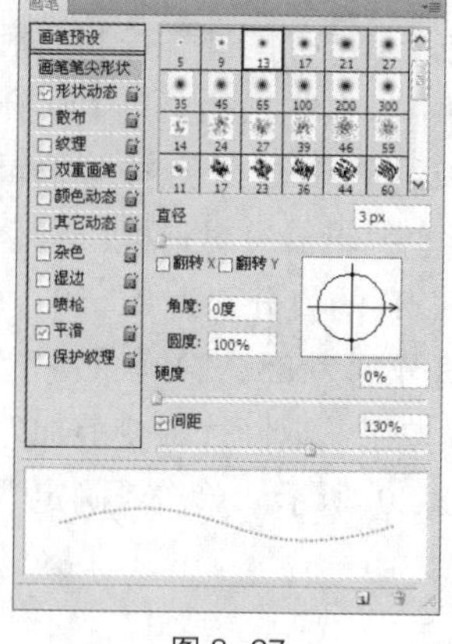

图 8-27

图 8-28

步骤 16 单击“图层”控制面板下方的“添加图层样式”按钮 fx，在弹出的菜单中选择“颜色叠加”命令，弹出对话框，将叠加颜色设为湖蓝色（其 R、G、B 的值分别为 26、167、219），其他选项的设置如图 8-29 所示。单击“确定”按钮，效果如图 8-30 所示。

步骤 17 按 Ctrl+O 组合键，打开光盘中的“Ch08 > 素材 > 制作电子产品网页 > 07”文件，选择“移动”工具，将 07 图片拖曳到图像窗口的适当位置，效果如图 8-31 所示。在“图层”控制面板中生成新图层并将其命名为“笔记本”。

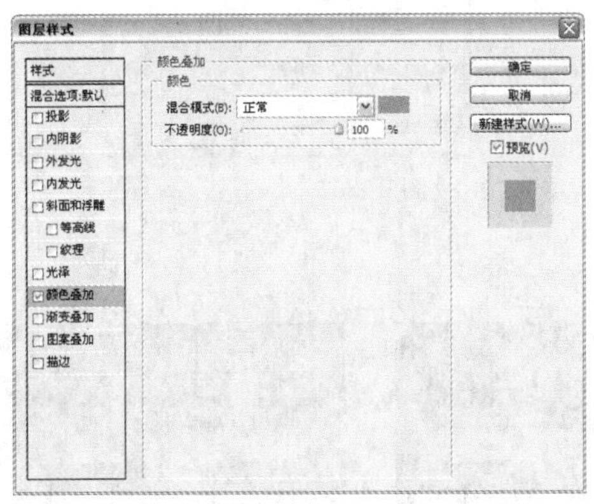

图 8-29

图 8-30

图 8-31

步骤 18 用相同的方法打开 08、09、10、图片，制作出的效果如图 8-32 所示。

步骤 19 将前景色设为白色。选择“横排文字”工具 T，分别输入需要的文字，并分别选取文字，在属性栏中选择合适的字体并设置文字大小。选取文字“超越....”，选择“窗口 > 字符”命令，弹出“字符”面板，选项的设置如图 8-33 所示，效果如图 8-34 所示。在“图层”控制面板中分别生成新的文字图层。

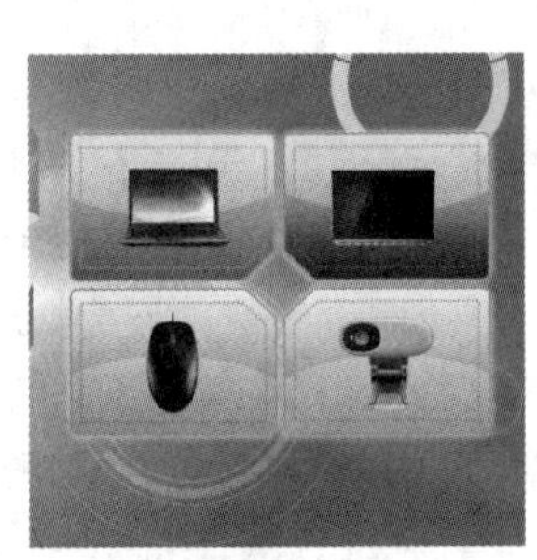

图 8-32

图 8-33

图 8-34

步骤 20 选择“超越...”文字图层。单击“图层”控制面板下方的“添加图层样式”按钮 fx，在弹出的菜单中选择“外发光”命令，弹出对话框，将发光颜色设为黄色（其 R、G、B 的值分别为 255、255、190），其他选项的设置如图 8-35 所示。选择“斜面和浮雕”选项，切换到相应的对话框，选项的设置如图 8-36 所示。

步骤 21 选择“描边”选项，切换到相应的对话框，将描边颜色设为蓝色（其 R、G、B 的值分别为 16、130、171），选项的设置如图 8-37 所示。单击“确定”按钮，效果如图 8-38 所示。按住 Alt 键的同时，将“外发光”和“描边”样式拖拽到“为您打造...”文字图层里面，效果如图 8-39 所示。

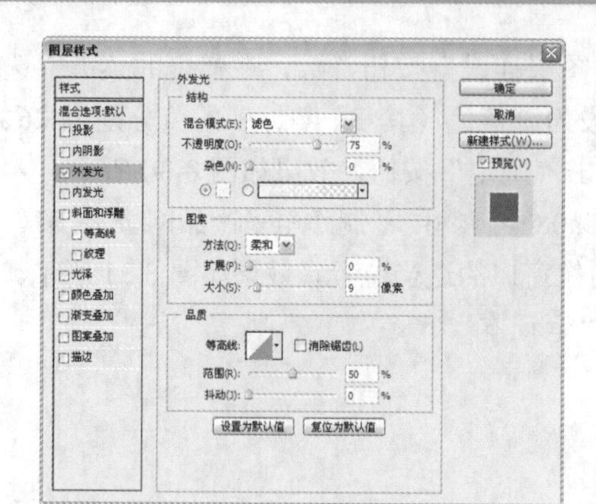

图 8-35

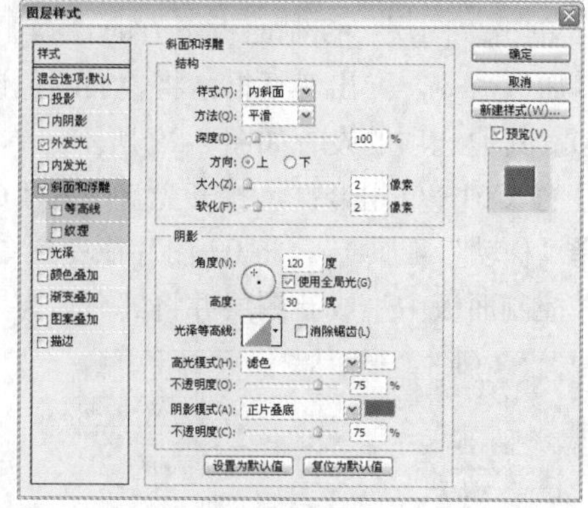

图 8-36

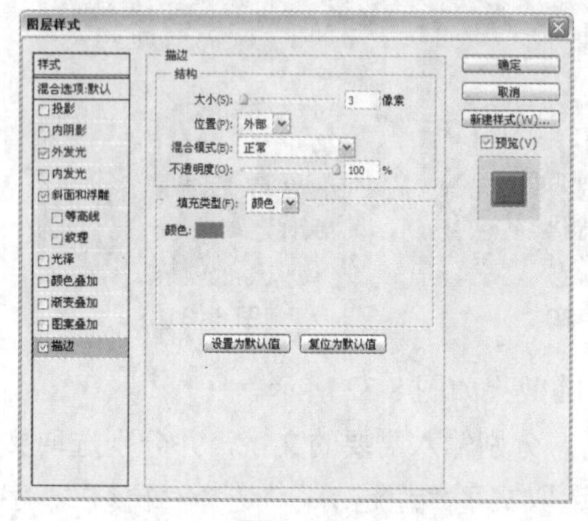

图 8-37

图 8-38

图 8-39

2. 制作导航条及添加文字

步骤 1 单击“产品”图层组左侧的▶按钮，隐藏图层内容。新建图层组并将其命名为“导航条”。新建图层并将其命名为“条”。将前景色设为白色。选择“矩形选框”工具，在图像窗口中绘制矩形选区，如图 8-40 所示。按 Alt+Delete 组合键用前景色填充选区，按 Ctrl+D 组合键取消选区。在“图层”控制面板上方，将“条”图层的“不透明度”选项设为 20%，效果如图 8-41 所示。

图 8-40

图 8-41

步骤 2 单击“图层”控制面板下方的“添加图层样式”按钮 *fx*，在弹出的菜单中选择“投影”命令，在弹出的对话框中进行设置，如图 8-42 所示。单击“确定”按钮，效果如图 8-43 所示。

步骤 3 将前景色设为白色。选择“横排文字”工具 T，分别输入需要的文字，并分别选取文字，在属性栏中选择合适的字体并设置文字大小，选取需要的文字填充为黄色（其 R、G、B 的值分别为 255、246、0），效果如图 8-44 所示。分别在“图层”控制面板中生成新的文字图层。单击“产品”图层组左侧的▶按钮，隐藏图层内容。

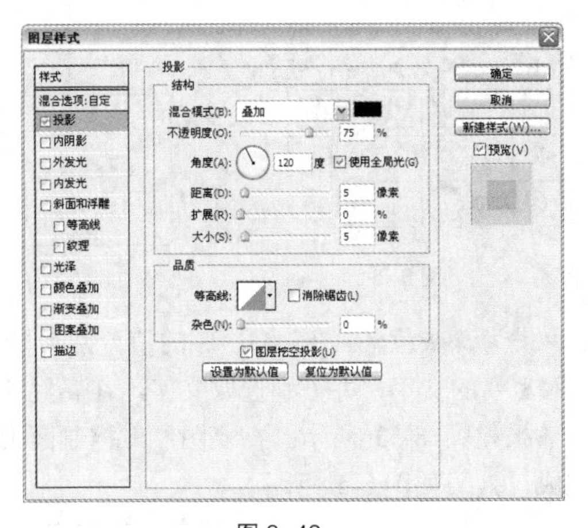

图 8-42

图 8-43

图 8-44

步骤 4 新建图层组并将其命名为“顶”。按 Ctrl+O 组合键，打开光盘中的“Ch08 > 素材 > 制作电子产品网页 > 11”文件。选择“移动”工具，将 11 图片拖曳到图像窗口的适当位置，其效果如图 8-45 所示。在“图层”控制面板中生成新图层并将其命名为“标”。

图 8-45

步骤 5 将前景色设为黑色。选择“横排文字”工具 T，在属性栏中选择合适的字体并设置文字大小，输入文字，如图 8-46 所示。在“图层”控制面板中生成新的文字图层。

步骤 6 新建图层并将其命名为“线”。将前景色设为灰色（其 R、G、B 的值分别为 193、193、193），选择“直线”工具，在属性栏中将“粗细”选项设为 2px。选中“填充像素”按钮，按住 Shift 键的同时在图像窗口中绘制直线，如图 8-47 所示。

步骤 7 将前景色设为深灰色（其 R、G、B 的值分别为 136、136、136）。选择“横排文字”工具 T，分别输入需要的文字，并分别选取文字，在属性栏中选择合适的字体并设置文字大小，选取需要的文字填充为红色（其 R、G、B 的值分别为 231、0、0），效果如图 8-48 所示。分别在“图层”控制面板中生成新的文字图层。

图 8-46

图 8-47

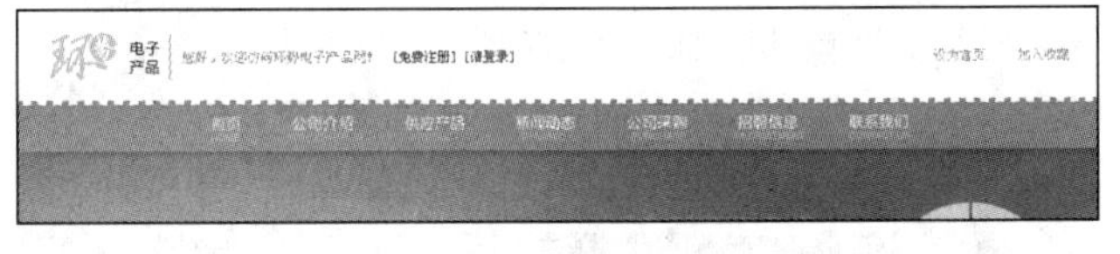

图 8-48

步骤 8 将前景色设为浅灰色（其 R、G、B 的值分别为 136、136、136）。选择“自定形状”工具，单击属性栏中的“形状”按钮，弹出“形状”面板。单击面板右上方的按钮，在弹出的下拉菜单中选择“Web”命令，弹出提示对话框，单击“确定”按钮，在面板中选择图形“主页”，如图 8-49 所示。单击属性栏中的“形状图层”按钮，在图像窗口中绘制图形，效果如图 8-50 所示。

步骤 9 单击属性栏中的“形状”按钮，弹出“形状”面板。在面板中选择图形“购物车”，如图 8-51 所示。在图像窗口中绘制图形，效果如图 8-52 所示。单击“顶”图层组左侧的按钮，隐藏图层内容。

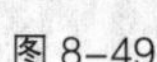

图 8-49

图 8-50

图 8-51

图 8-52

步骤 10 新建图层组并将其命名为“底”。将前景色设为深灰色（其 R、G、B 的值分别为 98、98、98）。选择“横排文字”工具 T，分别输入需要的文字，并分别选取文字，在属性栏中选择合适的字体并设置文字大小及填充颜色，效果如图 8-53 所示。在“图层”控制面板中分别生成新的文字图层。电子产品网页制作完成，效果如图 8-54 所示。

图 8-53

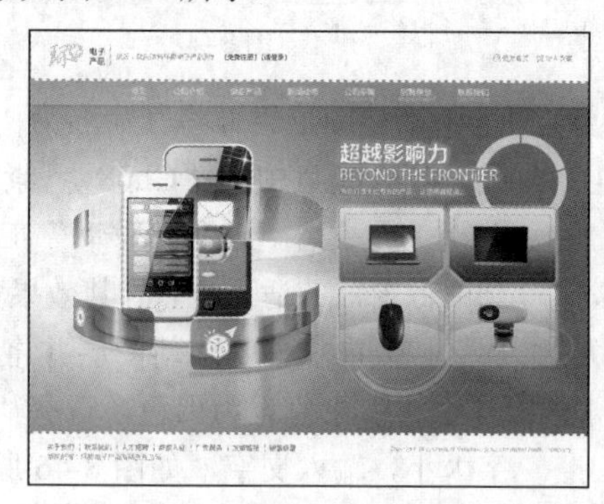

图 8-54

8.1.4 【相关工具】

1. 路径控制面板

绘制一条路径，再选择“窗口 > 路径”命令，调出“路径”控制面板，如图 8-55 所示。单击“路径”控制面板右上方的图标，弹出下拉菜单，如图 8-56 所示。在“路径”控制面板的底部有 6 个工具按钮，如图 8-57 所示。

图 8-55

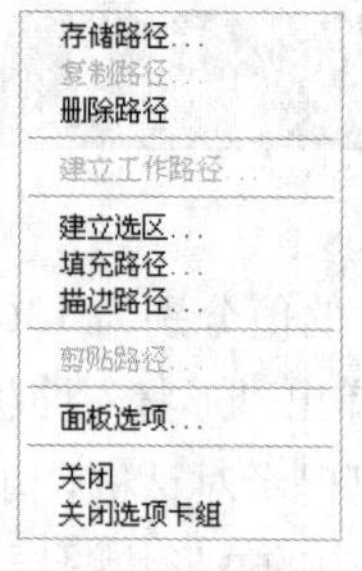

图 8-56

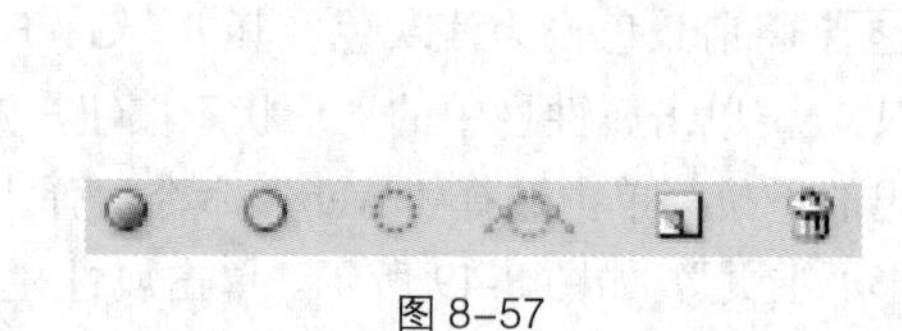

图 8-57

“用前景色填充路径”按钮：单击此按钮，将对当前选中的路径进行填充，填充的对象包括当前路径的所有子路径以及不连续的路径线段。如果选中了路径中的一部分，“路径”控制面板的弹出式菜单中的“填充路径”命令将变为“填充子路径”命令。如果被填充的路径为开放路径，Photoshop CS4 将自动把路径的两个端点以直线段连接然后进行填充。如果只有一条开放的路径，则不能进行填充。按住 Alt 键的同时单击此按钮，将弹出“填充路径”对话框。

“用画笔描边路径”按钮：单击此按钮，系统将使用当前的颜色和当前在“描边路径”对话框中设定的工具对路径进行描边。按住 Alt 键的同时单击此按钮，将弹出“描边路径”对话框。

“将路径作为选区载入”按钮：单击此按钮，将把当前路径所圈选的范围转换为选择区域。按住 Alt 键的同时单击此按钮，将弹出“建立选区”对话框。

“从选区生成工作路径”按钮：单击此按钮，将把当前的选择区域转换成路径。按住 Alt 键的同时单击此按钮，将弹出“建立工作路径”对话框。

“创建新路径”按钮：用于创建一条新的路径。单击此按钮，可以创建一条新的路径。按住 Alt 键的同时单击此按钮，将弹出“新建路径”对话框。

“删除当前路径”按钮：用于删除当前路径。直接拖曳“路径”控制面板中的一条路径到此按钮上，可将整条路径全部删除。

2. 新建路径

使用控制面板的弹出式菜单：单击“路径”控制面板右上方的图标，弹出其下拉菜单，在其中选择“新建路径”命令，弹出“新建路径”对话框，如图 8-58 所示。

名称：用于设定新图层的名称，可以选择与前一图层创建剪贴蒙版。

使用控制面板按钮或快捷键：单击“路径”控制面板下方的“创建新路径”按钮，可以创建一条新路径。按住 Alt 键的同时单击“创建新路径”按钮，将弹出“新建路径”对话框。

3. 复制路径

使用菜单命令：单击“路径”控制面板右上方的图标，弹出其下拉菜单，选择“复制路径”命令，弹出“复制路径”对话框，如图 8-59 所示。在“名称”文本框中输入复制路径的名称，单击“确定”按钮，“路径”控制面板如图 8-60 所示。

图 8-58

图 8-59

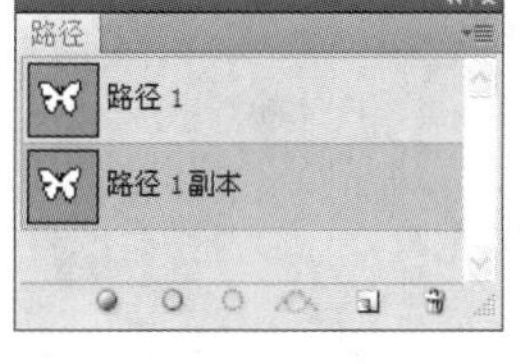

图 8-60

使用面板按钮：在“路径”控制面板中，将需要复制的路径拖曳到下方的“创建新路径”按钮上，即可将所选的路径复制为一条新路径。

4. 删除路径

使用菜单命令：单击“路径”控制面板右上方的图标，弹出其下拉菜单，选择“删除路径”命令，将路径删除。

使用面板按钮：在“路径”控制面板中选择需要删除的路径，单击面板下方的“删除当前路径”按钮，将选择的路径删除。

5. 重命名路径

双击“路径”控制面板中的路径名，出现重命名路径文本框，如图 8-61 所示。更改名称后按

Enter 键确认即可，如图 8-62 所示。

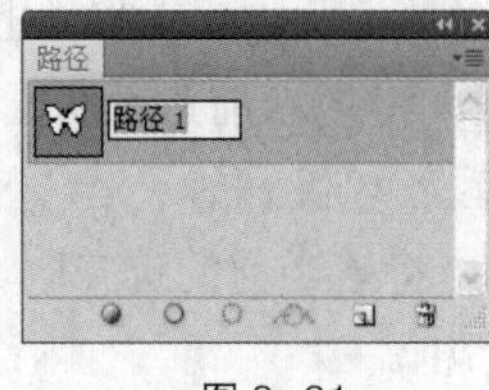

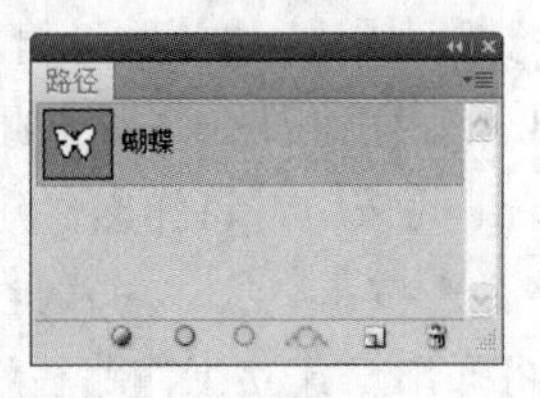

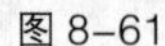

图 8-61　　图 8-62

6. 路径选择工具

选择“路径选择”工具 或反复按 Shift+A 组合键，其属性栏如图 8-63 所示。

在属性栏中勾选“显示定界框”复选框，就能够对一条或多条路径进行变形，路径变形的相关信息将显示在属性栏中，如图 8-64 所示。

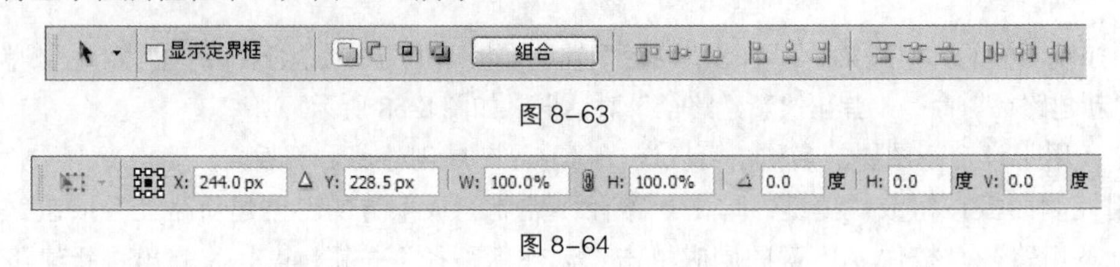

图 8-63

图 8-64

7. 直接选择工具

直接选择工具用于移动路径中的锚点或线段，还可以调整手柄和控制点。路径的原始效果如图 8-65 所示，选择“直接选择”工具，通过拖曳路径中的锚点来改变路径的弧度，如图 8-66 所示。

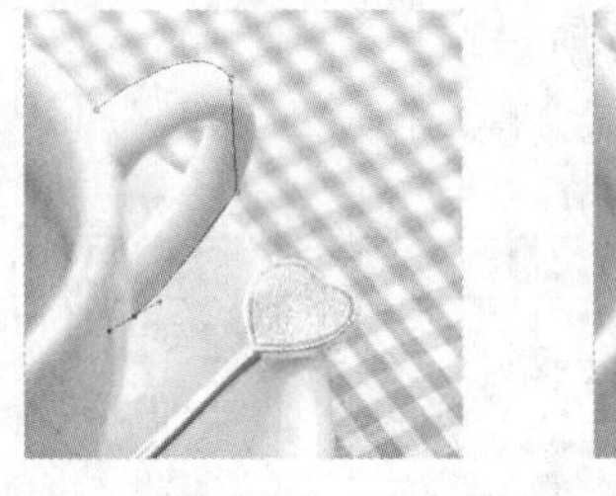

图 8-65　　图 8-66

8. 矢量蒙版

原始图像效果如图 8-67 所示。选择“自定形状”工具，在属性栏中选中“路径”按钮，在形状选择面板中选中“红桃”图形，如图 8-68 所示。

图 8-67　　图 8-68

在图像窗口中绘制路径，如图 8-69 所示，选中“图层 1”，选择“图层 > 矢量蒙版 > 当前路径”命令，为“图层 1”添加矢量蒙版，如图 8-70 所示，图像窗口中的效果如图 8-71 所示。选择“直接选择”工具可以修改路径的形状，从而修改蒙版的遮罩区域，如图 8-72 所示。

图 8-69

图 8-70

图 8-71

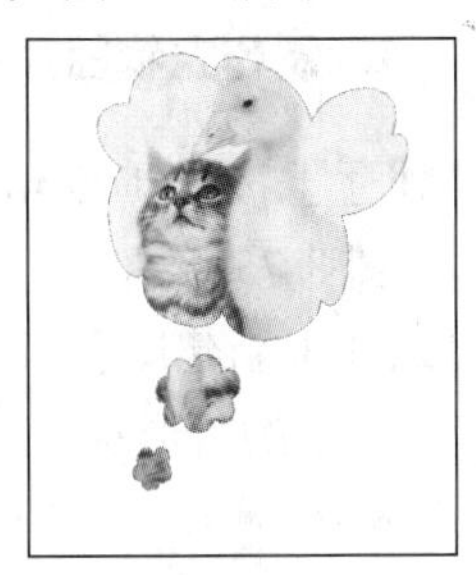

图 8-72

8.1.5 【实战演练】制作流行音乐网页

使用矩形工具、图层样式命令和剪贴蒙版制作宣传板，使用文字工具和圆角矩形工具制作导航条。(最终效果参看光盘中的“Ch08 > 效果 > 制作流行音乐网页”，见图 8-73。)

图 8-73

8.2 制作宠物医院网页

8.2.1 【案例分析】

本例是为宠物医院设计制作的网站首页，宠物医院主要服务的客户是被主人饲养的用于玩赏、做伴的动物。在网页的首页设计上希望能表现出公司的服务范围，展现出轻松活泼、爱护动物、保护动物的理念。

8.2.2 【设计理念】

在设计制作工程中，通过绿色背景寓意动物和自然的和谐关系，通过添加图案花纹增加网页页面的活泼感。导航栏是使用不同的宠物图片和绕排文字来介绍医院的服务对象和服务范围，直观准确而又灵活多变。标志设计展示出医院活泼而又不失庄重的工作态度。整体设计简洁明快，布局合理清晰。(最终效果参看光盘中的“Ch08 > 效果 > 制作宠物医院网页”，见图 8-74。)

图 8-74

8.2.3 【操作步骤】

1. 制作宠物图片效果

步骤 1 按 Ctrl+O 组合键，打开光盘中的“Ch08 > 素材 > 制作宠物医院网页 > 01”文件，如图 8-75 所示。

步骤 2 新建图层组并将其命名为“01”。将前景色设为白色。选择“椭圆”工具，单击属性栏中的“形状图层”按钮，按住 Shift 键的同时，在图像窗口中绘制一个圆形，效果如图 8-76 所示。在“图层”控制面板中生成“形状 1”图层。

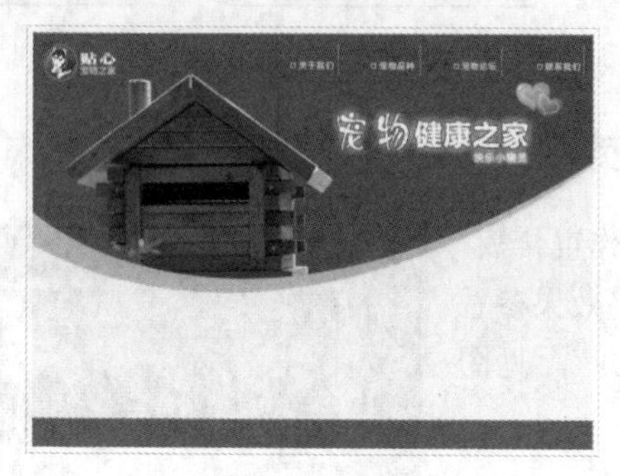

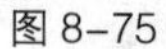
图 8-75

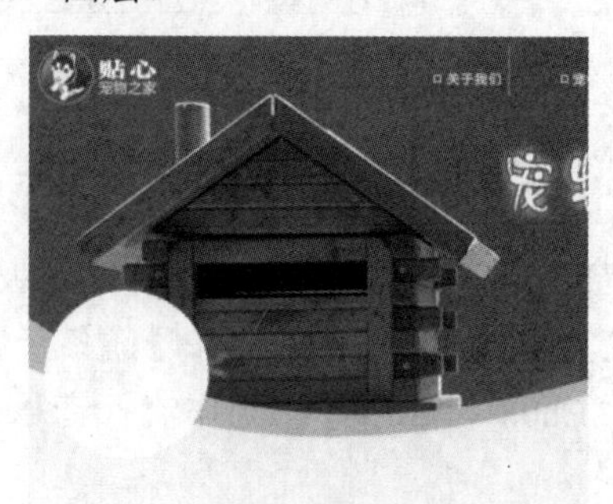

图 8-76

步骤 3 按 Ctrl+O 组合键，打开光盘中的“Ch08 > 素材 > 制作宠物医院网页 > 02”文件。选择“移动”工具，将图片拖曳到图像窗口中的适当位置，效果如图 8-77 所示。在“图层”控制面板中生成新的图层并将其命名为“照片 1”。在控制面板上方，将该图层的“不透明度”选项设为 50%，效果如图 8-78 所示。

步骤 4 按 Ctrl+T 组合键，在图像周围出现控制手柄，拖曳鼠标调整图片的大小及位置，按 Enter 键确定操作，效果如图 8-79 所示。在“图层”控制面板上方，将该图层的“不透明度”选项设为 100%。按住 Alt 键的同时，将鼠标放在“形状 1”图层和“照片 1”图层的中间，鼠标指针变为形状，单击鼠标，创建图层的剪切蒙版，效果如图 8-80 所示。

图 8-77

图 8-78

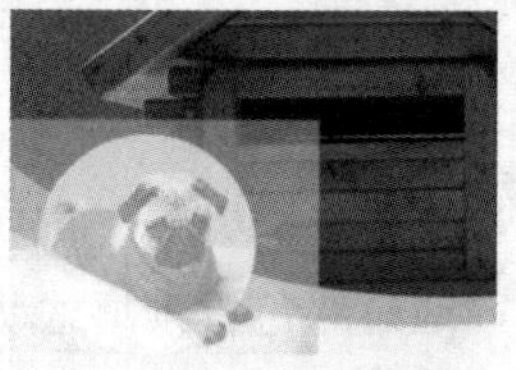
图 8-79

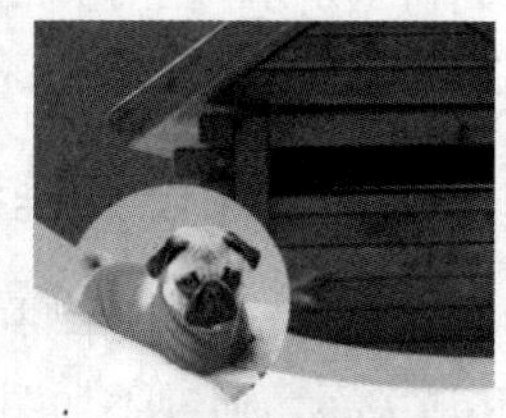
图 8-80

步骤 5 选择“形状 1”图层。单击“图层”控制面板下方的“添加图层样式”按钮，在弹出的菜单中选择“投影”命令，弹出对话框，将投影颜色设为灰色（其 R、G、B 的值分别为 102、102、102），其他选项的设置如图 8-81 所示。单击“描边”选项，切换到相应的对话框，将描边颜色设为白色，其他选项的设置如图 8-82 所示。单击“确定”按钮，效果如图 8-83 所示。

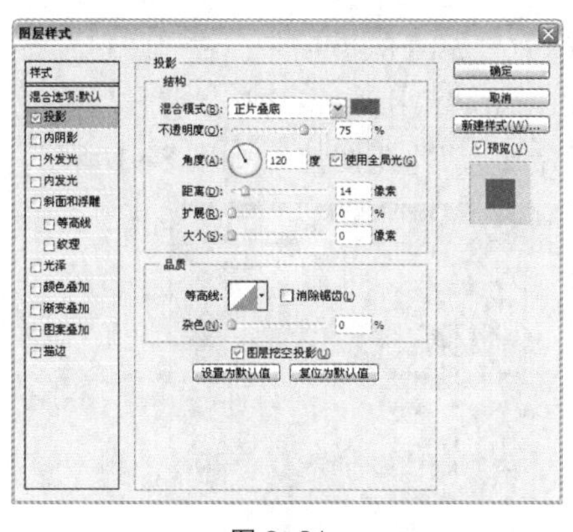

图 8-81

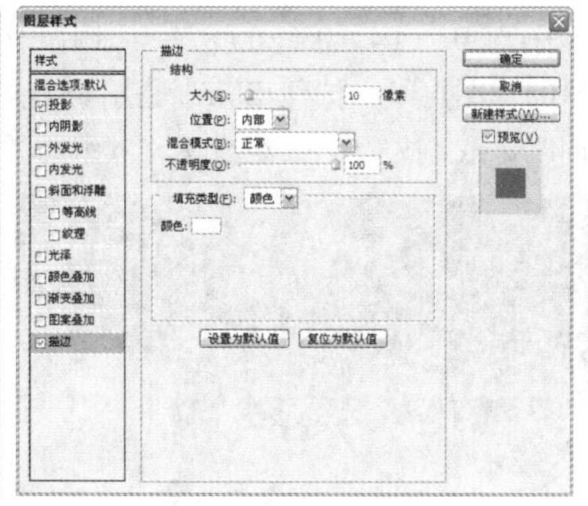

图 8-82

图 8-83

2. 添加装饰图形与文字

步骤 1 选择"横排文字"工具T，在适当的位置输入需要的文字。选取文字，在属性栏中选择合适的字体并设置文字大小，效果如图 8-84 所示。

步骤 2 选择"横排文字"工具T，选取需要的文字，填充文字为红色（其 R、G、B 的值分别为 204、51、0），取消文字选取状态，效果如图 8-85 所示。单击属性栏中的"创建文字变形"按钮，弹出"变形文字"对话框，选项的设置如图 8-86 所示，单击"确定"按钮。选择"移动"工具，将文字拖曳到适当的位置位置，效果如图 8-87 所示。

图 8-84

图 8-85

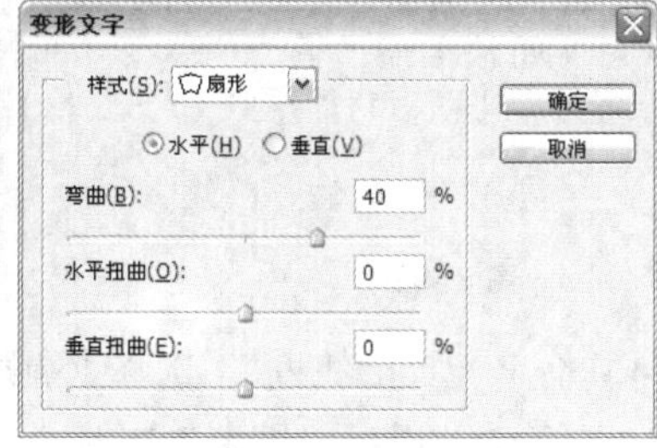

图 8-86

图 8-87

步骤 3 单击"图层"控制面板下方的"添加图层样式"按钮 fx，在弹出的菜单中选择"描边"命令，弹出对话框，将描边颜色设为白色，其他选项的设置如图 8-88 所示。单击"确定"按钮，效果如图 8-89 所示。

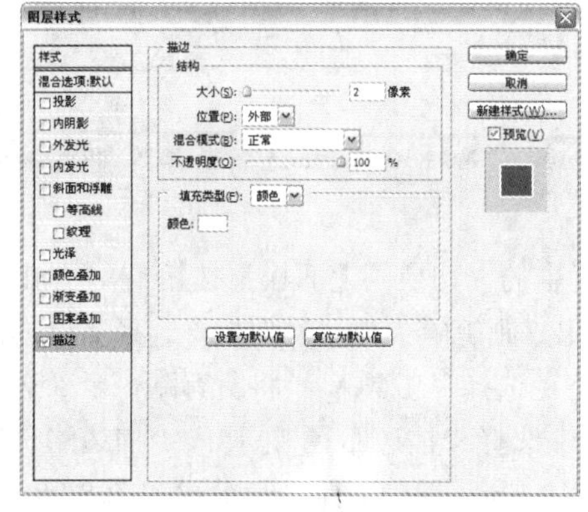

图 8-88

图 8-89

步骤 4 用相同的方法打开 03、04、05、06 图片，制作出的效果如图 8-90 所示。在“图层”控制面板中，选中“05”图层组，按住 Shift 键的同时单击“01”图层组，将除“背景”图层外的所有图层组同时选取，按 Ctrl+G 组合键将其编组并命名为“小狗图片”，如图 8-91 所示。

图 8-90

图 8-91

步骤 5 按 Ctrl+O 组合键，打开光盘中的“Ch08 > 素材 > 制作宠物医院网页 > 07”文件。选择“移动”工具，将 07 图片拖曳到图像窗口中的适当位置并调整其大小，效果如图 8-92 所示。在“图层”控制面板中生成新的图层并将其命名为“热线电话”。

步骤 6 选择“横排文字”工具T，分别在适当的位置输入需要的文字并选取文字，在属性栏中分别选择合适的字体并设置文字大小，效果如图 8-93 所示。

图 8-92

图 8-93

步骤 7 新建图层并将其命名为“虚线框”。选择“矩形”工具，在图像窗口中绘制一个矩形路径，效果如图 8-94 所示。选择“钢笔”工具，在图像窗口中适当位置绘制多条直线路径，效果如图 8-95 所示。

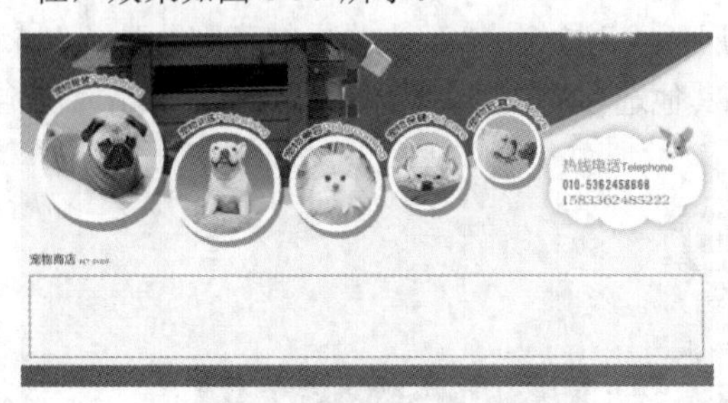

图 8-94

图 8-95

步骤 8 选择“画笔”工具，单击属性栏中的“切换画笔面板”按钮，弹出“画笔”选择面板，选择“画笔笔尖形状”选项，弹出“画笔笔尖形状”面板，选择需要的画笔形状，其他选项的设置如图 8-96 所示。选择“路径选择”工具，将所有路径全部选择。在图像窗口中单击鼠标右键，在弹出的快捷菜单中选择“描边路径”，弹出“描边路径”对话框，设置如图 8-97 所示，单击“确定”按钮。按 Enter 键隐藏路径，效果如图 8-98 所示。

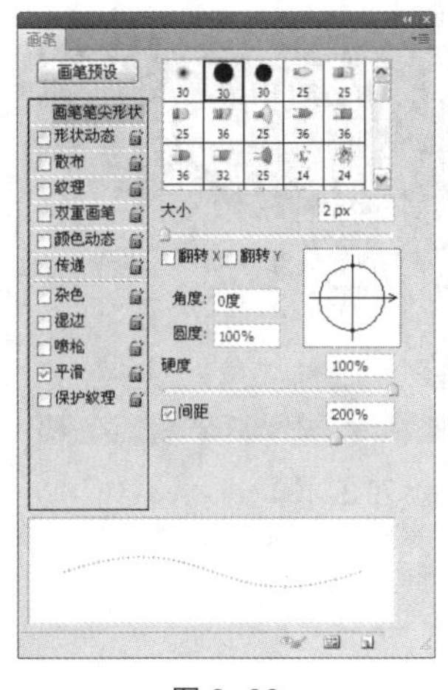

图 8-96

图 8-97

图 8-98

步骤 9 按 Ctrl+O 组合键，打开光盘中的“Ch08 > 素材 > 制作宠物医院网页 > 08、09、10、11、12”文件。选择“移动”工具，分别将素材图片拖曳到图像窗口中的适当位置，并调整其大小，效果如图 8-99 所示。在“图层”控制面板中生成新的图层。

步骤 10 选择“横排文字”工具，分别在适当的位置输入需要的文字，选取文字并在属性栏中选择合适的字体和文字大小，适当调整文字间距，分别填充文字为蓝色（其 R、G、B 的值分别为 0、102、204）、黑色和土黄色（其 R、G、B 的值分别为 153、102、0），效果如图 8-100 所示。用相同的方法添加其他说明文字，效果如图 8-101 所示。

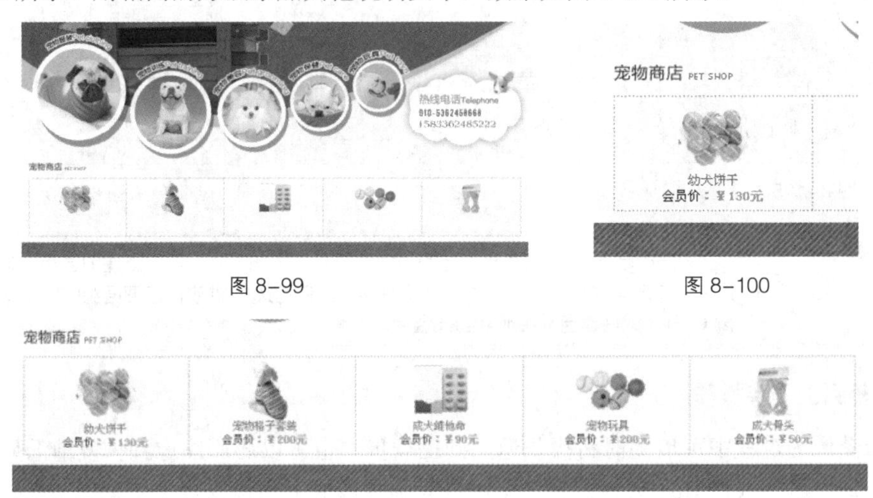

图 8-99

图 8-100

图 8-101

步骤 11 按 Ctrl+O 组合键，打开光盘中的“Ch08 > 素材 > 制作宠物医院网页 > 13”文件。选择“移动”工具，将素材图片拖曳到图像窗口中的适当位置并调整其大小，效果如图 8-102 所示。在图层控制面板中生成新的图层并将其命名为“箭头”。

步骤 12 在“图层”控制面板中，按住 Shift 键的同时单击“Pet shop”文字图层，将两个图层之间的所有图层同时选取，按 Ctrl+G 组合键将其编组并命名为“宠物商店”。

步骤 13 选择“横排文字”工具，在适当的位置输入需要的文字选取文字，在属性栏中选择合适的字体和大小，填充文字为白色，文字效果如图 8-103 所示。宠物医院网页制作完成，效果如图 8-104 所示。

图 8-102

图 8-103

图 8-104

8.2.4 【相关工具】

1. 图层组

当编辑多层图像时，为了方便操作，可以将多个图层建立在一个图层组中。单击“图层”控制面板右上方的图标，在弹出的下拉菜单中选择“新建组”命令，弹出“新建组”对话框，单击“确定”按钮，即可新建一个图层组，如图 8-105 所示。选中要放置到组中的多个图层，如图 8-106 所示，将其向图层组中拖曳，则选中的图层被放置在图层组中，如图 8-107 所示。

图 8-105

图 8-106

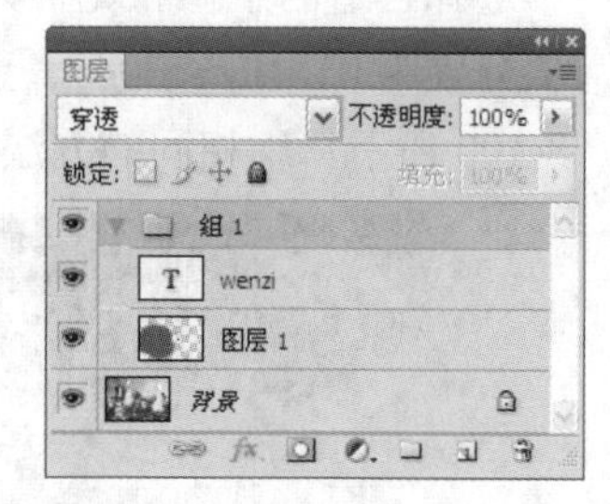

图 8-107

提　示　单击“图层”控制面板下方的“创建新组”按钮，可以新建图层组。选择“图层 > 新建 > 组”命令，也可新建图层组。还可选中要放置在图层组中的所有图层，按 Ctrl+G 组合键自动生成新的图层组。

2. 恢复到上一步操作

在编辑图像的过程中可以随时将操作返回到上一步，也可以还原图像到恢复前的效果。选择“编辑 > 还原”命令或按 Ctrl+Z 组合键，可以恢复到图像的上一步操作。如果想还原图像到恢复前的效果，再按 Ctrl+Z 组合键即可。

3. 中断操作

当 Photoshop CS4 正在进行图像处理时，如果想中断这次的操作，可以按 Esc 键。

4. 恢复到操作过程的任意步骤

“历史记录”控制面板可以将进行过多次处理操作的图像恢复到任意一步操作时的状态，即所谓的“多次恢复功能”。选择“窗口 > 历史记录”命令，弹出“历史记录”控制面板，如图 8-108 所示。

控制面板下方的按钮从左至右依次为“从当前状态创建新文档”按钮、“创建新快照”

按钮、“删除当前状态”按钮。

单击控制面板右上方的图标，弹出下拉菜单，如图 8-109 所示。

前进一步：用于将滑块向下移动一位。后退一步：用于将滑块向上移动一位。新建快照：用于根据当前滑块所指的操作记录建立新的快照。删除：用于删除控制面板中滑块所指的操作记录。清除历史记录：用于清除控制面板中除最后一条记录外的所有记录。新建文档：用于根据当前状态或者快照建立新的文件。历史记录选项：用于设置“历史记录”控制面板。

5. 动作控制面板

“动作”控制面板用于对一批需要进行相同处理的图像执行批处理操作，以减少重复操作带来的麻烦。选择“窗口 > 动作”命令，或按 Alt+F9 组合键，弹出如图 8-110 所示的“动作”控制面板。其中包括“停止播放 / 记录”按钮、“开始记录”按钮、“播放选定的动作”按钮、“创建新组”按钮、“创建新动作”按钮和“删除”按钮。

单击“动作”控制面板右上方的图标，弹出其下拉菜单，如图 8-111 所示。

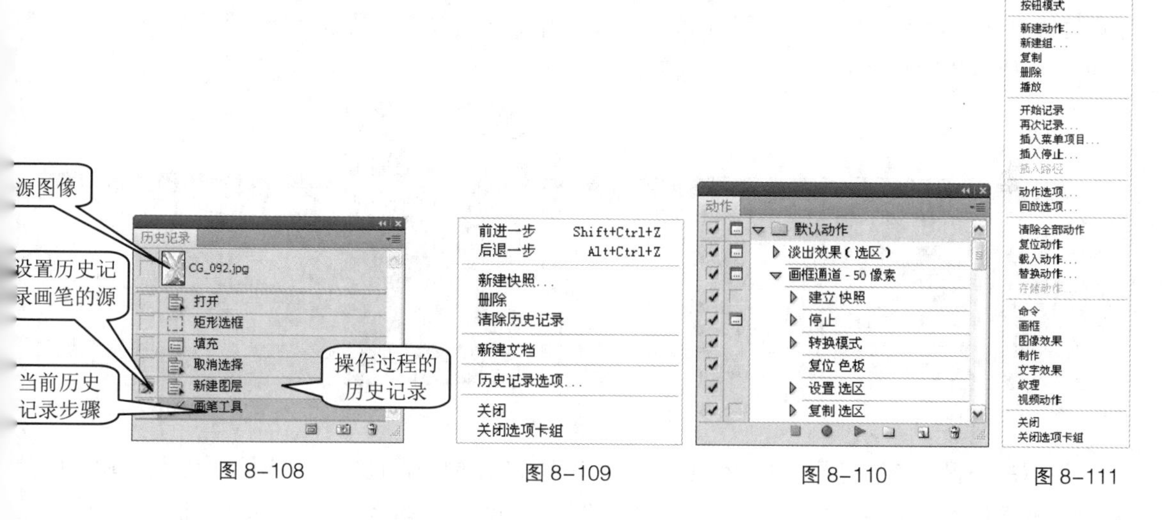

图 8-108　　图 8-109　　图 8-110　　图 8-111

6. 创建动作

在“动作”控制面板中可以非常便捷地记录并应用动作。打开一幅图像，效果如图 8-112 所示。在“动作”控制面板的弹出式菜单中选择“新建动作”命令，弹出“新建动作”对话框，选项的设置如图 8-113 所示。单击“记录”按钮，在“动作”控制面板中出现“动作 1”，如图 8-114 所示。

图 8-112

新建动作

名称(N):	动作 1	记录
组(E):	默认动作	取消
功能键(F):	无　Shift(S)　Control(O)	
颜色(C):	无	

图 8-113

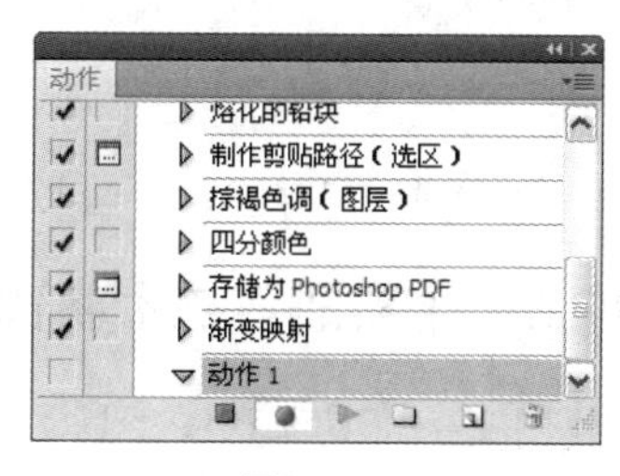

图 8-114

在“图层”控制面板中新建“图层 1”，如图 8-115 所示。在“动作”控制面板中记录下了新建“图层 1”的动作，如图 8-116 所示。在“图层 1”中绘制出渐变效果，如图 8-117 所示。在“动作”控制面板中记录下了渐变的动作，如图 8-118 所示。

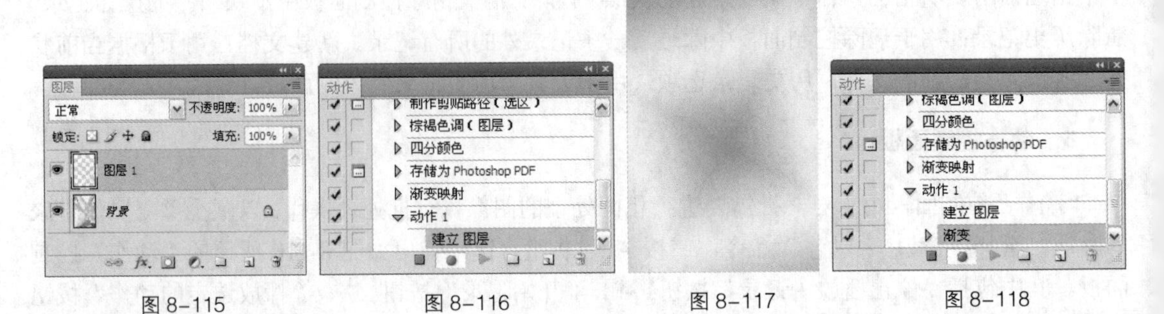

图 8-115　图 8-116　图 8-117　图 8-118

在“图层”控制面板的“模式”下拉列表中选择“正片叠底”模式，如图 8-119 所示。在“动作”控制面板中记录下了选择色相模式的动作，如图 8-120 所示。对图像的编辑完成后，效果如图 8-121 所示。在“动作”控制面板的弹出式菜单中选择“停止记录”命令，即可完成“动作 1”的记录，如图 8-122 所示。

图 8-119　图 8-120　图 8-121　图 8-122

图像的编辑过程被记录在“动作 1”中，“动作 1”中的编辑过程可以应用到其他的图像中。打开一幅图像，效果如图 8-123 所示。在“动作”控制面板中选择“动作 1”，如图 8-124 所示。单击“播放选定的动作”按钮 ，图像编辑的过程和效果就是刚才编辑花朵图像时的编辑过程和效果，如图 8-125 所示。

图 8-123

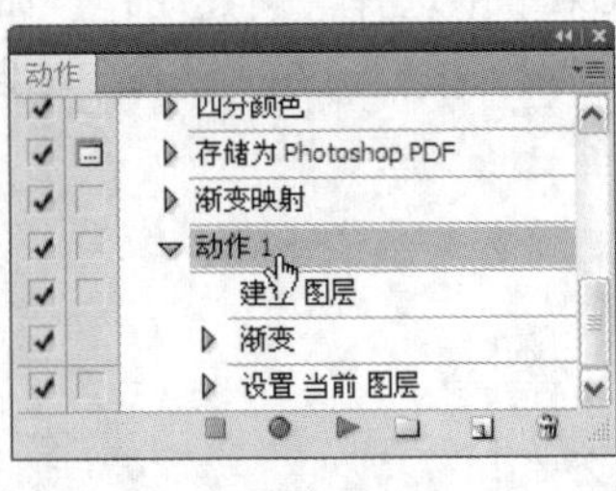

图 8-124

图 8-125

8.2.5　【实战演练】制作婚纱摄影网页

使用文字工具和直线工具添加导航条，使用移动工具、添加蒙版命令和渐变工具制作图片合成效果，使用矩形工具和创建剪贴蒙版命令制作图片连续变化的效果，使用文字工具添加联系方式。（最终效果参看光盘中的“Ch08 > 效果 > 制作婚纱摄影网页”，见图 8-126。）

图 8-126

8.3 综合演练——制作写真模板网页

使用渐变工具制作暗光效果，使用添加图层样式命令为图片和文字添加投影、外发光、斜面和浮雕、描边等效果，使用喷溅滤镜命令制作黄色背景效果。（最终效果参看光盘中的“Ch08 > 效果 > 制作写真模板网页”，见图 8-127。）

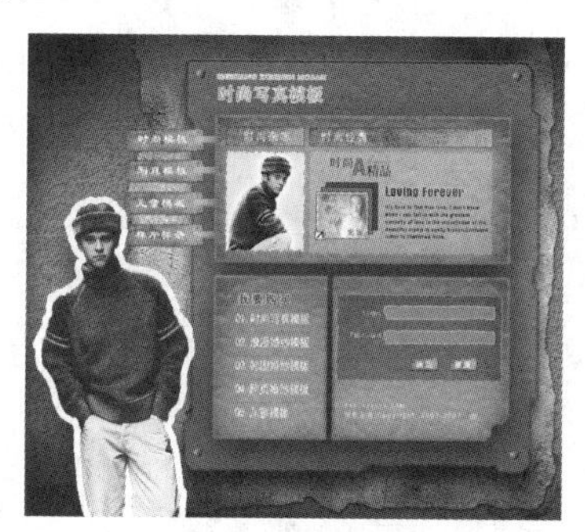

图 8-127

8.4 综合演练——制作美容网页

使用添加图层蒙版和渐变工具制作图片与底图的合成效果，使用钢笔工具、直接选择工具和复制命令制作标志图形。（最终效果参看光盘中的“Ch08 > 效果 > 制作美容网页”，见图 8-128。）

图 8-128